光盘界面

案例欣赏

案例欣赏

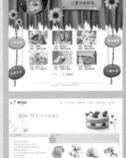

视频文件

素材下载

素材图片下载 →

03　　04　　05　　15

16　　19

第3章 →

sapphire　　化妆品

第4章 →

boke　　head　　top　　youmiao

第5章 →

login　　login30　　login32

第15章 →

1　　2　　Cowas　　hh

hhs　　renb

第16章 →

151882_middle　　1995506_middle　　cphd　　mg

shbs　　snhk　　xhz

第8章 →

1　　2　　3　　4

设计个人博客网页界面

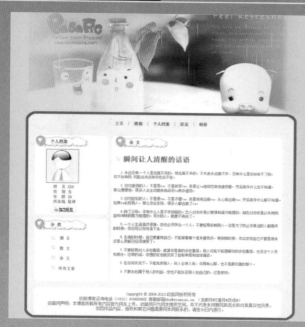

制作图像展示动画

制作图片新闻页

制作相册展示网页

设计导航页界面

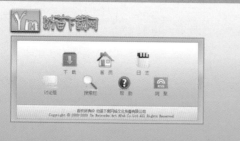

制作游戏页

制作商品列表

制作动画导航条

制作产品展示页

制作拼图游戏

案例欣赏

制作木森壁纸酷网站

制作多彩时尚网

制作图书公司网站

制作儿童动画页面

制作导航条

网页

双色印刷
全程图解
书盘结合
超值实用

网页设计与制作
（CS5中文版）
从新手到高手

■ 杨敏 王英华 等编著

WEB

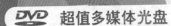

DVD 超值多媒体光盘

16段全程配音语音教学视频

25幅实例精美效果图

90个书中实例素材源文件

50张网站制作矢量图片

500张网页制作位图图片

120个附赠网站开发模板和素材文件

清华大学出版社
北　京

内 容 简 介

本书由浅入深地介绍了使用 Dreamweaver CS5、Flash CS5 以及 Photoshop CS5 等软件进行网站设计和网页制作的方法。全书共分 26 章，内容涉及网页设计与网站制作基础知识；使用 Photoshop CS5 设计网页图像的各种方法；使用 Flash CS5 制作网页动画的各种方法；使用 Dreamweaver 制作网页的各种方法；使用 XHTML、CSS 样式表等 Web 标准化技术制作网页；应用 Spry 插件、网页行为和表单等实用技术。本书最后制作了两个完整的实例。本书图文并茂、实例丰富，配书光盘提供了书中实例完整素材文件和配音教学视频文件。本书适合作为网站设计与网页制作的自学读物和培训教材，也可以作为高职高专院校的教材。

图书在版编目（CIP）数据

网页设计与制作（CS5 中文版）从新手到高手/杨敏等编著. —北京：清华大学出版社，2011.4
（从新手到高手）
ISBN 978-7-302-24179-9

Ⅰ．①网…　Ⅱ．①杨…　Ⅲ．①主页制作 – 图形软件，Dreamweaver CS5、Flash CS5、Photoshop CS5　Ⅳ．①TP393.092

中国版本图书馆 CIP 数据核字（2010）第 240595 号

责任编辑：冯志强
责任校对：徐俊伟
责任印制：王秀菊

出版发行：清华大学出版社　　　　　　　地　　址：北京清华大学学研大厦 A 座
　　　　　http://www.tup.com.cn　　　　邮　　编：100084
　　　　社　总　机：010-62770175　　　邮　　购：010-62786544
　　投稿与读者服务：010-62795954，jsjjc@tup.tsinghua.edu.cn
　　　　质 量 反 馈：010-62772015，zhiliang@tup.tsinghua.edu.cn
印　刷　者：清华大学印刷厂
装　订　者：北京市密云县京文制本装订厂
经　　销：全国新华书店
开　　本：190×260　印　张：24.5　插　页：2　字　数：702 千字
　　　　　附光盘 1 张
版　　次：2011 年 4 月第 1 版　　　印　　次：2011 年 4 月第 1 次印刷
印　　数：1～5000
定　　价：49.00 元

产品编号：039874-01

前　言

网站作为面向世界的窗口，其设计和制作包含多种技术，例如平面设计技术、动画制作技术等。本书以 Dreamweaver CS5、Photoshop CS5 和 Flash CS5 等为基本工具，详细介绍如何通过 Photoshop 设计网站的界面和图形，通过 Flash 制作网站的动画，以及通过 Dreamweaver 编写网页代码。除此之外，本书还介绍 Web 标准化规范的相关知识，包括 XHTML 标记语言、CSS 样式表等。

本书是一本典型的案例实例教程，由多位经验丰富的网页设计人员编著，立足于网络行业，详细介绍娱乐网站、门户网站和企业网站等的制作方法，以及各种网站栏目的设计方法。

本书内容

本书共分为 26 章，通过大量的实例全面介绍网页设计与制作过程中使用的各种专业技术，以及用户可能遇到的各种问题。各章的主要内容如下。

第 1 章介绍网页设计基础知识和理论知识，并简要阐述网页设计的一些理念等。

第 2 章介绍 Photoshop CS5 的选框工具和各种绘制工具，帮助用户了解 Photoshop 鼠绘的各种技巧。第 3 章介绍 Photoshop 图层的使用方法，以及图层样式、混合模式等图层修饰工具的使用。第 4 章介绍使用 Photoshop 创建和处理文本、定义文本样式以及为文本段落排版的方法。除此之外，还介绍更改文字外观的方法。第 5 章介绍使用多种 Photoshop 滤镜技术对图像进行美化的方法。除此之外，还介绍使用 Photoshop 切片工具将整个 PSD 图像裁切为网页的方法。

第 6 章介绍 Flash CS5 的窗口界面、新增功能等内容，还介绍 Flash 动画的帧、原画、补间、时间轴、场景、舞台等基本概念。第 7 章介绍 Flash CS5 的线条工具、钢笔工具、锚点工具、椭圆工具、基本椭圆工具、矩形工具、基本矩形工具、多角星形工具等笔触绘制工具。第 8 章介绍使用 Flash CS5 创建传统文本和 TLF 文本的方法。同时，还分别针对这两种文本，介绍设置文本各种属性的方法。第 9 章介绍各种传统动画，包括补间形状动画、传统补间动画、运动引导动画、遮罩动画和逐帧动画等的制作方法。第 10 章介绍补间动作动画的制作方法。除此之外，还介绍动画编辑器的使用方法和更改运动路径对动画进行高级编辑的知识。第 11 章主要讲解 Flash 的高级特效功能，即 Flash 滤镜。

第 12 章介绍网站开发的流程，包括网站的策划、制作和维护。第 13 章介绍使用 Dreamweaver 设置页面的属性，插入文本、特殊符号、水平线和日期等对象的方法。第 14 章介绍插入各种图像和设置图像属性的方法，包括插入普通图像、图像占位符、鼠标经过图像、Fireworks HTML 和 Photoshop 智能对象等。

第 15 章介绍插入各种超链接的方法，包括文本链接、图像链接、电子邮件链接、锚记链接等。除此之外还介绍绘制和编辑热点区域的方法。第 16 章介绍插入 Flash 动画、FLV 视频、Shockwave 多媒体控件等多种媒体内容的方法。

第 17 章介绍数据表格的使用方法，包括创建表格、调整表格尺寸和编辑表格单元格等。第 18 章介绍 XHTML 标记语言的语法，以及 XHTML 标签的分类方法等基础知识。第 19 章介绍 CSS 样式表的分类、基本语法、选择器、选择方法等概念，以及为网页添加 CSS 样式表和设置文本样式的方法。第 20 章介绍 CSS 样式表的两种基本属性值，即颜色和长度。除此之外，还介绍使用 CSS 样式表设置背景图像和边框样式的方法。第 21 章介绍 CSS 样式表的盒模型结构，以及使用 CSS 样式表设置标签显示方式的方法。除此之外，还介绍使用 CSS 样式表与 XHTML 标记语言相结合，进行流动布局、浮动布局和绝对定位布局的方法。另外，还介绍浏览器兼容性调试的相关知识。

第 22 章介绍使用 Dreamweaver 内置的 Spry 框架实现各种网页特效的方法。第 23 章介绍使用 Dreamweaver 内置的行为工具实现各种网页特效的方法。第 24 章介绍表单标签和使用 Dreamweaver 插入各种表单对象的方法。

第 25 到第 26 章使用之前介绍的各种知识，设计和制作了两个完整的网站综合实例。

本书特色

本书是一本专门介绍网页设计与制作基础知识的教程，在编写过程中精心设计了丰富的体例，以帮助读者顺利学习本书的内容。

❑ **系统全面，超值实用** 本书针对各个章节不同的知识内容，提供了多个不同内容的实例，除了详细介绍实例应用知识之外，还在侧栏中同步介绍相关知识要点。每章穿插大量提示、注意和技巧等栏目，构筑了面向实际的知识体系。另外，本书采用了紧凑的体例和版式，相同的内容下，篇幅缩减了 30%以上，实例数量增加了 50%。

❑ **串珠逻辑，收放自如** 统一采用二级标题灵活安排全书内容，摆脱了普通培训教程按部就班讲解的窠白。同时，每章最后都对本章重点、难点知识进行分析总结。内容安排收放自如，方便读者学习本书内容。

❑ **全程图解，快速上手** 各章内容分为基础知识、实例演示和高手答疑三部分，全部采用图解方式，图像均做了大量的裁切、拼合、加工，信息丰富、效果精美，阅读体验轻松，上手容易。

❑ **书盘结合，相得益彰** 多媒体光盘提供了本书实例完整素材文件和全程配音教学视频文件，便于读者自学和跟踪联系本书内容。除此之外，光盘中还附有额外的知识点补充以及实例内容，供读者学习。

读者对象

本书内容详尽、讲解清晰，全书包含众多知识点，采用与实际范例相结合的方式进行讲解，并配以清晰、简洁的图文排版方式，使学习过程变得更加轻松。本书适合高等院校和高职高专院校学生学习使用，也可以作为网页设计与制作初学者、网站开发人员、大中专院校相关专业师生、网页制作培训班学员等的参考资料。

参与本书编写的除了封面署名人员外，还有李海庆、王树兴、许勇光、马海军、祁凯、孙江玮、田成军、刘俊杰、王泽波、张银鹤、刘治国、阎迎利、何方、朱俊成、康显丽、崔群法、孙岩、倪宝童、王立新、温玲娟、杨宁宁、郭晓俊、方宁、王黎、安征、尤凤林、李海峰等。由于时间仓促，水平有限，疏漏之处在所难免，欢迎读者朋友登录清华大学出版社的网站 www.tup.com.cn 与我们联系，帮助我们改进提高。

目　录

第1篇　网站界面设计

第1章　网页界面设计基础 ·········· 2
1.1　计算机界面设计理论 ·········· 2
1.2　网页界面构成 ·········· 3
1.3　Photoshop CS5 简介 ·········· 5
1.4　Photoshop CS5 的窗口界面 ·········· 6
1.5　高手答疑 ·········· 10

第2章　选择区域与绘制 ·········· 13
2.1　基本选框工具 ·········· 13
2.2　套索工具组 ·········· 14
2.3　魔棒工具 ·········· 15
2.4　快速选择工具 ·········· 16
2.5　【色彩范围】命令 ·········· 16
2.6　画笔工具 ·········· 17
2.7　铅笔工具 ·········· 19
2.8　油漆桶工具 ·········· 19
2.9　渐变工具 ·········· 20
2.10　快速蒙版 ·········· 21
2.11　剪贴蒙版 ·········· 22
2.12　图层蒙版 ·········· 23
2.13　矢量蒙版 ·········· 24
2.14　高手答疑 ·········· 25

第3章　创建图层及样式 ·········· 28
3.1　【图层】面板 ·········· 28
3.2　创建与设置图层 ·········· 29
3.3　混合选项 ·········· 29
3.4　投影和内阴影样式 ·········· 30
3.5　外发光和内发光样式 ·········· 31
3.6　斜面和浮雕样式 ·········· 32
3.7　叠加样式 ·········· 32
3.8　光泽与描边 ·········· 33

3.9　练习：设计网站 Logo ·········· 33
3.10　练习：设计化妆品广告网幅 ·········· 37
3.11　高手答疑 ·········· 39

第4章　设计界面文本 ·········· 42
4.1　创建普通文字 ·········· 42
4.2　创建段落文本 ·········· 43
4.3　设置文字特征 ·········· 43
4.4　更改文字的外观 ·········· 44
4.5　练习：设计软件下载站导航
页界面 ·········· 45
4.6　练习：设计个人博客网页界面 ·········· 50
4.7　高手答疑 ·········· 54

第5章　网页图像处理 ·········· 57
5.1　模糊滤镜 ·········· 57
5.2　高斯模糊 ·········· 57
5.3　USM 锐化滤镜 ·········· 58
5.4　镜头光晕滤镜 ·········· 59
5.5　添加杂色滤镜 ·········· 59
5.6　素描滤镜 ·········· 59
5.7　制作网页切片 ·········· 60
5.8　存储为 Web 格式 ·········· 61
5.9　制作网页切片 ·········· 63
5.10　输出登录网页 ·········· 64
5.11　高手答疑 ·········· 66

第2篇　网站动画设计

第6章　网站动画设计基础 ·········· 72
6.1　Flash 动画基础 ·········· 72
6.2　Flash CS5 简介 ·········· 73
6.3　Flash CS5 的窗口界面 ·········· 74
6.4　帧、原画和补间 ·········· 76
6.5　时间轴 ·········· 76

6.6 场景和舞台 ················· 77
6.7 图层 ······················ 78
6.8 元件 ······················ 78
6.9 高手答疑 ·················· 80

第7章 绘制动画图形 ········· 83
7.1 线条工具与钢笔工具 ······ 83
7.2 锚点工具 ·················· 84
7.3 椭圆工具和基本椭圆工具 ·· 85
7.4 矩形工具和基本矩形工具 ·· 86
7.5 多角星形工具 ············· 86
7.6 笔触与填充 ··············· 87
7.7 练习：绘制房产网站矢量 Logo ··· 88
7.8 练习：制作动画导航条 ···· 90
7.9 高手答疑 ·················· 93

第8章 处理动画文本 ········· 96
8.1 Flash 文本基础 ············ 96
8.2 传统文本 ·················· 96
8.3 设置传统文本属性 ········· 97
8.4 TLF 文本 ·················· 99
8.5 设置 TLF 文本属性 ········ 99
8.6 嵌入字体 ················· 101
8.7 练习：制作古诗鉴赏界面 · 101
8.8 练习：制作电子书封面 ··· 103
8.9 高手答疑 ················· 105

第9章 传统 Flash 动画设计 ·· 109
9.1 补间形状动画 ············ 109
9.2 传统补间动画 ············ 109
9.3 运动引导动画 ············ 110
9.4 遮罩动画 ················· 111
9.5 逐帧动画 ················· 113
9.6 练习：制作网页时尚广告 1 ·· 114
9.7 练习：制作网页时尚广告 2 ·· 117
9.8 高手答疑 ················· 120

第10章 补间动画设计 ······· 123
10.1 补间动作动画 ··········· 123

10.2 动画编辑器 ············· 124
10.3 更改运动路径 ··········· 127
10.4 练习：制作网站进入动画 1 ·· 128
10.5 练习：制作网站进入动画 2 ·· 132
10.6 高手答疑 ··············· 135

第11章 Flash 滤镜技术 ····· 139
11.1 Flash 滤镜 ·············· 139
11.2 投影滤镜 ··············· 140
11.3 模糊滤镜 ··············· 140
11.4 发光滤镜 ··············· 140
11.5 渐变发光滤镜 ··········· 141
11.6 斜角滤镜 ··············· 141
11.7 渐变斜角滤镜 ··········· 142
11.8 调整颜色滤镜 ··········· 142
11.9 练习：制作动画导航条 1 · 143
11.10 练习：制作动画导航条 2 · 147
11.11 高手答疑 ············· 150

第3篇 网页设计基础

第12章 网站开发流程 ······· 154
12.1 网站策划流程 ··········· 154
12.2 网站制作流程 ··········· 155
12.3 网站维护流程 ··········· 156
12.4 网页设计技术 ··········· 156
12.5 Dreamweaver CS5 简介 ··· 158
12.6 Dreamweaver CS5 的窗口界面 ·· 158
12.7 练习：配置本地服务器 ··· 161
12.8 练习：建立本地站点 ····· 163
12.9 高手答疑 ··············· 164

第13章 插入基本文本 ······· 167
13.1 设置页面属性 ··········· 167
13.2 插入文本 ··············· 170
13.3 插入特殊符号 ··········· 171
13.4 插入水平线和日期 ······· 172
13.5 段落格式化 ············· 173
13.6 练习：设计招商信息网页 · 173
13.7 练习：制作企业介绍网页 · 175

13.8 高手答疑 ·············178

第 14 章 添加网页图像元素 ·······182
14.1 插入图像 ·············182
14.2 插入鼠标经过图像 ········183
14.3 插入 Fireworks HTML ······183
14.4 插入 Photoshop 对象 ·······184
14.5 设置网页图像属性 ········185
14.6 练习：制作图像导航条 ·····187
14.7 练习：制作图片新闻网页 ···188
14.8 练习：制作相册展示网页 ···191
14.9 高手答疑 ·············194

第 15 章 网页中的链接 ··········197
15.1 插入文本链接 ··········197
15.2 插入图像链接 ··········198
15.3 插入电子邮件链接 ········198
15.4 插入锚记链接 ··········199
15.5 绘制热点区域 ··········200
15.6 编辑热点区域 ··········201
15.7 练习：制作木森壁纸酷网站 ·······202
15.8 练习：制作软件下载页 ·····205
15.9 高手答疑 ·············210

第 16 章 设计多媒体网页 ········213
16.1 插入 Flash 动画 ·········213
16.2 插入 FLV 视频 ··········215
16.3 插入 Shockwave 多媒体控件 ···217
16.4 插入其他媒体内容 ········217
16.5 练习：制作 Flash 游戏页 ····218
16.6 练习：制作音乐网页 ·······220
16.7 练习：制作视频网页 ·······222
16.8 高手答疑 ·············224

第 17 章 设计数据表格 ··········228
17.1 创建表格 ·············228
17.2 选择表格元素 ··········229
17.3 调整表格大小 ··········230
17.4 添加表格行与列 ·········231

17.5 删除表格行与列 ·········232
17.6 练习：制作个人简历页 ·····232
17.7 练习：制作购物车页 ·······235
17.8 高手答疑 ·············238

第 18 章 XHTML 标记语言 ········242
18.1 XHTML 基本语法 ········242
18.2 块状标签 ·············245
18.3 内联标签 ·············247
18.4 可变标签 ·············248
18.5 练习：制作健康网页页眉 ···248
18.6 练习：制作健康网页内容 ···253
18.7 高手答疑 ·············256

第 19 章 修饰文本样式 ··········258
19.1 CSS 样式分类 ··········258
19.2 CSS 基本语法 ··········259
19.3 CSS 选择器 ············260
19.4 CSS 选择方法 ··········263
19.5 使用 CSS 样式表 ········265
19.6 设置文本 CSS 样式 ·······266
19.7 练习：制作多彩时尚网 ·····268
19.8 练习：制作文章页面 ·······271
19.9 高手答疑 ·············273

第 20 章 修饰背景与边框 ········276
20.1 设置背景颜色 ··········276
20.2 插入背景图像 ··········277
20.3 设置边框样式 ··········279
20.4 练习：添加网页背景图像 ···281
20.5 练习：制作图像展示页面 ···286
20.6 高手答疑 ·············289

第 21 章 修饰容器样式 ··········293
21.1 CSS 盒模型 ············293
21.2 设置标签的显示方式 ·······295
21.3 流动布局 ·············296
21.4 浮动布局 ·············297
21.5 绝对定位布局 ··········298

21.6　浏览器兼容 ·······················300

21.7　练习：制作图书列表 ···········301

21.8　练习：制作商品列表 ···········305

21.9　高手答疑 ·······················308

第 22 章　网页特效设计 ·················312

22.1　Spry 菜单栏 ···················312

22.2　Spry 选项卡式面板 ·············313

22.3　Spry 折叠式 ···················314

22.4　Spry 可折叠面板 ···············315

22.5　练习：制作导航条 ···············315

22.6　练习：制作产品展示页 ·········318

22.7　高手答疑 ·······················322

第 23 章　网页交互行为 ·················325

23.1　交换图像 ·······················325

23.2　弹出信息 ·······················326

23.3　打开浏览器窗口 ···············326

23.4　拖动 AP 元素 ···················327

23.5　练习：制作拼图游戏 ···········329

23.6　练习：制作可隐藏的产品信息 ···332

23.7　高手答疑 ·······················335

第 24 章　使用网页表单 ·················337

24.1　插入表单 ·······················337

24.2　插入文本字段 ···················338

24.3　插入列表菜单 ···················339

24.4　插入单选按钮 ···················339

24.5　插入复选框 ·····················340

24.6　插入按钮 ·······················340

24.7　练习：制作注册页 ···············341

24.8　练习：制作问卷调查表 ·········345

24.9　高手答疑 ·······················348

第 25 章　企业文化网站 ·················352

25.1　设计软件公司网页界面 ·········352

25.2　制作企业网站页面 ···············358

25.3　制作企业网站内部页面 ·········365

第 26 章　设计宾馆 Flash 网站 ···········370

26.1　设计网站开头动画 ···············370

26.2　设计网站首页动画 ···············374

26.3　设计网站子页动画 ···············380

第 1 篇

网站界面设计

01 网页界面设计基础

随着国内互联网开发理论的发展，越来越多的网站开始更注重网页的界面设计，通过优化和美化界面取得竞争的主动权，吸引更多用户。网页界面设计的作用在于为网页提供一个美观且易于与用户交互的图形化接口，帮助用户更方便地浏览网页内容，使用网页的各种功能。同时，优秀的界面设计可以为用户提供一种美的视觉享受。

本章将介绍网页界面的一些基本理论知识，以及界面设计所涉及的美术艺术基础。同时，还将介绍 Photoshop CS5 的基本界面、新增功能等相关知识点。

1.1 计算机界面设计理论

计算机界面设计是近年来出现的一种涵盖用户心理学、平面设计艺术、计算机图形学等多个领域的综合性新兴学科。

界面设计不仅涉及美术艺术，还与用户的交互活动密切相关，是传统网页美工设计的发展和延伸。

界面是人与各种系统之间传递和交换信息的媒介和接口。这种可与人传递和交换信息的系统概念十分广泛，包括各种生产生活工具，例如机械设备、数码产品等。

基于系统的定义，广义的界面包括硬件界面和软件界面两种。数码相机上的各种操作按钮，数字

调音台上的各种按钮、开关、插孔等，都属于硬件界面；而各种计算机软件中供用户使用的窗口、窗格、对话框、选项卡等窗体元素以及菜单、按钮、图标和背景等内置元素，则属于软件界面。

在各种工业产品中，界面是产品与用户直接发生接触的部分，直接影响用户对产品的第一观感和产品的使用便捷性。因此，在工业产品的研发中，很早就开始注重产品的界面设计，由此诞生了工业产品的界面设计艺术，即工业设计学。工业设计广泛应用在各类产品的研发中。

左图所示的 6 种产品为美国苹果公司设计和生产的 iPod 系列数码随身听产品，其在界面设计上别具一格，引领了当前工业设计的潮流，堪称现代工业设计的极致，受到众多用户的追捧。

在计算机领域，早期的软件开发者对界面的设计并不重视，相对而言，开发者更注重的是软件的功能性和实用性。随着计算机技术的发展，各种软件产品逐渐丰富起来，软件市场竞争趋于激烈化，人们才逐渐注意到软件的界面设计对软件推广和销售的重要性，由此推动了软件界面设计的快速发展。

1.2　网页界面构成

从严格意义上讲，网页也是一种"软件"，其界面也是软件界面的一种。然而，相比各种系统软件和应用软件，网页的界面又有一些不同的地方。

网页是由浏览器打开的文档，因此可以将其看作浏览器的一个组成部分。网页的界面只包含内置元素，而不包含窗体元素。以内容来划分，一般的网页界面包括网站 Logo、导航条、Banner、内容栏和版尾 5 部分。

1. 网站 Logo

网站 Logo 是整个网站对外唯一的标识和标志，是网站商标和品牌的图形表现。Logo 的内容通常包括特定的图形和文本，其中，图形往往与网站的具体内容或开发网站的企业文化紧密结合，以体现网站的特色；文本主要起到加深用户印象的作用，这些文本介绍网站的名称、服务，也可以体现网站的价值观、宣传口号。

一些简单的 Logo 也可以只包含文本，通过对文本进行各种变化来体现网站的特色。

右侧的图像包含 20 个大型知名企业的商标，这些商标往往与其官方网站的 Logo 一致。

2. 导航条

导航条是索引网站内容、帮助用户快速访问所需内容的辅助工具。根据网站内容，一个网页可以设置多个导航条，还可以设置多级的导航条以显示更多的导航内容。

导航条内包含的是实现网站功能的按钮或链接，其项目的数量不宜过多。通常，同级别的项目数量以 3~7 个为宜。超过这一数量后，应尽量放到下一级别处理。设计合理的导航条可以有效地提高用户访问网站的效率。

在导航条的设计中，还可以采用 Flash 或 jQuery 脚本等实现的动画元素吸引用户访问。

3. Banner

Banner，中文意思为旗帜或网幅，是一种可以由文本、图像和动画相结合而成的网页栏目。Banner 的主要作用是显示网站的各种广告，包括网站自身产品的广告和与其他企业合作放置的广告。

在网页中预留标准 Banner 大小的位置，可以降低网站广告用户的 Banner 设计成本，使 Banner 广告位的出租更加便捷。

国际广告局的"标准与管理委员会"联合广告支持信息和娱乐联合会等国际组织，推出了一系列网络广告宣传物的标准尺寸，被称作"IAC/CASIE"标准，共包括 7 种标准的 Banner 尺寸。

名　　称	Banner 面积
摩天大楼形	120px×600px
中级长方形	300px×250px
正方形弹出	250px×250px
宽摩天大楼	160px×600px

续表

名　　称	Banner 面积
大长方形	336px×280px
长方形	180px×150px
竖长方形	240px×400px

　　在众多商业网站中，通常都会遵循以上标准定义 Banner 的尺寸，方便用户设计统一的 Banner，应用在所有网站上。然而，在一些不依靠广告位出租赢利的网站中，Banner 的大小则比较自由。网页设计者完全可以根据网站内容以及页面美观的需要随时调整 Banner 的大小。

4．内容栏

　　内容栏是网页内容的主体，通常可以由一个或多个子栏组成，包含网页提供的所有信息和服务项目。

　　内容栏的内容既可以是图像，也可以是文本，或图像和文本结合的各种内容。

　　在设计内容栏时，用户可以先独立地设计多个子栏，然后再将这些子栏拼接在一起，形成整体的效果。同时，还可以对子栏进行优化排列，提高用户体验。

　　如网页的内容较少，则可以使用单独的内容栏，通过添加大量的图像使网页更加美观。

5．版尾

　　版尾是整个网页的收尾部分。在这部分内容中，可以声明网页的版权、法律依据以及为用户提供各种提示信息等。

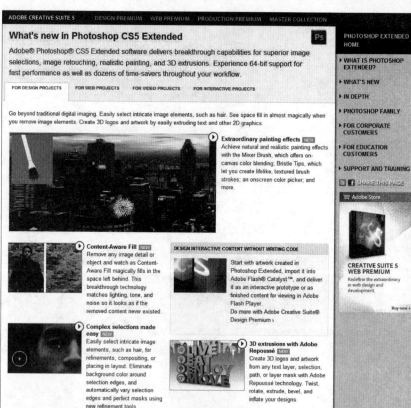

除此之外，在版尾部分还可以提供独立的导航条，为将页面滚动到底部的用户提供一个导航的替代方式。

版权的书写应该符合网站所在国家的法律规范，同时遵循一般的习惯。正确的版权书写格式如下。

```
Copyright (©) [Dates] (by) [Aut-
hor/Owner] (All rights reserved.)
```

在上面的文本中，小括号"()"中的内容可省略，中括号"[]"中的内容可根据用户的具体信息而更改。

注意

"All rights reserved."文本中，最后的英文句号是不可省略的。只要使用"All rights reserved."，就必须在其后添加英文句号。

版权符号"©"有时可以替代"Copyright"文本，但是用户不能以带有括号的大写字母 C 替代版权符号"©"。

提示

在一些国家的法律中，"All rights reserved."是不可省略的。但在我国法律中并没有对此进行严格规范，因此，在实际操作中可以省略。

1.3 Photoshop CS5 简介

Photoshop 是由 Adobe System 公司开发的一款功能强大的二维图形图像处理与三维图像设计软件。

1. Photoshop 概述

Photoshop 是目前专业领域最流行的图像处理软件之一，其主要处理以像素（pixel）构成的数字图像，利用各种编修与绘图工具对图像进行后期编辑。

除了编辑修改图像外，Photoshop 还支持导入由 CorelDRAW 或 Illustrator 等软件绘制的矢量图形，并对这些矢量图形进行简单的处理。

在网页设计领域中，Photoshop 主要被用来进行网页制作的前期工作，包括处理网页所使用的各种图像，绘制各种按钮、图标、导航条和内容栏等界面元素。除此之外，其还可以制作网页模板，并通过切片工具将设计好的网页模板切割成网页。

2. Photoshop CS5 的新增功能

2010 年 4 月，Adobe System 发布了 Photoshop 的最新版本 Photoshop CS5 和 Photoshop Extended CS5，增加了多种全新的设计功能。

● **3D 突出**

在 Photoshop CS5 中，用户可以借助 Adobe Repousse 工具对文本图层、矢量图形、选区、路径或图层蒙版等对象进行 3D 化处理，实现 3D 扭转、旋转、凸出、倾斜和膨胀等效果。

● **混色器画笔**

Adobe 改进了 Photoshop 的画笔绘制功能，新增了混色器画笔工具，同时提供了毛刷笔尖工具帮助用户创建逼真的、带有纹理的笔触。

● **智能区域选择**

Photoshop CS5 改进了快速选择工具和魔棒工具，方便用户轻松选择毛发等细微的图像元素，进行细化、合成或置入布局中，消除选区边缘周围的背景色；使用新的细化工具自动改变选区边缘并改进蒙版。

● **操控变形**

Photoshop CS5 新增了操控变形工具，可以为各种位图和矢量图建立均匀的节点，允许用户通过调整节点的位置对图形或图像进行扭曲处理。

● **调整蒙版**

Photoshop CS5 新增了调整蒙版功能，允许用户通过调节各种蒙版对象的边缘半径、平滑、羽化、对比度、移动边缘等实现丰富的图像应用。

● 3D 功能

Photoshop CS5 强化了 Photoshop CS4 新增的 3D 图形处理功能，允许用户为 3D 图层中的凸纹建立蒙版，同时增加了地面阴影捕捉器、对象贴紧地面、连续渲染等强大的 3D 工具，进一步增强了 3D 图形处理功能，使其趋向于专业化。

除了新增多种 3D 图形制作工具外，Photoshop

CS5 还增加了 3D 地面、3D 选区和 3D 光源等 3D 对象的视图查看工具，帮助用户快速查看 3D 内容。

● 视图查看

如用户选择了显示额外内容选项，则可以通过显示额外选项的工具定义显示的这些内容，优化 Photoshop 界面，提高工作效率。

1.4 Photoshop CS5 的窗口界面

Photoshop CS5 提供了全新的软件界面，以使之与 Adobe CS5 套装保持整体一致的风格。打开 Photoshop CS5，即可进入其窗口主界面。

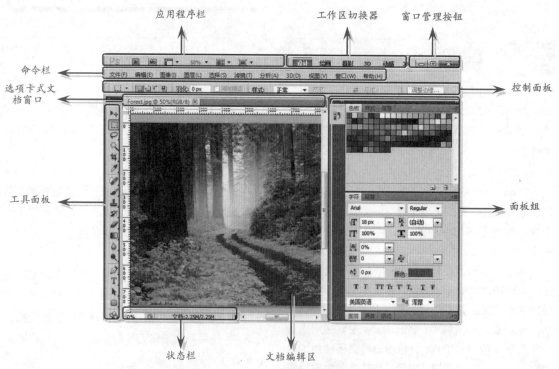

在使用 Photoshop CS5 编辑图像的过程中，可以通过 Photoshop 窗口中的各种命令实现对位图的修改、编辑等操作。

1. 应用程序栏

应用程序栏的作用与普通 Windows 应用软件的标题栏类似，都可显示软件的名称等信息。除此之外，应用程序栏还提供了多种按钮供用户调用与 Photoshop 相关的程序，或查看当前编辑的多文档

视图，如下。

按钮	名　称	功　能
Ps	Photoshop 标志	右击可显示当前窗口管理的快捷菜单
⬛	启动 Bridge	启动 Adobe Bridge 图像查看器
Mb	启动 MiniBridge	启动 Adobe Mini-Bridge 图像查看器

续表

按钮	名　称	功　能
	查看额外内容	设置 Photoshop 的辅助功能
▣▾	显示参考线	为文档显示参考线
	显示网格	为文档显示网格
	显示标尺	为文档显示标尺
50%▾	缩放级别	设置文档的缩放比例
▣▾	排列文档	根据用户选择的方式排列多个文档窗口
	屏幕模式	设置当前 Photoshop 的显示模式
	标准屏幕模式	默认带有工具的显示模式
▣▾	带有菜单栏的屏幕模式	隐藏操作系统任务栏的显示模式
	全屏模式	隐藏所有菜单、面板和操作系统任务栏，仅显示文档的模式

单击【排列文档】按钮 ▣▾ 后，用户可根据菜单中的预设排列方式，对当前打开的多个文档进行排列操作，使文档编辑区同时显示多个文档的内容。

在排列方式的按钮下方，还包含了 7 种命令，可以对当前显示的各文档窗口进行操作，如下。

命　令	作　用
使所有内容在窗口中浮动	取消选项卡式的文档显示方式，使所有打开的文档窗口浮动起来

续表

命　令	作　用
新建窗口	新建一个文档窗口，再次打开当前选择的文档窗口所打开的文档内容
实际像素	根据当前选择的文档实际的像素大小，决定其缩放比例
按屏幕大小缩放	根据当前文档编辑区的尺寸决定文档的缩放比例
匹配缩放	根据当前选择的文档缩放比例，决定所有打开文档的缩放比例
匹配位置	根据当前选择的文档显示位置，决定所有打开的文档的显示位置
匹配缩放和位置	将当前选择的文档的缩放比例与显示位置应用到所有打开的文档中

2．工作区切换器

工作区切换器提供多种工作区模式供用户选择，以更改 Photoshop 中各种面板的显示或隐藏方式。

Photoshop 主要提供了 6 种预置的工作区模式，其名称和主要用途如下。

工作区模式	用　途
设计	用于一般的屏幕媒体设计，例如 Web 页、平面广告等
绘画	用于一般的手绘设计师，绘制各种图画
摄影	用于对各种数码照片进行处理
3D	用于制作各种 3D 图形和处理材质贴图
动感	用于各种逐帧动画的制作
CS5 新功能	突出显示 Photoshop CS5 的新增功能

除使用以上 6 种工作区模式外，用户还可以单击【显示更多工作区和选项】按钮 ≫，创建自定义工作区，或对已发生变更的工作区模式进行复位。

3．命令栏

Photoshop CS5 的命令栏与绝大多数软件类似，都提供了分类的菜单项目，并在菜单中提供各种命令供用户执行。

4．控制面板

Photoshop CS5 的控制面板的作用类似于 Dreamweaver 或 Flash 等软件中的【属性】检查器，其可根据当前用户选择的工具，显示该工具的各种设置项目。

5．工具面板

工具面板将用户可能使用到的各种用于创建和编辑图像的工具分组排列。用户可以选择任意一个工具，并对图像或图层等应用该工具。

6．文档编辑区

文档编辑区的作用是显示 Photoshop 打开的各种图像文档，并提供各种辅助工具，帮助用户编辑和浏览图像文档。

> **提示**
>
> Photoshop 提供了两种显示文档的方式，一种是选项卡方式，一种是浮动窗口方式。执行【窗口】|【排列】|【使所有内容在窗口中浮动】命令，可使文档浮动在文档编辑区中。而执行【窗口】|【排列】|【将所有内容合并到选项卡中】命令，则可恢复选项卡显示方式。

Photoshop 的辅助工具主要包括 3 种，即标尺、参考线和网格，如下。

● 标尺

标尺的作用是在图像文档的上方和左侧提供两个辅助工具栏，并在其中显示尺寸。用户可执行【编辑】|【首选项】|【单位与标尺】命令，在弹出的【首选项】对话框中设置标尺的单位。

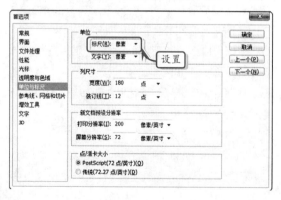

> **提示**
>
> 用户可以执行【视图】|【标尺】命令，切换标尺的显示和隐藏状态。

● 参考线

参考线的作用是帮助用户将文档中的各种元素与标尺的刻度对齐。将鼠标光标置于标尺栏上方，然后即可按住鼠标左键，向文档编辑区拖动以添加参考线。

用户也可以执行【视图】|【新建参考线】命令，在弹出的【新建参考线】对话框中设置参考线的【取向】和【位置】，建立参考线。

> **提示**
>
> 如需要拖动已添加的参考线，可将鼠标置于已绘制的参考线上方，当鼠标转换为"上下箭头" 或 "左右箭头" 之后，向相应的方向拖动鼠标。而如需锁定所有参考线禁止拖动，则可执行【视图】|【锁定参考线】命令

> **提示**
>
> 执行【编辑】|【首选项】|【参考线、网格和切片】命令之后，可在弹出的【首选项】对话框中设置参考线的【颜色】和【样式】。

● 网格

网格与参考线类似，也是一种用于图像内容对齐的辅助线工具。与参考线不同的是，网格并非由用户在文档编辑区中绘制而成，而是根据用户所设置的水平或垂直间距显示的。

在 Photoshop 中执行【编辑】|【首选项】|【参考线、网格和切片】命令后，即可在弹出的【首选项】对话框中设置网格的【颜色】、【网格线间隔】、【样式】和【子网格】。

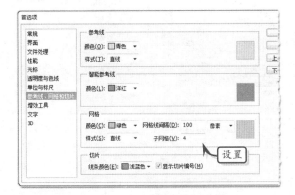

然后，即可执行【视图】|【显示】|【网格】命令，将网格添加到文档编辑区中。

7. 状态栏

状态栏的作用是显示当前打开文档的缩放比例和文档的基本信息。单击状态栏左侧的输入文本域，即可在其中输入缩放文档的百分比数值。

技巧

在输入缩放文档的百分比时，可省略百分比符号"%"，Photoshop 会自动为数字添加该符号并将缩放比例应用到文档。

状态栏右侧显示了当前文档在磁盘中占用的

空间大小和未压缩状态下占用的空间大小。用鼠标单击该位置，可弹出一个浮动框，显示更详细的文档信息。

提示

对于 PSD、JPEG 和 PNG 等压缩图像，在文档中将同时显示原图像数据大小和压缩后图像的数据大小。

8. 面板组

面板组的作用是显示 Photoshop 内置的各种面板。Photoshop 将这些面板按照类别分组显示。用户可以拖动这些面板，使其以浮动的方式显示，也可以保持面板的组状态。

提示

单击面板组上方的【折叠为图标】按钮 ▶▶，可将该面板组折叠为图标状态。对于已折叠为图标状态的面板组，用户可单击【展开面板】按钮 ◀◀，将其展开，或单击面板中的相关按钮，临时性地展开面板。

技巧

用户可按 Tab 键 Tab，设置所有面板显示或隐藏。

1.5 高手答疑

Q&A

问题 1：如何更改 Photoshop 中显示的窗口字体？

解答： Photoshop 提供了两种字体基准大小，用于显示其界面中各种面板上的文本。

在默认状态下，Photoshop 以 12px 的尺寸显示各种面板上的文本。如用户需要以 10px 的尺寸显示这些文本，则可执行【编辑】|【首选项】|【界面】命令，在【用户界面文本选项】选项组中设置【用户界面字体大小】为"小"。

更改【用户界面字体大小】属性后，即可重新启动 Photoshop CS5，此时，Photoshop 将按照新定义的尺寸显示各面板中的文本。

Q&A

问题 2：如何创建 Photoshop 文档？

解答： 在 Photoshop 中执行【文件】|【新建】命令，然后即可在弹出的【新建】对话框中设置 Photoshop 文档的一些基本属性。

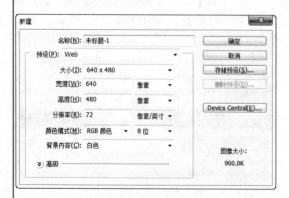

属 性	作 用
名称	设置 Photoshop 文档的预设名称，用于保存
大小	设置 Photoshop 文档的类型尺寸
宽度	设置 Photoshop 文档的宽度和单位
高度	设置 Photoshop 文档的高度和单位
分辨率	设置 Photoshop 文档单位面积包含的像素数
颜色模式	设置 Photoshop 文档的颜色体系，以及可显示的颜色数量
背景内容	设置 Photoshop 文档背景图层的颜色

在【新建】对话框中，主要包括 7 种针对文档内容的基本属性，如下。

单击基本设置下方的【高级】伸缩按钮，用户还可以设置一些进阶的属性，包括【颜色配置文件】和【像素长宽比】等。在设置这些属性之后，即可单击【确定】按钮，新建一个 Photoshop 文档。

Q&A

问题 3: 如何改变图像的大小和分辨率等属性?

解答: 在 Photoshop 中,用户可执行【图像】|【图像大小】命令,在弹出的【图像大小】对话框中设置已创建文档的图像的尺寸、分辨率等属性。

在【图像大小】对话框中,用户既可以设置用于屏幕的图像像素尺寸,也可以设置整个文档的实际尺寸,如下。

属　性	作　用
像素大小	以像素或百分比的方式缩放当前文档中图像的尺寸
文档大小	根据当前文档的分辨率和实际尺寸,决定图像的大小
分辨率	设置当前文档图像的分辨率
缩放样式	如当前文档中包含 Photoshop 样式,则可选中该选项,将缩放文档尺寸的比例应用于样式的尺寸
约束比例	选中该选项后,在更改宽度或高度等两种属性的任意一种时,另一种属性也将根据比例变更
重定图像像素	选中该选项后,会根据分辨率和尺寸,增加或减少图像的像素数

Q&A

问题 4: 如何更改画布的大小?

解答: 画布是 Photoshop 文档最基本的背景,其尺寸与输出的图像尺寸相同。在创建文档后,如果需要根据图像的尺寸更改画布的大小,可执行【图像】|【画布大小】命令,然后即可打开【画布大小】对话框,在其中更改画布的尺寸。

　　在默认情况下,对画布的扩大或缩小操作都将根据图像的中心点向四周平铺。如果用户需要将画布按照指定的方向扩大或缩小,可单击【定位】右侧的按钮组。例如,需要向右侧扩展,可单击【定位】右侧的【向左】按钮←,然后再为画布设置新的宽度即可。

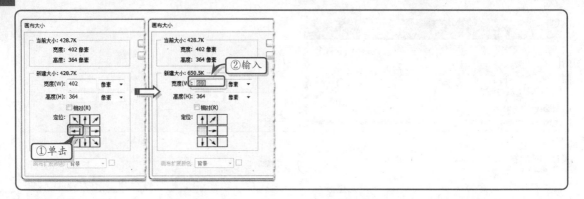

Q&A

问题 5：如何裁切画布，将画布中的空白处删除？

解答：在 Photoshop 中，用户可以方便地删除画布中的空白处，以减小画布和输出图像的尺寸。

执行【图像】|【裁切】命令之后，可打开【裁切】对话框，设置裁切的属性。

对于透明画布而言，用户可启用【透明像素】单选按钮；而对于带有颜色的画布而言，用户可启用【左上角像素颜色】或【右上角像素颜色】单选按钮，对图像的左上角或右上角的颜色进行采集，将画布中与这些颜色相同的像素部分裁切掉。

Photoshop 还允许用户限定裁切画布的方向，【裁切】选项组中提供了【顶】、【左】、【底】和【右】4 种复选框供用户选择。启用了相应的复选框后，即可针对该方向进行裁切操作。

例如，只需要裁切画布上方的内容，则可只启用【顶】复选框。而如需要从 4 个方向同时裁切，则可将其全部启用。

02 选择区域与绘制

在 Photoshop 中处理网页图像时，经常只需要针对图像的某个部分进行处理。因此，首先要选择该区域，然后再对其进行操作。为了满足用户不同的要求，Photoshop 提供了多种选择工具和命令。绘制图像也是 Photoshop 经常使用的功能之一，可以满足网页图像设计的需要。

本章将介绍在 Photoshop 中选择图像部分区域的多种不同方法。另外，还介绍绘制简单图形的工具及方法。

2.1 基本选框工具

在学习 Photoshop 之前，首先了解一下基本的选框工具。

1．矩形选框工具

矩形选框工具 是 Photoshop 中最常用的选框工具。使用该工具在画布上单击并拖动鼠标，绘制一个矩形区域，释放鼠标后会看到一个四周带有流动虚线的区域。

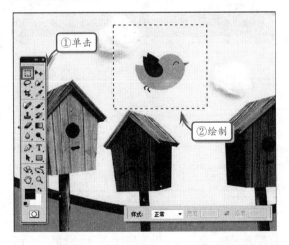

工具选项栏中包括 3 种样式，即正常、固定比例和固定大小。在"正常"样式下，可以创建任何尺寸的矩形选区，该样式也是矩形选框工具的默认样式。

单击【矩形选框工具】按钮，在工具选项栏中选择【样式】为"固定比例"，然后可以设置

选区高度与宽度的比例，其默认值为 1∶1，即宽度与高度相同。

如果选择【样式】为"固定大小"，则可以在【宽度】和【高度】文本框中输入所要创建选区的尺寸。在画布中单击即可创建固定尺寸的矩形选区，这对选取网页图像中指定大小的区域非常方便。

> **提示**
>
> "固定比例"和"固定大小"样式中宽度与高度之间的双向箭头 的作用是交换两个数值。

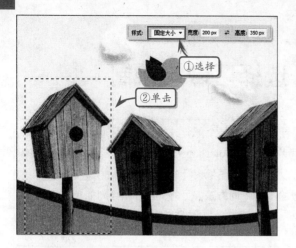

2．框架选框工具

如果想要选择图像中的圆形区域，可以使用椭圆选框工具。其创建选区的方法与矩形选框工具相同，不同的是，在工具选项栏中还可以启用【消除锯齿】复选框，用于消除曲线边缘的马赛克效果。

3．单行/单列选框工具

使用工具面板中的单行选框工具和单列选框工具，可以选择一行像素或一列像素。如果为这两个选区填充颜色，则可以在图像中制作 1 像素的细线。

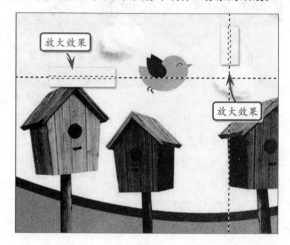

2.2 套索工具组

Photoshop 的套索工具组包括套索工具、多边形套索工具和磁性套索工具。其中，套索工具也称为曲线套索，使用该工具可以在图像中创建不规则的选区。

多边形套索工具通过鼠标的连续单击来创建多边形选区，当指针带有小圆圈形状时单击即可。

在选择过程中按住 Shift 键可以保持水平、垂直或 45∞角的轨迹方向绘制选区。如果想在相同的选区中创建曲线与直线，那么在使用套索工具和多边形套索工具时，按 Alt 键可以在两者之间快速切换。

选项名称	功　能
宽度	用于设置该工具在选择时，指定检测的边缘宽度，其取值范围是1~40像素，值越小检测越精确
对比度	用于设置该工具对颜色反差的敏感程度，其取值范围是1%~100%，数值越高，敏感度越低
频率	用于设置该工具在选择时的节点数，其取值范围是0~100，数值越高选取的节点越多，得到的选区范围也越精确
钢笔压力	用于设置绘图板的钢笔压力。该选项只有安装了绘图板及驱动程序时才有效

当背景与主题在颜色上具有较大的反差，并且主题的边缘复杂时，使用磁性套索工具可以方便、准确、快速地选择主体图像，只要在主体图像边缘单击即可沿其边缘自动添加节点。

单击【磁性套索工具】按钮 后，工具选项栏中显示其选项，选项名称及功能如下所示。

2.3　魔棒工具

魔棒工具是根据图像单击处的颜色范围来创建选区的。也就是说，某一颜色区域为何种形状，就会创建该形状的选区。

选项名称	功　能
容差	设置选取颜色范围的误差值，取值范围在0~255之间，默认的容差数值为32。输入的数值越大，选取的颜色范围越广，创建的选区也就越大；反之选区范围越小
连续	默认情况下启用该选项，表示只能选择与单击处相连区域中的相同像素；如果取消该选项，则能够选择整幅图像中符合该像素要求的所有区域
对所有图层取样	当图像中包含有多个图层时，启用该选项后，可以选择所有图层中符合像素要求的区域；取消该选项后，只对当前作用图层有效

单击【魔棒工具】按钮 后，工具选项栏中包含如下选项。

2.4　快速选择工具

　　快速选择工具通过可调整的画笔笔尖快速建立选区。在拖动鼠标时，选区会向外扩展并自动查找和跟踪图像中定义的边缘。

　　单击【快速选择工具】按钮后，工具选项栏中显示【新选区】、单击【添加到选区】和【从选区中减去】按钮。当单击【新选区】按钮并且在图像中拖动鼠标建立选区后，此按钮将自动更改为【添加到选区】。

技巧
选择快速选择工具后，按 】键可增大画笔笔尖的大小；按 【键可减小画笔笔尖的大小。

　　单击【快速选择工具】按钮后，工具选项栏中包含如下选项。

选项名称	功　　能
笔尖大小	单击该选项，可以在弹出的界面中设置画笔的直径、硬度、间距、角度和圆度等
自动增强	用来减少选区边界的粗糙度和块效应。启用该选项会自动将选区向图像边缘进一步流动并应用一些边缘调整

2.5　【色彩范围】命令

　　在 Photoshop 中，通过【色彩范围】命令也可以创建选区，该命令与魔棒工具类似，都是根据颜色范围来创建选区。执行【选择】|【色彩范围】命令，打开【色彩范围】对话框。

选项可以选取图像中的任何颜色。在默认情况下，使用吸管工具在图像窗口中单击选取一种颜色范围，单击【确定】按钮后即创建该颜色范围的选区。

　　在【色彩范围】对话框中，使用"取样颜色"

2.6　画笔工具

画笔工具是最常用的绘画工具，它不仅能够绘制图画，还可以用来修改蒙版和通道。在使用画笔工具之前，必须在工具选项栏中选定一个画笔样本，并设置画笔的大小、硬度和不透明度等属性。

1. 画笔笔尖预设

选择画笔工具之后，在文档中右击鼠标，即可弹出一个【画笔预设】选取器。在该选取器中可以设置画笔的大小及硬度等参数。

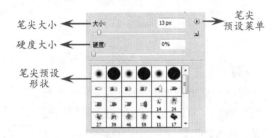

在 Photoshop 中，通过在【画笔预设】选取器中调整画笔的【硬度】值，可以选择三种不同类型的画笔。

- **硬边画笔**　这类画笔绘制出的线条不具有柔和的边缘，它的【硬度】值为 100%。
- **软边画笔**　这类画笔绘制的线条具有柔和的边缘。
- **不规则形状画笔**　使用这类画笔，可以产生类似于喷发、喷射或爆炸的效果。

> **提示**
>
> 对于硬边画笔或软边画笔，用户可以自定义画笔的硬度、直径大小、间距和形状；对于不规则形状的画笔，用户可以自定义画笔的间距。

画笔工具可以按指定的大小和硬度绘制线条，使线条更尖锐或者更模糊。一般情况下，会比较柔和，也就是说边缘部分很容易和背景混合。

> **提示**
>
> 所谓硬度是指画笔颜色涂抹到纸上的程度，用百分比来表示。0% 表示从笔迹中心开始到外沿，涂抹程度从 100%～0%，20% 表示从笔迹中心到外沿，涂抹程度从 100%～20%。

2. 载入画笔及画笔的显示模式

在【画笔预设】选取器中还可以载入其他画笔形状。其方法是：单击右上角的小三角按钮，在菜单中选择要载入的画笔选项。然后，在弹出的对话框中单击【追加】按钮。

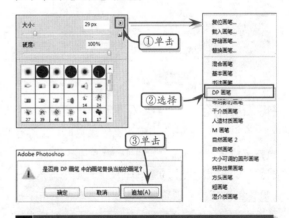

> **技巧**
>
> 当载入画笔后，也可以单击【确定】按钮，只是单击该按钮后，会将现有的画笔形状替换为载入的画笔形状。

在【画笔预设】选取器的下拉列表中，用户还可以选择仅文本、小缩览图、大缩览图、小列表、大列表和描边缩览图等选项，且每个选项显示内容的方式各不相同。

调到 100%时，颜色的各像素参数（如 R、G、B 及 C、M、Y、K）就是调色板中设置的数值。

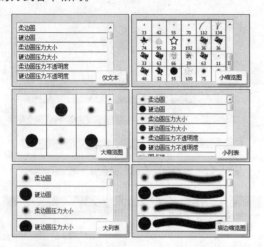

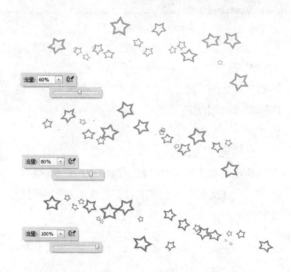

3．调整画笔不透明度

在画笔工具的工具选项栏中，用户还可以设置画笔的不透明度。通过在工具选项栏中调整画笔的不透明度参数，可以绘制出颜色深浅不同的图形。

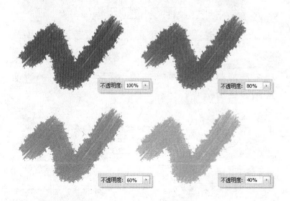

4．画笔流量

在 Photoshop 中，当使用画笔工具时，工具选项栏中还有一个【流量】选项。此选项主要控制绘图颜色的浓度比率。通常在下拉列表框中输入 1～100 之间的整数来调整颜色的浓度，或者单击下拉列表框右侧的小三角按钮，在打开的下拉列表中用鼠标拖动滑杆进行调整。

通过调整画笔的【流量】值，可以绘制出不同颜色的线条。流量值越小，其颜色越浅，在流量值

5．自定义画笔

除了可以选择 Photoshop 默认的画笔样式外，还可以自定义画笔。既可以将自己手绘的图形作为画笔，也可以选择一些图案作为画笔。通过自定义画笔，可以在文档中绘制出无数的自定义图案，从而创作出个性化的作品。

在 Photoshop CS5 中，自定义画笔的方法，主要有以下 3 种。

- 执行【编辑】|【定义画笔预设】命令，打开【画笔名称】对话框，在该对话框中输入画笔的名称。

- 选择画笔工具后，单击工具选项栏中的【切换画笔面板】按钮，打开【画笔面板】对话框。通过单击【画笔面板】对话框下

面的 ⊥ 按钮新建画笔。

● 单击【画笔面板】对话框右上角的下三角
  按钮,在打开的菜单中执行【新建画笔预
  设】命令新建画笔。

创建完画笔样式后,在【画笔】面板中就可以
选择定义好的画笔。

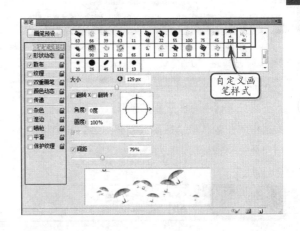

2.7 铅笔工具

铅笔工具经常用来绘制一些棱角突出的线条,
如同平常使用铅笔绘制的图形一样,它的使用方法
与画笔工具类似。

铅笔工具的工具选项栏与画笔工具的工具选
项栏基本相同。不同之处在于前者增加了一个【自
动抹涂】复选框,其允许用户在包含前景色的区域

绘制背景色。

启用【自动抹涂】复选框,当画布颜色为前景
色时,使用铅笔工具可以涂抹为背景色。当画布颜
色为背景色时,可以涂抹为前景色。

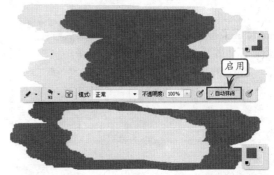

2.8 油漆桶工具

油漆桶工具是进行纯色填充和图案填充的工
具。在工具选项栏的下拉列表中可以选择"前景"
或"图案"选项。当选择"前景"选项时,油漆桶
使用前景色进行填充;当选择"图案"选项时,后
面的【图案】拾色器将被激活,这时可以使用图案
进行填充。

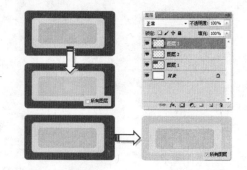

提示

在油漆桶工具选项栏中，也可以设置填充"混合模式"，从而产生不同的效果。

当启用【所有图层】复选框时，可以编辑多个图层中的图像。取消启用【所有图层】复选框时，用户只能编辑当前的工作图层。

2.9 渐变工具

渐变工具可以创建两种或者两种以上颜色间的逐渐混合。也就是说，可以用多种颜色过渡的混合色，填充图像的某一选定区域，或当前图层上的整个图像。

单击【渐变工具】按钮 ，在工具选项栏中设置渐变工具的参数。然后，在文档中单击鼠标并拖动，当拖动至另一位置后释放鼠标即可填充渐变颜色。

技巧

填充颜色时，若按住 Shift 键，则可以按45°、水平或垂直的方向填充颜色。此外，填充颜色时的距离越长，两种颜色间的过渡效果就越平顺。拖动的方向不同，其填充后的效果也将不一样。

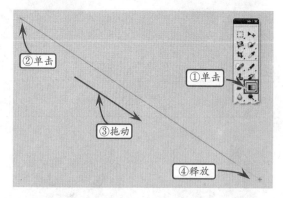

1. 工具栏选项

渐变工具的工具选项栏中包含多项参数选项，包括【线性渐变】 、【径向渐变】 、【角度渐变】 、【菱形渐变】 和【对称渐变】 5个按

钮，单击这 5 个按钮可以创建出不同的渐变样式。

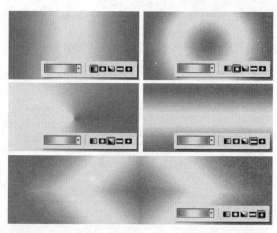

名称	图标	功能
线性渐变		在所选择的开始和结束位置之间产生一定范围内的线性颜色渐变
径向渐变		在中心点产生同心的渐变色带。拖动的起始点定义在图像的中心点，释放鼠标的位置定义在图像的边缘
角度渐变		根据鼠标的拖动，顺时针产生渐变的颜色。这种样式通常称为锥形渐变
菱形渐变		创建一系列的同心钻石状(如果进行垂直或水平拖动)，或同心方状(如果进行交叉拖动)，其工作原理和【径向渐变】 一样
对称渐变		当然用户由起始点到终止点创建渐变时，对称渐变会以起始点为中线再向反方向创建渐变

工具选项栏中还包括模式、不透明度、反向、仿色和透明区域选项。其中前两者与画笔工具相似，而仿色是用递色法来表现中间色调，使渐变效果更加平顺；启用【透明区域】复选框将打开透明蒙版功能，在填充渐变颜色时，可以应用透明设置。

2.【渐变编辑器】对话框

除了可以使用 Flash 自带的渐变颜色填充以外，还可以自定义渐变颜色来创建渐变效果。在渐变工具的工具选项栏中单击渐变条，即可打开【渐变编辑器】对话框。

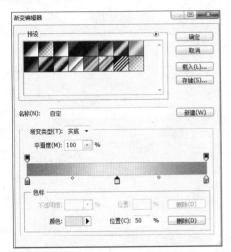

提示

通过单击渐变条下方添加色标，进而增加渐变颜色中个数。

3. 渐变类型

【渐变编辑器】对话框中的默认设置为实底渐变，其实还有另外一种杂色渐变。

在【渐变编辑器】对话框的【渐变类型】下拉列表中选择"杂色"渐变，将会显示 3 种颜色模型选项，即 RGB、HSB 和 LAB。

注意

选择 HSB 模型，在 S 滑杆上将滑块向左移动，可以更改杂色渐变的饱和度。选择 LAB 模型，在 L 滑杆上将滑块向右移动，可以更改杂色渐变的明度。

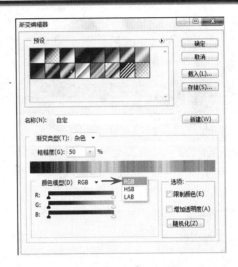

在"杂色"渐变类型下，还可以设置限制颜色、增加透明度和随机化选项。其中启用【限制颜色】复选框会把渐变条上的颜色值减去一半；启用【增加透明度】复选框，渐变条会呈现 50%透明的状态；而单击【随机化】按钮将随机出现各种渐变条。

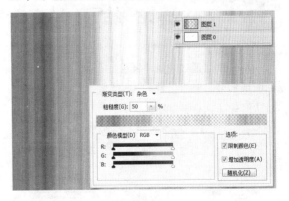

2.10 快速蒙版

快速蒙版主要用来创建、编辑和修改选区。单击工具面板中的【以快速蒙版模式编辑】按钮，进入快速蒙版，然后使用画笔工具在想要创建选区的区域外面涂抹。

技巧

在快速蒙版中使用画笔工具绘制时，可以使用橡皮擦工具擦除多余的像素。

在快速蒙版中如果使用设置了柔角的画笔或者对其应用了高斯模糊滤镜，都可以创建羽化效果。

再次单击工具面板中的【以标准模式编辑】按钮 ▢，返回正常模式，这时画笔没有绘制到的区域形成选区。

在羽化效果基础上执行【色阶】命令，向左拖动输入高光滑块，可以扩大选区的范围。

2.11　剪贴蒙版

剪贴蒙版通过图层中图像的形状，来控制其上面图层图像的显示区域。在下面的图层中，需要的是边缘轮廓，而不是图像内容。

在【图层】面板中选择一个图层，执行【图层】|【创建剪贴蒙版】命令，该图层会与其下方图层创建剪贴蒙版。

技巧

按住 Alt 键不放，在选中图层与其下方图层之间单击，也可以创建剪贴蒙版。

创建剪贴蒙版后，发现蒙版下方图层的名称带有下划线，内容图层的缩览图是缩进的，并且显示一个剪贴蒙版图标 ↓，画布中的图像也会随之发生变化。

技巧

剪贴蒙版下方图层中的形状边缘既可以是实边，也可以是虚边。如果是虚边，那么在使用剪贴蒙版后，图像边缘呈现羽化效果。

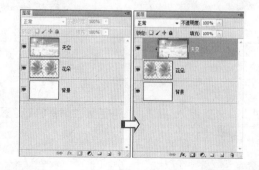

剪贴蒙版的优势就是形状图层可以应用于多个图层，只要将其他图层拖至蒙版中即可。

创建剪贴蒙版后，蒙版中两个图层的图像均可以随意移动。如果是移动下方图层中的图像，那么会在不同位置显示上方图层中的不同区域图像；如果是移动上方图层中的图像，那么会在同一位置显示该图层中的不同区域图像，并且可能会显示出下方图层中的图像。

提示

要想释放某一个图像图层，只要将其拖至普通图层之上即可；如果是释放所有剪贴蒙版组，那么执行【图层】|【释放剪贴蒙版】命令即可。

拖动

2.12 图层蒙版

图层蒙版是与分辨率相关的位图图像，它用来显示或者隐藏图层的部分内容，也可以保护图像的区域以免被编辑。

图层蒙版是一张 256 级色阶的灰度图像，蒙版中的纯黑色区域可以遮罩当前图层中的图像，从而显示出下方图层中的内容；蒙版中的纯白色区域可以显示当前图层中的图像；蒙版中的灰色区域会根据其灰度值呈现出不同层次的半透明效果。

在【图层】面板底部有一个【添加图层蒙版】按钮 ，直接单击该按钮可以创建一个白色的图层蒙版，相当于执行【图层】|【图层蒙版】|【显示全部】命令；按住 Alt 键单击该按钮可以创建一个黑色的图层蒙版，相当于执行【图层】|【图层

蒙版】|【隐藏全部】命令。

创建图层蒙版后，既可以在图像中操作，也可以在蒙版中操作。以白色蒙版为例，蒙版缩览图显

示一个矩形框，说明该蒙版处于可编辑状态，这时在画布中绘制黑色图像后，绘制的区域将图像隐藏。

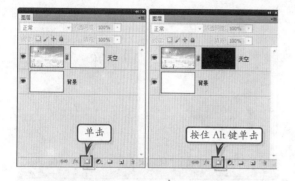

当画布中存在选区时，单击【图层】面板底部的【添加图层蒙版】按钮 ，会直接在选区中填充白色显示，在选区外填充黑色被遮罩，使选区外的图像隐藏。

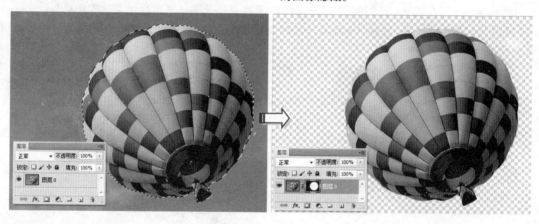

2.13 矢量蒙版

矢量蒙版与图层蒙版在形式上比较类似，然而矢量蒙版并非以图像控制蒙版区域，而是以 Photoshop 中的矢量路径来控制的，因此与分辨率无关。

创建矢量蒙版与创建图层蒙版的方式类似，都可以通过单击【图层】面板中的【添加图层蒙版】按钮 来创建。但如果通过【蒙版】面板创建矢量蒙版，则需要单击【选择矢量蒙版】按钮 。

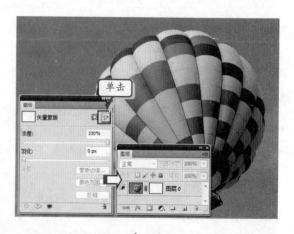

技巧

创建显示的矢量蒙版还有另外一种方式，就是按住 Ctrl 键单击【图层】面板底部的【添加图层蒙版】按钮。

除了可以创建空矢量蒙版，还可以在有路径的前提下创建矢量蒙版。

创建路径

【图层】|【矢量蒙版】|【当前路径】命令，创建带有路径的矢量蒙版。

选中路径所在图层，按住 Ctrl 键单击【图层】面板底部的【添加图层蒙版】按钮 ⬜，或者执行

2.14　高手答疑

Q&A

问题 1：当在图像中创建完选区后，如何选择该选区以外的像素？

解答：当创建完选区后，执行【选择】|【反向】命令或者按 Ctrl+Shift+I 组合键，可以选择当前选区以外的像素。

Q&A

问题 2：创建一个较为精确的选区往往需要花费很长时间才能完成，那么是否可以存储该选区，以方便下一次载入并重新使用？

解答：使用选区工具或者命令创建选区后，执行【选择】|【存储选区】命令，在弹出的对话框中输入名称即可。

在该对话框中，以新通道的形式保存选区后，在【通道】面板中将会出现以选区名称命名的新通道。

输入

通道

Q&A

问题 3：当创建的选区并不能够满足当前的需求时，如何对其进行编辑？

解答： 在画布中创建选区后，执行【选择】|【变换选区】命令，或者在选区内右击，执行【变换选区】命令，会在选区的四周出现自由变形调整框，该调整框带有 8 个控制节点和一个旋转中心点，通过调整这些点，可以对选区进行重新编辑。

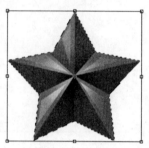

执行【变换选区】命令后，除了可以移动选区，还可以对选区进行缩小、放大以及旋转等操作。

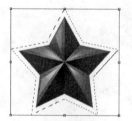

要想对选区进行其他操作，可以在调整框中右击，分别执行【斜切】、【扭曲】与【透视】命令调整选区。

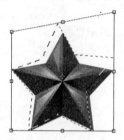

斜切

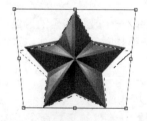

透视

Q&A

问题 4：在 Photoshop 中绘制图像时，经常会因为不小心而绘制错误或者绘制了多余的部分，那么在不重新绘制的前提下，如何修改这些错误？

解答：使用 Photoshop 提供的擦除工具可以修改图像中出错的区域。擦除工具主要包括橡皮擦工具、背景橡皮擦工具和魔术橡皮擦工具。

1. 橡皮擦工具

橡皮擦工具可以更改图像中的像素。如果在背景图层锁定的情况下进行工作，那么使用橡皮擦工具擦除后将填充为背景色。

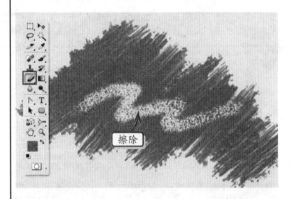

如果下面的图层为普通图层，则擦除后为透明像素，可以透过擦除的区域查看下面图层中的内容。

2. 背景橡皮擦工具

背景橡皮擦工具可以将图层上的像素抹成透明，从而可以在抹除背景的同时在前景中保留对象的边缘。

3. 魔术橡皮擦工具

魔术橡皮擦工具会自动更改所有相似的像素，将其擦除为透明。

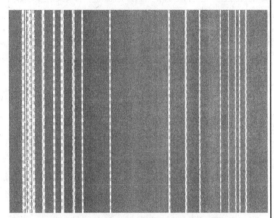

启用魔术橡皮擦工具的工具选项栏中的【连续】复选框，在擦除图像时，可以连续选择多个像素进行擦除。

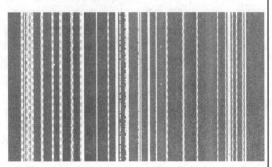

03 创建图层及样式

图层处理功能可以说是 Photoshop 软件最大的特色。通过图层可以很方便地修改图像，简化图像操作，使图像编辑更具有弹性。图像的所有编辑几乎都依赖于图层，并且基于图层还延伸出混合模式、图层样式与调整图层功能。这样可以只通过图层及与之相关的功能，就可以制作出漂亮的效果。

本章首先介绍【图层】面板，以及创建和设置图层的方法。然后通过【样式】面板中的各个选项讲解图层样式可以实现的特殊效果。

3.1 【图层】面板

【图层】面板是操作图层必不可少的工具，主要用于显示当前图像的图层信息。如果要打开【图层】面板，用户可以执行【窗口】|【图层】命令（ F7 快捷键）。

【图层】面板中按钮图标、名称及功能介绍如下表所示。

图标	名 称	功 能
无	图层混合模式	在该列表中可以选择不同的图层混合模式，来决定这一图像与其他图层叠合在一起的效果
无	不透明度	用于设置每一个图层的不透明度
👁	指示图层可视性	单击可以显示或隐藏图层

续表

图标	名 称	功 能
∞	链接图层	选择两个或两个以上的图层，激活【链接图层】图标，单击即可链接所选图层
◎	添加图层蒙版	单击该按钮可以创建一个图层蒙版，用来修改图层内容
fx.	添加图层样式	单击该按钮，在下拉菜单中选择一种图层效果用于当前所选图层
⊘.	创建新的填充或调整图层	单击该按钮，在下拉菜单中选择一个填充图层或调整图层
⬚	创建新组	单击该按钮可以创建一个新图层组
⬚	创建新图层	单击该按钮可以创建一个新图层
🗑	删除图层	单击该按钮可将当前所选图层删除

为了便于辨识预览图中的内容，可以放大图层缩览图。单击【图层】面板右边的小三角按钮，执行【面板选项】命令，在打开的【图层面板选项】对话框中，可以选择不同大小的预览效果。

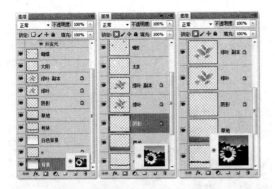

3.2 创建与设置图层

新建图层可以方便用户对图像进行修改。在
【图层】面板中,单击底部的【创建新图层】按钮 ⬛
(或者按 Ctrl+Shift+N 组合键)可以创建一个空白的普
通图层。

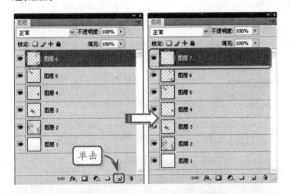

通过执行【图层】|【新建】|【图层】命令(组
合键 Ctrl+Shift+N)新建图层时,在弹出的【新建图层】
对话框中可以设置图层的名称和显示颜色。

对于已经存在的图层,可以右击该图层执行
【图层属性】命令,在弹出的【图层属性】对话框
中可以设置当前图层的名称和显示颜色。

3.3 混合选项

混合选项用来控制图层的不透明度以及当前
图层与其他图层的像素混合效果。执行【图层】|

【图层样式】|【混合选项】命令,在弹出的对话框
中包含两组混合滑块,即"本图层"和"下一图层"

滑块。

块向中间移动时，当前图层中的所有比该滑块所在位置暗的像素都将被隐藏，被隐藏的区域显示为透明状态。

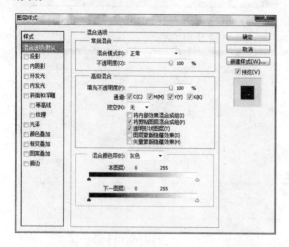

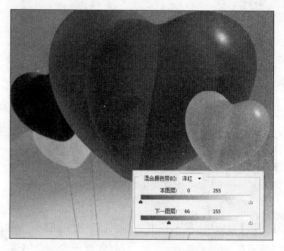

"本图层"滑块用来控制当前图层上将要混合并出现在最终图像中的像素范围。将左侧的黑色滑

3.4 投影和内阴影样式

利用投影样式可以逼真地模仿出物体的阴影效果，并且可以对阴影的颜色、大小、清晰度进行控制。在【图层样式】对话框中，启用【投影】复选框，调整其参数即可。

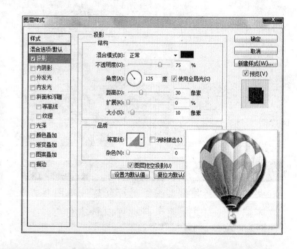

> **提示**
>
> 如果想要将图像的投影颜色更改为其他颜色，而不是默认的黑色，可以单击该对话框中的颜色框，并选择相应的颜色。

【投影】选项组中各个选项的名称及含义如下表所示。

名　　称	功　　能
混合模式	选定投影的混合模式，在其右侧有一个颜色框，单击它可以打开选择阴影颜色的对话框
不透明度	设置投影的不透明度，参数越大投影颜色越深
角度	用于设置光线照明角度，即阴影的方向会随角度的变化而发生变化
使用全局光	可以为同一图像中的所有图层样式设置相同的光线照明角度
距离	设置阴影的距离，取值范围 0～30000，参数越大距离越远
扩展	设置光线的强度，取值范围 0%～100%，参数越大投影效果越强烈
大小	设置投影柔化效果，取值范围 0～250，参数越大柔化程度越大。当参数设置为 0 时，该选项的调整不产生任何效果

续表

名　　称	功　　能
等高线	在该选项中可以选择一个已有的等高线效果应用于阴影，也可以单击后面的选框，进行编辑
消除锯齿	启用该复选框后可以消除投影边缘锯齿
杂色	设置投影中随机混合元素的数量，取值范围 0%～100%，参数越大随机元素越多
图层挖空投影	启用该复选框后，可控制半透明图层中投影的可视性

内阴影作用于物体内部，在图像内部创建出阴影效果，使图像出现类似内陷的效果。启用【内阴影】复选框，在其右侧的选项组中可设置内阴影的各项参数。

> **提示**
>
> 设置【阻塞】选项，可以在模糊之前收缩内阴影的杂边边界。

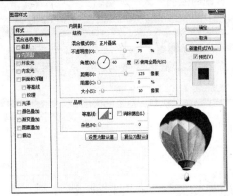

3.5　外发光和内发光样式

外发光可以制作物体光晕，使物体产生光源效果。启用【外发光】复选框后，用户可以在其右侧相对应的选项组中进行各参数的设置。在设置外发光时，背景的颜色尽量选择深色，以便于显示出设置的发光效果。

内发光与外发光的效果刚好相反，内发光效果作用于物体的内部。启用【内发光】复选框，在其右侧相对应的选项组中设置各参数。

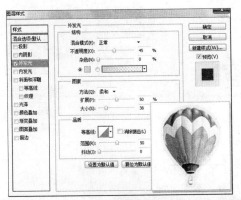

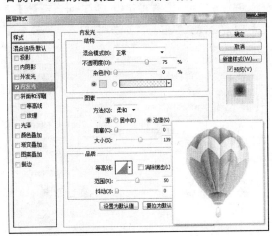

> **提示**
>
> 使用纯色发光时，等高线允许用户创建透明光环。使用渐变填充发光时，等高线允许用户创建渐变颜色和不透明度的重复变化。

3.6 斜面和浮雕样式

启用【斜面和浮雕】复选框可以为图像和文字制作出立体效果。通过更改众多的选项，可以控制浮雕样式的强弱、大小和明暗变化等效果。

> **提示**
>
> 对斜面和浮雕样式，在设置光源的高度时，值为 0 表示底边；值为 90 表示图层的正上方。

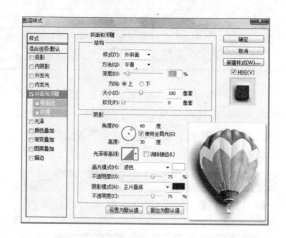

3.7 叠加样式

叠加样式包括颜色叠加、渐变叠加和图案叠加 3 种。这些样式就是对物体表面赋予颜色和图案，它不同于颜色填充和图案填充，对于物体的叠加效果都可以对其删除和再编辑。

● 颜色叠加

在【颜色叠加】选项组中，用户可以设置【颜色】、【混合模式】以及【不透明度】，从而改变叠加色彩的效果。

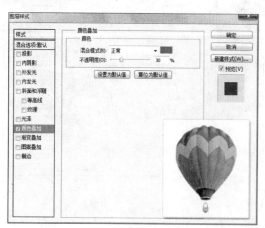

● 渐变叠加

在【渐变叠加】选项组中，可以改变渐变样式

以及角度。单击选项组中间的渐变条，打开【渐变编辑器】对话框，在该对话框中可以设置不同颜色混合的渐变色，为图像添加更为丰富的渐变叠加效果。

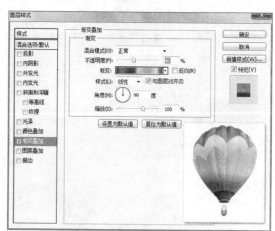

● 图案叠加

在【图案叠加】选项组中，可以为图像或文字添加各种预设图案，使它们的视觉效果更加丰富。单击【图案】右端的下三角按钮，可以从弹出的下拉列表框中选择所需的图案。

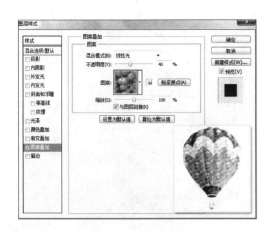

用户可为选定的图案设置多种属性，包括混合模式、不透明度和缩放比例等。还可以选定【与图层链接】复选框，将叠加的图案与图层锁定在一起。

单击【贴紧原点】按钮，可以使图案的原点与文档的原点相同，或将原点放在图层的左上角。

3.8 光泽与描边

光泽效果可以使物体表面产生明暗分离的效果，它在图层内部根据图像的形状来应用阴影效果，通过【距离】的设置，可以控制光泽的范围。

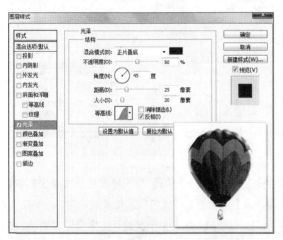

提示

启用【清除锯齿】复选框，可以混合等高线或光泽等高线的边缘像素。此选项在具有复杂等高线的小阴影上最有用。

启用【描边】复选框，在其右侧相对应的选项组中，可以设置描边的大小、位置、混合模式、不透明度和填充类型等。在【填充类型】下拉列表中可以选择不同的填充样式，可以是单色描边，也可以是图案或渐变描边。

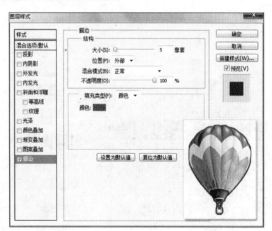

3.9 练习：设计网站 Logo

对于网站来说，Logo 即是标志、徽标的意思。而对于一个追求精美的网站，Logo 更是它的灵魂所在，一个好的 Logo 往往能让人对

练习要点

- ● 添加图层
- ● 添加矢量蒙版
- ● 添加图层样式
- ● 【横排文字工具】T
- ● 【钢笔工具】
- ● 【渐变工具】
- ● 【直接选择工具】
- ● 设置字体的大小和系列

它所代表的网站类型和内容一目了然。本练习运用渐变工具和横排文字工具等制作一个商业网站 Logo。

技巧

在【渐变编辑器】中创建渐变色时，为了颜色精确，多设置几个色标。

操作步骤 ▶▶▶▶

STEP|01 在 Photoshop 中执行【文件】|【新建】命令，新建一个 500×350 像素、白色背景的文档。然后，在【图层】面板中单击【新建图层】按钮 ，创建名称为"图层 1"的图层。

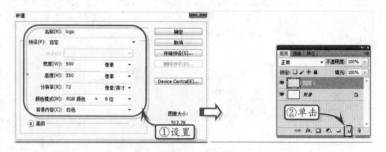

提示

在【渐变编辑器】中新建渐变色时，应避免颜色有太大的差别。其中，在 logo 设置的 5 个色标位置分别为 0、32、51、73、100。

STEP|02 单击【渐变工具】按钮，单击工具选项栏中的【渐变色块】区域，打开【渐变编辑器】对话框，在【名称】文本框中输入"logo"，单击【新建】按钮。然后，将色块分为 5 个区域，并依次设置渐变色。

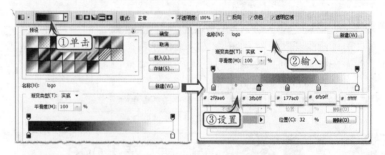

提示

单击【渐变工具】按钮后，在工具选项栏中选择渐变样式。常见的渐变样式有 5 种，分别为线性、径向、角度、对称、菱形。

STEP|03 单击【对称渐变】按钮，然后选择"图层 1"，在"图层 1"中从左上角向右下角拖动鼠标，绘制出一条斜线，放开鼠标后，显示渐变背景图像。

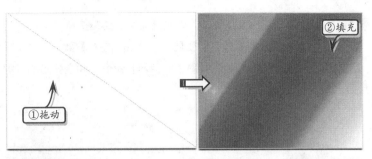

STEP|04 选择"图层 1",单击【图层】面板中的【添加图层蒙版】按钮 ▣，添加一个图层蒙版。然后，单击命令栏中的【图层】按钮 图层(L)，在弹出的菜单中执行【矢量蒙版】|【隐藏全部】命令，此时，"图层 1"显示为空白页面。

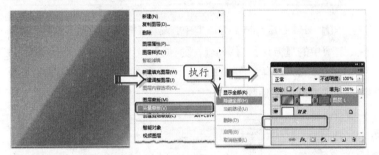

STEP|05 单击【钢笔工具】按钮 ✐，在"图层 1"中绘制一个"三角形"图形。单击【直接选择工具】按钮 ▸，选择"三角形"图像，进行调整。然后单击【渐变工具】按钮，在图像上从左上方向右下方拖动鼠标，重新绘制一条斜线，设置渐变色。

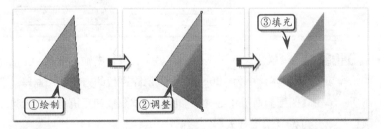

STEP|06 选择"图层 1"，复制该图层，使用移动工具拖动该三角形到指定位置。选择"图层 1 副本"，单击命令栏中的【编辑】按钮 编辑(E)，执行【变换】|【水平翻转】命令，并移动到合适的位置。

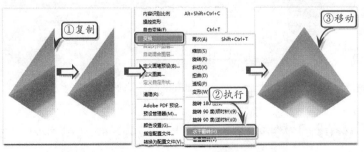

提示

在画直线时，按住 Shift 键，可以绘制水平直线、垂直直线。

提示

调整好三角形之后，将图层面板中的图层蒙版删除，再添加渐变色。在蒙版图层上绘制的图形不能再直接调整渐变色，只能使用渐变工具重新绘制。

技巧

复制图层时，按住 Alt 键，单击【移动工具】按钮，然后拖动该图层，如果复制成功，【图层】面板将显示"图层 1 副本"。

提示

改变渐变色方向，可以直接拖动鼠标，但一定要把握好方向，或者改变渐变样式。

STEP|07 选择"图层 1 副本"，单击【渐变工具】按钮，从右下方向左上方倾斜拖动鼠标。选择"图层 1"，单击【图层】面板中的【添加图层样式】按钮 *fx.*，执行【斜面和浮雕】命令，并在弹出的【图层样式】对话框中设置参数。

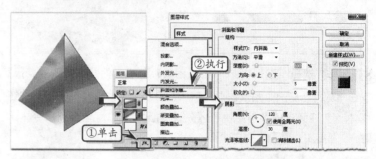

STEP|08 在【图层样式】对话框中，设置【斜面和浮雕】选项组【结构】选项中的【方法】、【深度】、【方向】、【大小】、【软化】。然后按照相同的方法，选择"图层 1 副本"，添加图层样式中的"斜面和浮雕"样式，并调整参数值。

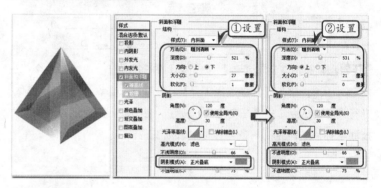

STEP|09 单击【横排文字工具】按钮 **T**，在舞台中输入文本"宝之蓝钻石"，设置字体大小为"40px"，设置消除锯齿的方法为"浑厚"。然后，单击【图层】面板中的【添加图层样式】按钮，执行【混合选项】命令，打开【图层样式】对话框。

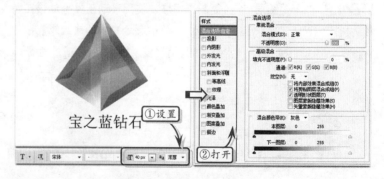

STEP|10 在【图层样式】对话框中，分别为文本添加外发光、内发

光、渐变叠加、描边样式，设置外发光的颜色为"绿色"（#9ff026），范围为"50%"；内发光的颜色为"白色"（#ffffff）；渐变叠加的【样式】为"线性"，【角度】为"90°"。然后，单击【横排文字工具】按钮，选择文本，设置文本字体为"文鼎齿轮体"。

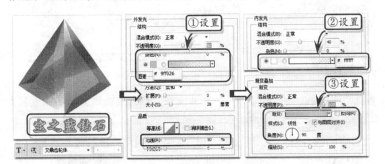

3.10　练习：设计化妆品广告网幅

随着互联网的普及，网络广告正处于蓬勃发展之中，网幅广告（Banner）是目前最常见的广告形式之一。一个好的 Banner 往往会吸引更多的访问者，增加网站的知名度。本练习主要运用矩形工具、渐变工具、横排文字工具及图层样式制作一个化妆品广告。

操作步骤 ▶▶▶▶

STEP|01 新建空白文档，设置画布的【尺寸】为 950×150 像素，【分辨率】为"72 像素"等。单击【矩形选框工具】按钮，在画布中绘制一个矩形。然后，单击【渐变工具】按钮，并在工具选项栏中设置渐变颜色的参数，为矩形填充由下到上的粉红灰渐变色。

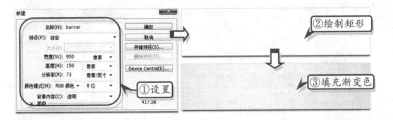

② 绘制矩形

① 设置　③ 填充渐变色

STEP|02 分别将素材"pz.psd"、"river.psd"、"soup.psd"拖动至 banner 文档中。使用移动工具移动图像至指定位置。然后，分别选择"river.psd"、"soup.psd"所在的图层，执行【图像】|【调整】|【色相/饱和度】命令，在弹出的【色相/饱和度】对话框中，启用【着色】复选框，并进行色相、饱和度、明度参数的设置。

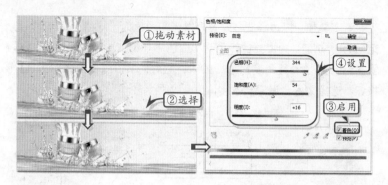

STEP|03 选择"river.psd"所在的图层，执行【编辑】|【自由变换】命令，选择右下方的控制点并开始拖动，直至与画布一样大小。然后按照相同的方法，选择"soup.psd"所在的图层，执行【编辑】|【自由变换】命令，右击执行【旋转】命令，对图像进行旋转操作。

STEP|04 选择"pz.psd"和"soup.psd"所在的图层，单击【图层】面板中的【链接图层】按钮，将图像移动到中间。单击【横排文字工具】按钮，在图像左侧输入文本"M"和"美迪凯"。然后执行【窗口】|【字符】命令，打开【字符】面板，设置字体大小和字符间距等参数。

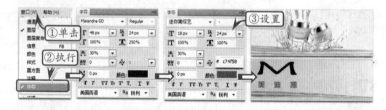

STEP|05 在【图层】面板中，双击"M"文字图层，打开【图层样式】对话框。然后，启用【投影】、【外发光】、【内发光】、【渐变叠加】、【描边】复选框，为文字图层添加投影、外发光、内发光、渐变叠加、描边效果。

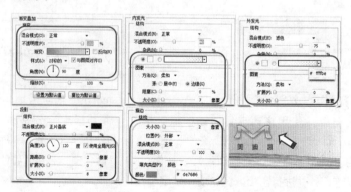

STEP|06 按照相同的方法选择文本"美迪凯",双击该图层打开【图层样式】对话框。然后,启用【投影】、【外发光】、【描边】复选框,其参数设置与文本 M 相同。

提示

渐变叠加中的渐变色参数设置如下。

STEP|07 在图像右侧输入文本"水润娇颜,水漾盈润",打开【字符】面板,分别设置文本的大小、颜色、消除锯齿。其中,文本"水润"和"水漾"字符设置相同;文本"娇颜"和"盈润"字符设置相同。

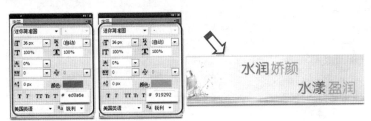

提示

为了方便图层拖动,一般将图层进行图层链接。方法是:选择要链接的图层,至少两个图层,然后单击【添加链接】按钮即可。

3.11 高手答疑

Q&A

问题 1:如何通过图层加强图像的显示效果?

解答: 复制图层可以用来加强图像的显示效果,同时也可以保护源图像。选择要复制的图层,然后执行【图层】|【复制图层】命令,在弹出的【复制图层】对话框中输入图层名称即可。

另外,选择要复制的图层,用鼠标将该图层拖动到【创建新图层】按钮 上也可复制图层。

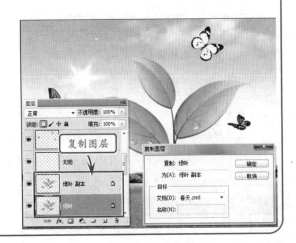

Q&A

问题 2:在网页中经常可以看到具有倒影效果的图标,它们在 Photoshop 中是如何制作的?

解答: 在 Photoshop 中,为图像制作倒影的方法非常简单,只需要使用图层蒙版和渐变工具。

首先复制图像,并执行【编辑】|【变换】|【垂直翻转】命令,将其翻转。然后将图像副本所在的图层放到原图层的下方。

单击【图层】面板底部的【添加矢量蒙版】按钮,为图像副本所在的图层添加矢量蒙版。

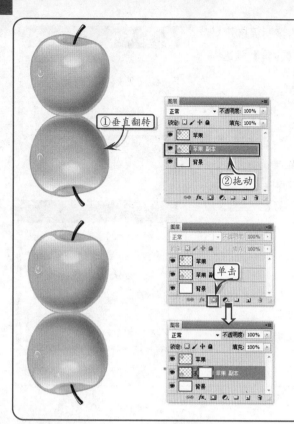

选择图层的蒙版，单击工具面板中的【渐变工具】按钮，设置填充颜色为黑白渐变，然后在舞台中拖动鼠标填充渐变色，实现逼真的倒影。

Q&A

问题 3：当为某个图像设置较为复杂的图层样式后，是否可将该样式自定义为一个新的样式以方便应用到其他图像？

解答：在【图层样式】对话框中，可以将自己设置好的样式添加到【样式】面板中，以方便以后重复使用。

在【图层样式】对话框中单击【新建样式】按钮，在弹出的对话框中设置样式的名称。然后，在【样式】面板中就可以查看到自定义的样式。

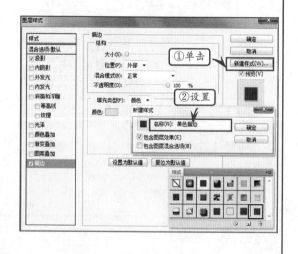

提示

在【样式】面板中，还有很多预设样式同样可以使用。只要选中图层，单击该面板中的样式图标即可。

Q&A

问题 4：在网页设计中，如何制作圆角矩形按钮？

解答：制作圆角矩形按钮，首先应绘制圆角矩形的图形。在 Photoshop 中，绘制圆角矩形有两种方式。

一种是使用矢量绘制工具，可绘制出由矢量蒙版控制的图层，图层显示为矢量图形。这种方法绘制的图形是矢量图形。

在工具面板中，单击【圆角矩形工具】按钮 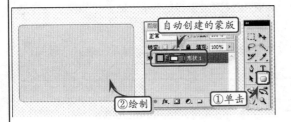，然后在画布上可以绘制圆角矩形。

另外一种方法则是使用矩形选框工具，选择相应的区域，然后对选区进行平滑和填充操作。这种方法绘制的图形是位图图形。

在工具面板中单击【矩形选框工具】按钮 ，在画布中绘制矩形选区，然后，执行【选择】|【修改】|【平滑】命令，在弹出的【平滑选区】对话框中设置【取样半径】为"5像素"，使其变成圆角矩形选区。

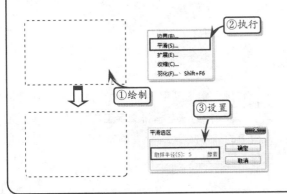

右击该选区，执行【填充】命令，在弹出的【填充】对话框中设置填充的颜色。例如设置颜色为前景色。通过工具面板或【颜色】面板可以更改该颜色值。

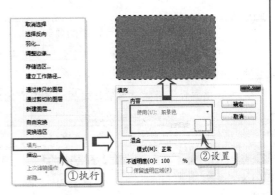

在绘制圆角矩形后，为其添加内发光、渐变叠加以及描边等样式，完成按钮制作。

04 设计界面文本

文字是大多数图像中不可缺少的要素,在任何一个版面设计的完整结构中,都是一个重要的部分。文字最初是为了说明图片而存在的,而如今文字的功能不仅仅局限于说明问题,图形化的网页文字已经逐渐成为流行趋势。

本章主要介绍有关文字的基本操作与应用。通过本章的学习,希望读者灵活地掌握这些基础知识,并在以后的工作或学习中加以运用。

4.1 创建普通文字

Photoshop 包含两种文字工具,分别是横排文字工具与直排文字工具。

运用文字工具在图像中输入文字后,Photoshop 将自动创建一个新的图层,此时,新图层的缩略图标为大写 T 字。用鼠标双击该图层,或者单击画布中的文字,即可重新编辑图层中的文字。

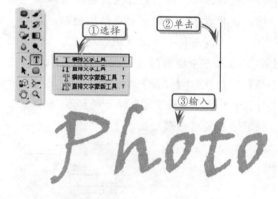

2. 输入直排文字

直排文字工具用来向图像中添加竖排模式的文字,其使用方法与横排文字工具相同。选择工具面板中的直排文字工具,在画布中的任意位置单击鼠标,并输入文字。

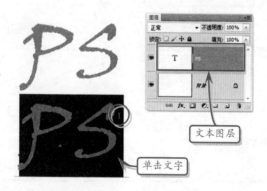

1. 输入横排文字

选择工具面板中的横排文字工具,在画布中的任意位置单击鼠标,当鼠标显示为 I 时,文档中会出现闪烁的光标,此时就可以输入文字。

> **提示**
>
> 若要结束文字输入可以按 Ctrl+Enter 组合键,或单击工具选项栏中的【提交所有当前编辑】按钮 ✔。

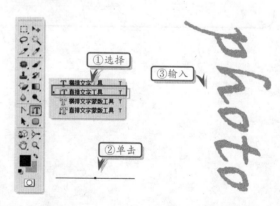

4.2 创建段落文本

选择横排文字工具后,在画布中单击并且同时拖动鼠标,当文档中出现流动蚂蚁线时释放鼠标。在流动的蚂蚁线选框中输入文字即可创建段落文本。

段落文本只能显示在定界框内,如果超出文本的范围,定界框右下方控制柄会显示为田字形。此时,将鼠标放置在定界框下方中间的控制柄上,同时向下拖动鼠标即可。等文字完全显示后,定界框右下方控制柄为口字形显示。

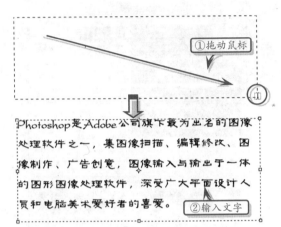

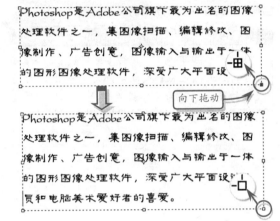

提示

将鼠标移动至蚂蚁线选框的节点上面,移动鼠标可以控制选框的大小。如果将鼠标移动到选框的外侧,单击鼠标左键移动,可以旋转段落文本。

4.3 设置文字特征

选择工具面板中的文字工具后,可以在工具选项栏中设置文字的特征,如更改文字方向、字体、字号等,各个选项的名称及功能介绍如下所示。

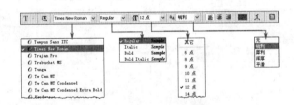

名　　称	功　　能
更改文字方向	在文字工具选项栏中,单击【更改文本方向】按钮 T,可以在文字的水平与垂直方向之间切换
字体	列举了各种类型的字体,用户可以根据实际情况选择字体和字形
字号	从该列表中可以选择一种以点为单位的字号,或者输入一个数值

续表

名　称	功　能
消除锯齿	从该列表中可以选择一种将文字混合到其背景中的方法
对齐方式	可以选择左对齐、居中对齐或右对齐，使文字对齐到插入点
颜色	单击选项栏中的颜色块，并在拾色器中为文本选择一种填充颜色
创建文字变形	可以把文本放到一条路径上，扭曲文本或者弯曲文本
字符/段落	单击按钮 圖 可以隐藏或显示【字符】和【段落】面板

单击【文字工具】按钮 T，选择要更改的段落文本，单击工具选项栏中的色块，在弹出的【拾色器】对话框中选择所需的文本颜色。

> **技巧**
>
> 在选择文本的情况下，执行【窗口】|【色板】命令，打开【色板】面板。然后，单击该面板中的颜色也可为文字设置颜色。

4.4　更改文字的外观

文字的方向决定于文档或者定界框的方向。当文字图层垂直时，文字行上下排列；当文字图层水平时，文字行左右排列。更改文字的方向只需单击工具选项栏中的【更改文本方向】按钮 T 即可。

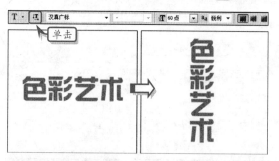

在消除锯齿列表中，可以选择不同的文字效果。选择"无"可以产生一种锯齿状字符；选择"锐利"和"犀利"可以产生清晰的字符；选择"浑厚"可以产生厚重的字符；选择"平滑"可以产生一种较柔和的字符。

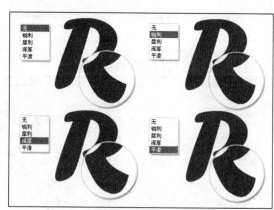

在排版过程中，为了方便对文字进行编辑，可以将点文本转换为段落文本，执行【图层】|【文字】|【转换为段落文本】命令即可。反之，可以将段落文本转换为点文本。

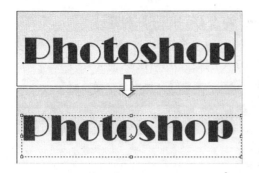

话框中即可为文字选择适当的变形样式。

单击【创建文字变形】按钮 可以对文字进行各种各样的变形。选择文字工具后，单击工具选项栏中的【创建文字变形】按钮 ，在弹出的对

4.5 练习：设计软件下载站导航页界面

导航界面是一个网站的重要组成部分。导航界面的颜色与样式往往体现了整个网站的风格，所以在设计网站时都会把导航界面作为比较重要的元素来设计。用 Photoshop 可以制作出各式各样精美的导航界面，本练习将制作一个下载站导航界面。

操作步骤 >>>>

STEP|01 在 Photoshop 中执行【文件】|【新建】命令，新建一个 1003×600 像素、白色背景的文档。然后，在【图层】面板中单击【新建图层】按钮 ，创建名称为 "图层 1" 的图层。

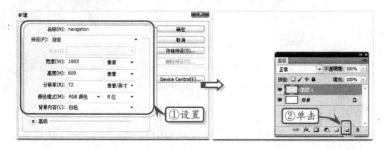
①设置　②单击

练习要点

- 添加图层
- 【横排文字工具】 T 、【矩形工具】 、【渐变工具】 和【移动工具】 等工具的应用
- 设置字体的大小和系列
- 为文字图层添加样式
- 为图层添加样式

提示

新建文档有两种方法，一是执行【文件】|【新建】命令；

二是按 Ctrl+N 快捷键。

技巧

按住 Shift 键，然后拖动鼠标，可以迅速绘制直线。

提示

在【渐变编辑器】对话框中设置 4 个色标。

提示

绘制矩形后应先填充颜色，再调整大小；如果不填充，将弹出提示对话框。

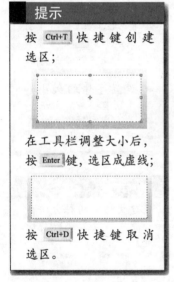

提示

按 Ctrl+T 快捷键创建选区；

在工具栏调整大小后，按 Enter 键，选区成虚线；

按 Ctrl+D 快捷键取消选区。

提示

在渐变叠加中设置 4 个色标。

STEP|02 在工具面板中单击【渐变工具】按钮，单击工具选项栏中的【渐变色块】区域，在【渐变编辑器】对话框中，分别设置 4 个色标，并单击【线性渐变】按钮。然后按住 Shift 键，在"图层 1"中从上向下拖动鼠标，绘制一条直线，显示灰色绿色渐变。

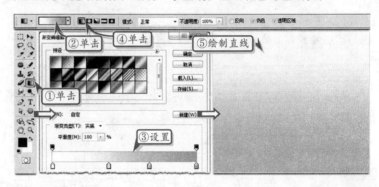

STEP|03 新建"图层 2"，单击【矩形选框工具】按钮，在"图层 2"中绘制一个矩形，并填充为"白色"（#ffffff）。然后，按 Ctrl+T 快捷键，将图层缩放为"650×280px"的矩形。

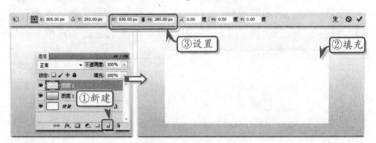

STEP|04 选择"图层 2"，单击【图层】面板底部的【添加图层样式】按钮 fx，在弹出的【图层样式】对话框中，分别启用【内发光】、【渐变叠加】和【描边】复选框并设置参数，为图层添加内发光、渐变叠加和描边效果。

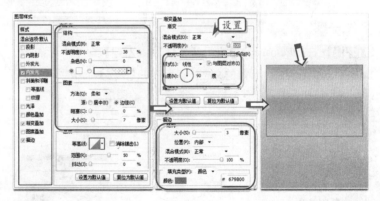

STEP|05 新建"图层 3"，单击【矩形选框工具】按钮，在舞台中绘制一个矩形，并填充为"白色"（#ffffff）。然后，按 Ctrl+T 快捷键，

将图层缩放为 "608×207px" 的矩形。

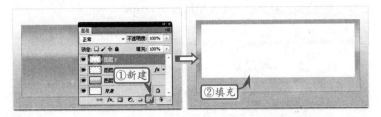

STEP|06 选择 "图层 3"，单击【图层】面板底部的【添加图层样
式】按钮 **fx.**，在弹出的【图层样式】对话框中，分别启用【内发光】、
【渐变叠加】和【描边】复选框并设置参数，为图层添加内发光、渐
变叠加和描边效果。

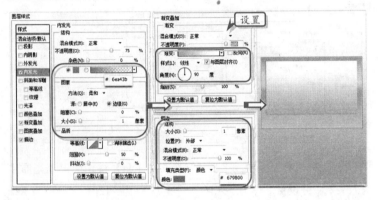

STEP|07 将素材图像拖入到 "图层 3" 中，调整图像之间的距离。
然后单击【图层】面板底部的【创建新组】按钮 □，将图像放入"组
1"，并修改"组"的名称为 "icons"。

STEP|08 在工具栏中，单击【横排文字工具】按钮 **T**，在图像的下
方输入文本，并设置字体为 "宋体"，字体大小为 "14px"，【颜色】
为 "绿色"（#335902）。

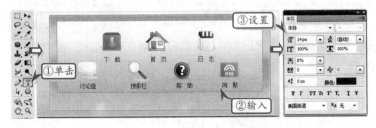

STEP|09 新建 "图层 4"，单击【矩形选框工具】按钮 □，在 "图

层 4"的画布中绘制一个矩形，并填充为"白色"（#ffffff）。然后，按 Ctrl+T 快捷键，将矩形的在大小缩放为 608px×47px。

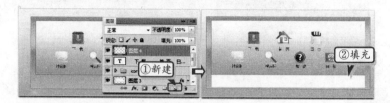

STEP|10 选择"图层 4"，单击【图层】面板底部的【添加图层样式】按钮 **fx.**，在弹出的【图层样式】对话框中，分别启用【渐变叠加】和【描边】复选框并设置参数，为图层添加渐变叠加和描边效果。

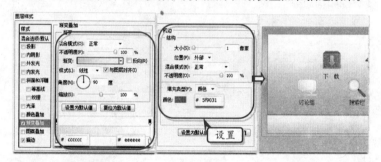

STEP|11 在工具面板中，单击【横排文字工具】按钮 **T.**，在画布中输入文本，并设置字体为"宋体"，字体大小为"12px"，颜色为"绿色"（#335902）。然后，单击工具选项栏中的【居中对齐文本】按钮 ，使文本居中对齐。

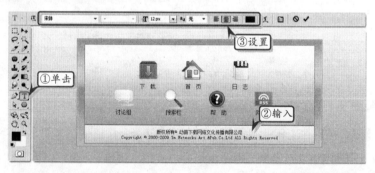

STEP|12 按照相同的方法，新建"图层 5"。单击【矩形选框工具】按钮 ，在画布中绘制一个矩形，并填充为"白色"（#ffffff）。然后，按 Ctrl+T 快捷键，将矩形的大小缩放为 98px×73px。

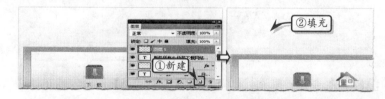

STEP|13 选择"图层 5",单击【图层】面板底部的【添加图层样式】按钮 _fx_,在弹出的【图层样式】对话框中,分别启用【投影】、【内发光】和【斜面和浮雕】复选框并设置参数,为图层添加渐变叠加和描边效果。

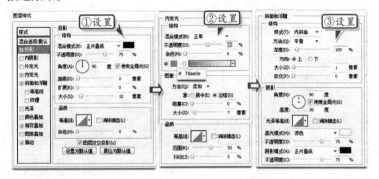

STEP|14 在工具面板中,单击【横排文字工具】按钮,输入文本"Ym"。然后打开【字符】面板,设置字体大小、行距、字符间距及颜色等参数。

STEP|15 在【图层】面板中,双击该文字图层,打开【图层样式】对话框。启用【内阴影】、【外发光】、【内发光】和【描边】复选框,为文字图层添加内阴影、外发光、内发光和描边效果。

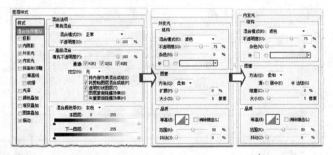

STEP|16 按照相同的方法,单击工具面板中的【横排文字工具】按钮,输入文本"幼苗下载网"。打开【字符】面板,设置字体大小、行距、字符间距及颜色等参数。

STEP|17 在【图层】面板中，双击该文字图层，打开【图层样式】对话框。启用【内阴影】、【外发光】、【内发光】和【描边】复选框，为文字图层添加内阴影、外发光、内发光和描边效果。

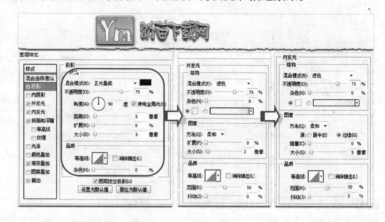

4.6 练习：设计个人博客网页界面

现如今博客（Blog）是一个典型的网络新事物，是一种特别的网络个人出版形式，内容按照时间顺序排列，并且不断更新。

博客是个人媒体、个人网络导航和个人搜索引擎，以个人为视角，以整个互联网为视野，精选和记录自己看到的精彩内容，为他人提供帮助，使其具有更高的共享价值。本练习运用矩形选框工具和横排文字工具等制作一个个人博客的网页界面。

练习要点

● 添加图层
● 运用【矩形工具】、【渐变工具】、【移动工具】、
● 添加矢量蒙版

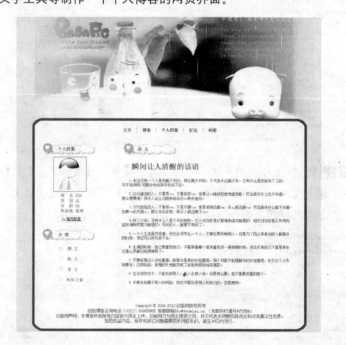

操作步骤 >>>>

STEP|01 在 Photoshop 中执行【文件】|【新建】命令，新建一个 1003×1024 像素、白色背景的文档。在【图层】面板中单击【新建图层】按钮 ，创建名称为"图层 1"的图层。

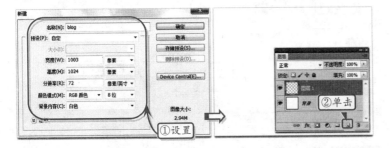

STEP|02 单击工具面板中的【矩形选框工具】按钮，绘制一个与画面大小相同的矩形。右击执行【填充】命令，在弹出的【填充】对话框中，选择【使用】下拉列表菜单中的"颜色"选项，设置颜色为"绿色"（#cee6b4）。

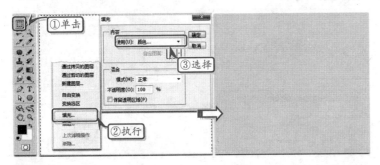

STEP|03 将图像素材"top.jpg"拖入到"blog"文档中。然后选择"图层 2"，单击【图层】面板底部的【添加矢量蒙版】按钮，添加矢量蒙版。

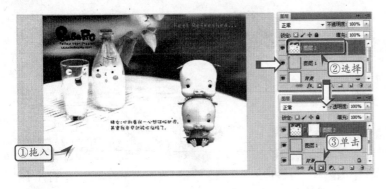

STEP|04 单击【工具】面板中的【渐变工具】按钮，单击工具选项栏中的【渐变色块】区域，在弹出的【渐变编辑器】对话框中，设置

提示

在 Photoshop 中，颜色模式有 5 种，分别为"位图"、"灰度"、"RGB 颜色"、"CMYK 颜色"、"Lab 颜色"。

提示

背景内容分为 3 种：一是白色，二是背景色，三是透明。

提示

在选择"颜色"选项后，将会弹出【选取一种颜色】对话框，将鼠标置于左侧的颜色区域中，将显示出颜色的值；也可以直接输入颜色值到"#"右侧的文本框中。

提示

拖入一个图像就创建一个图层，一个图像对应一个图层。

黑白黑三个色标，并单击【线性渐变】按钮。然后，在图像上从左到右拖动鼠标。

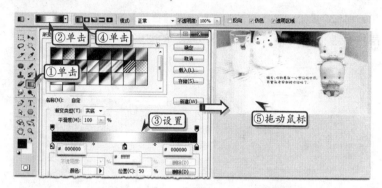

STEP|05 新建"图层 3"，单击【矩形选框工具】按钮，绘制一个矩形，执行【选择】|【修改】|【平滑】命令，在弹出的【平滑选区】对话框中，输入【取样半径】为"25 像素"。然后填充"灰色"（#eeeeee）背景。

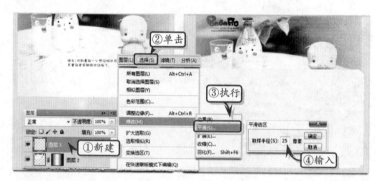

STEP|06 选择"图层 3"，按 Ctrl+T 组合键调整矩形大小为"905×690 像素"。双击该图层，将弹出【图层样式】对话框，启用【描边】复选框，并设置相关参数，使图层显示描边的效果。

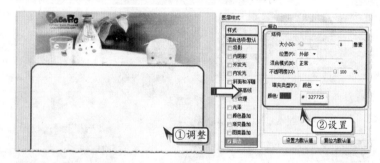

STEP|07 单击【横排文字工具】按钮，在画布中输入文本。打开【字符】面板，设置字体为"宋体"，大小为"14px"，设置主页文本的颜色为"红色"（#d70873），其他文本的颜色为"绿色"（#327725）。

STEP|08 按照相同的方法，分别新建 "图层 4"、"图层 5"、"图层 6" 和 "图层 7"，单击【矩形选框工具】按钮，绘制一个【取样半径】为 "15 像素" 的矩形并填充为 "白色"。然后，按 `Ctrl+T` 组合键调整图层大小分别为"246×264 像素"、"246×210 像素"、"571×488 像素"、"828×90 像素"。

STEP|09 选择 "图层 4"，将图像素材 "head.jpg"、"title.gif"、"jwhy.jpg" 和 "list.gif" 拖入到 "图层 4" 中，并给 "head.jpg" 图像添加图层样式进行描边；将图像 "title.gif" 和 "list.gif" 复制，分别拖入到 "图层 5" 和 "图层 6" 中。

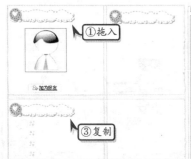

STEP|10 在相应的图层输入文本，并设置文本字体、大小、颜色等参数。其中标题文本字体为 "14px"；文章的大标题字体为 "24px"；文章内容字体为 "12px"；字体【颜色】为 "绿色"（#327725）。

4.7 高手答疑

Q&A

问题 1：如何创建与文字相同的选区？

解答：在 Photoshop 中，利用文字蒙版工具输入文字，可以创建文字选区。

单击【横排文字蒙版工具】按钮，用鼠标单击画布中的任意位置，画布背景会被粉红色覆盖。当出现一个闪烁的光标后，输入文字。确认操作就可以产生一个文字选区，对其进行编辑即可。

> **提示**
>
> 使用横排文字蒙版工具在当前图层中添加文字时，不会产生新的图层，而且文字是未填充任何颜色的选择区域。

Q&A

问题 2：在输入与数学或化学相关的文字时，经常需要使用上标和下标文字，那么，在 Photoshop 中如何定义上标和下标？

解答：在【字符】面板中，可以定义文字为上标或者下标。

在画布中选择文字，单击【字符】面板中的【上标】按钮，即可将该文字更改为上标。

如果要下标文字，在【字符】面板中单击【下标】按钮，即可，该功能经常用于化学公式中。

Q&A

问题3： 在输入段落文字后，如何使它们向左
对齐、向右对齐或者向中间对齐？

解答： 在处理大量的段落文本时，会经常用到
文字对齐。Photoshop为用户提供了多种对齐方
式，用户可以在编辑文本时根据实际情况选择
适当的对齐方式。

选择段落文字，单击工具选项栏中的【左
对齐】按钮、【居中对齐】按钮和【右对齐】
按钮，即可设置相应的对齐方式。

从功能上看，Photoshop可分为图像编辑
、图像合成、校色调色及特效制作部分。
PHOTOSHOP界面图像编辑是图像处理的
基础，可以对图像做各种变换如放大、缩小
、旋转、倾斜、镜像、透视等。也可进行复
制、去除斑点、修补、修饰图像的残损等。

左对齐

从功能上看，Photoshop可分为图像编辑
、图像合成、校色调色及特效制作部分。
PHOTOSHOP界面图像编辑是图像处理的
基础，可以对图像做各种变换如放大、缩小
、旋转、倾斜、镜像、透视等。也可进行复
制、去除斑点、修补、修饰图像的残损等。

居中对齐

从功能上看，Photoshop可分为图像编辑
、图像合成、校色调色及特效制作部分。
PHOTOSHOP界面图像编辑是图像处理的
基础，可以对图像做各种变换如放大、缩小
、旋转、倾斜、镜像、透视等。也可进行复
制、去除斑点、修补、修饰图像的残损等。

右对齐

Q&A

问题4： 如何为文字添加滤镜效果？

解答： 在为文字添加滤镜效果之前，首先要将
文字栅格化。其实，在为文字添加滤镜效果时，
Photoshop会自动弹出一个对话框，要求将文字
栅格化，以便继续操作。栅格化的文字在【图
层】面板中以普通图层的方式显示。

此外，用户还可以对栅格化后的文字进行
再编辑。比如剪切、删除等命令，从而使文字
呈现出更多神奇的效果。

Q&A

问题5： 对于在 Photoshop 中输入的英文，
是否可以对其进行拼写检查？

解答： Photoshop 与文字处理软件 Word 一样具
有拼写检查的功能。该功能有助于在编辑大量
文本时，对文本进行拼写检查。

首先选择文本，然后执行【编辑】│【拼

写检查】命令，在弹出的对话框中进行设置。

Photoshop 一旦检查到文档中有错误的单
词，就会在【不在词典中】选项中显示出来，
并在【更改为】选项中显示建议替换的正确
单词。

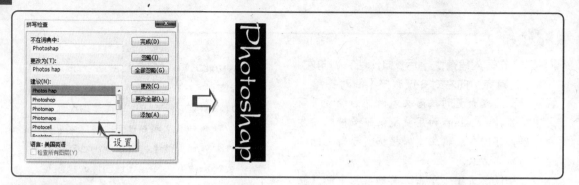

Q&A

问题6：如何沿指定的路径输入文字，使文字
　　　　产生不同的效果？

解答：如果需要将文字绕路径排列，首先要绘
制一个路径。然后单击【横排文字工具】按钮
T，将鼠标指针放置在路径上，当光标显示为
图标时，单击鼠标即可输入文字。

单击【横排文字工具】按钮 T，当光标在
路径上显示为图标时，单击鼠标输入文字。
它与沿路径走向排列文字不同，当光标显示为
图标时，输入的则是在封闭路径排版的文字。

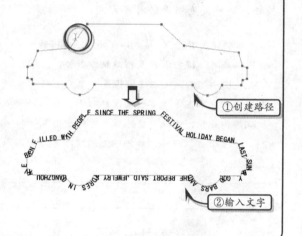

①创建路径

②输入文字

05 网页图像处理

在 Photoshop 中，无论是绘制图像还是导入外部图像，基本上都无法直接满足用户的需求，通常需要对其进行一些处理，才可以达到预期的效果，例如添加滤镜。当网页图像在 Photoshop 中设计完成后，就需要将其裁切为不同的小图片，并导出为 Web 格式的文档，以应用于网络中。

本章主要介绍 Photoshop 中经常使用的一些滤镜效果，以及裁切网页图像并导出为 Web 格式文档的方法。通过本章的学习，读者可以为图像添加简单的特效，并将图像转换为网页文档。

5.1 模糊滤镜

模糊滤镜的作用是使选区或图像更加柔和，淡化图像中不同色彩的边界，以掩盖图像的缺陷，例如，抠取图像使时成的锯齿边缘等。

模糊滤镜的效果非常轻微，而且没有任何选项，适用于对图像进行简单处理。对于某个网页图像而言，可以多次使用模糊滤镜，以进一步增强模糊度。

与模糊滤镜类似的是进一步模糊滤镜。该滤镜的使用方法与模糊滤镜相同，但强度更大一些。

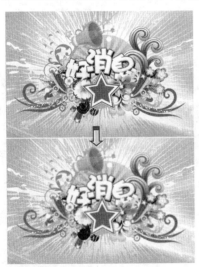

5.2 高斯模糊

高斯模糊滤镜可以进行不同程度的模糊调节，主要应用于精度要求较高的图像。

选择选区或图层后，执行【滤镜】|【模糊】|【高斯模糊】命令，即可打开【高斯模糊】对话框。

通过【半径】下方的滑块或右侧的输入文本域都可以调节高斯模糊的精度，其范围为 0.1px～250px。

提示

使用模糊滤镜时就好像程序为图像生成许多副本，使每个副本向四周以 1 像素的距离进行移动，离原图像越远的副本其不透明度越低，这样就形成了模糊的效果。

5.3 USM 锐化滤镜

锐化滤镜通过增加相邻像素的对比度来使模糊图像变清晰，主要用于修复一些模糊不清的图像。

USM 锐化滤镜所提供的锐化功能，不管它是否发现了图像边缘，都可以使图像边缘清晰，或者根据指令使图像的任意一部分清晰。

选中相应的选区或图层，然后执行【滤镜】|【锐化】|【USM 锐化】命令，即可打开【USM 锐化】对话框。

在 USM 锐化对话框中，包含 3 种锐化强度设置。

- **数量** 该属性控制总体锐化的强度，数值越大，图像边缘锐化的强度就越大。

- **半径** 该属性设置图像轮廓被锐化的范围，数值越大，在锐化时图像边缘的细节被忽略得越多。

- **阈值** 该属性控制相邻的像素间达到的色阶差值限度，超过该限度则视为图像的边缘。该数值越高，锐化过程中忽略的像素也越多。

5.4　镜头光晕滤镜

在制作网页中的各种图像时，经常会需要创造各种相机或摄影机镜头产生的光晕，此时可使用 Photoshop 的镜头光晕滤镜。

选择相应的图层或选区，执行【滤镜】|【渲染】|【镜头光晕】命令，即可打开【镜头光晕】

对话框。

5.5　添加杂色滤镜

杂色是随机分布的彩色像素点。使用杂色滤镜可以在图像中增加一些随机的像素点。

执行【滤镜】|【杂色】|【添加杂色】命令，即可打开【添加杂色】对话框。在默认情况下，启用【平均分布】单选按钮的同时设置【数量】为 12.5%。

5.6　素描滤镜

素描滤镜是将纹理添加到图像上，适用于创建美术或者手绘外观。素描滤镜包含多种滤镜命令，

其中最常用并且效果最明显的滤镜命令如下表所示。

滤镜名称	滤镜功能
便条纸	创建像是用手工制作的纸张构建的图像。此滤镜简化了图像，并结合使用【浮雕】和【颗粒】滤镜的效果
绘图笔	用细的、线状的油墨描边以捕捉原图像中的细节。对于扫描图像，效果尤其明显
水彩画纸	利用有污点的、像画在潮湿的纤维纸上的涂抹，使颜色流动并混合
塑料效果	按 3D 塑料效果塑造图像，然后使用前景色与背景色为结果图像着色。暗区凸起，亮区凹陷
炭笔	重绘高光和中间调，并使用粗糙粉笔绘制纯中间调的灰色背景
图章	简化了图像，使之看起来就像是用橡皮或木制图章创建的一样。此滤镜用于黑白图像时效果最佳

续表

滤镜名称	滤镜功能
影印	模拟影印图像的效果。大的暗区趋向于只复制边缘四周，而中间色调要么纯黑色，要么纯白色

许多素描滤镜在重绘图像时使用前景色和背景色，所以在执行该滤镜之前，首先选择要表现的颜色。

5.7 制作网页切片

Photoshop 提供了两种工具制作网页切片，即切片工具和切片选择工具。

1. 切片工具

切片工具是最基本的绘制切片的工具，其提供了 4 种绘制切片的方式。在工具面板中单击【切片工具】按钮 后，即可在工具选项栏中选择绘制切片的 3 种样式。

● **正常** 该样式允许用户使用光标绘制任意大小的切片。

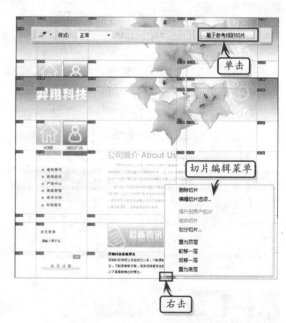

● **固定长宽比** 该样式允许用户在右侧的【宽度】和【高度】输入文本域中输入指定的大小比例，然后再通过切片工具根据该比例绘制切片。

● **固定大小** 该样式允许用户在右侧的【宽度】和【高度】输入文本域中输入指定的大小，然后再通过切片工具根据该大小绘制切片。

除了以上 3 种样式外，切片工具的工具选项栏还有【基于参考线的切片】按钮。如图像包含参考线，则单击该按钮后，Photoshop 会根据参考线绘制切片。

2．切片选择工具

除了切片工具外，Photoshop 还提供了切片选择工具，允许用户选中切片，然后对切片进行编辑。

在工具面板中，选择切片选择工具后，即可单击图像中已存在的切片，通过右键菜单进行编辑。编辑切片的命令共有以下 9 条。

● **删除切片** 执行该命令可将选中的切片删除。

● **编辑切片选项** 执行该命令，将打开【切片选项】对话框。该对话框允许用户设置切片类型、切片名称、链接的 URL、目标打开方式、信息文本、图片置换文本、切片的大小、坐标位置以及背景颜色等选项。

● **提升到用户切片** 执行该命令可将非切片区域转换为切片

● **组合切片** 执行该命令可将两个或更多的切片组合为一个切片。

● **划分切片** 执行该命令，将打开【划分切片】对话框，将一个独立的切片划分为多个切片。划分切片时，既可以水平方式划分，又可以垂直方式划分。

● **置为顶层** 当多个切片重叠时，将某个切片设置在切片最上方。

● **前移一层** 当多个切片重叠时，将某个切片的层叠顺序提高 1 层。

● **后移一层** 当多个切片重叠时，将某个切片的层叠顺序降低 1 层。

● **置为底层** 当多个切片重叠时，将某个切片设置在最底层。

5.8 存储为 Web 格式

制作切片最终的目的是将图像切片导出为网页。在 Photoshop 中，按照指定的步骤，即可导出切片网页。

1．存储为 Web 和设备所用格式

执行【文件】|【存储为 Web 和设备所用格式】命令，打开【存储为 Web 和设备所用格式】对话框，可以选择优化选项卡，也可以预览优化的图稿。

该对话框的左侧是预览图像窗口，其共包含 4 个选项卡，它们的功能如下表所示，而位于右侧的是用于设置切片图像仿色的选项。

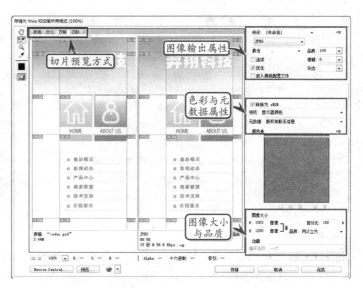

名　　称	功　　能
原稿	单击该选项卡，可以显示没有优化的图像
优化	单击该选项卡，可以显示应用了当前优化设置的图像
双联	单击该选项卡，可以并排显示图像的两个版本
四联	单击该选项卡，可以半掩显示图像的 4 个版本

2. 输出设置

在设置图像的优化属性后，单击对话框右上角的【优化菜单】按钮，在弹出的菜单中执行【编辑输出设置】命令，即可打开【输出设置】对话框。在该对话框的【设置】下拉列表中，可进行以下 4 项设置。

● **HTML**

HTML 选项用于创建满足 XHTML 导出标准的 Web 页。如果启用【输出 XHTML】复选框，则会禁用可以与此标准冲突的其他输出选项，并自动设置【标签大小写】和【属性大小写】选项。

● **切片**

"切片"选项的作用是设置输出切片的属性，包括设置切片

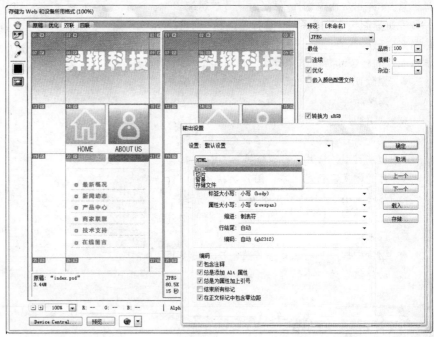

代码以表格的形式存在还是以层的形式存在。另外，该对话框还提供了为切片命名的选项，允许用户设置切片的命名方式。

如选择以表格的方式创建切片，则可以设置 3 种表格属性，如表所示。

属 性 名	作　　用
空单元格	指定将空切片转换为表单元格的方式。选择 GIF,IMG W&H 选项，其宽度和高度值在 IMG 标记中指定。选择 GIF,TD W&H 选项，其宽度和高度值在 TD 标记中指定。选择 NoWrap,TD W&H 选项，在表数据上放置非标准的 NoWrap 属性，并放置 TD 标记上指定的宽度和高度值
TD W&H	指定何时包括表数据的宽度和高度属性：总是、从不或自动
分隔符单元格	指定何时在生成的表周围添加一行和一列空白分隔符单元格：自动、自动（底部）、总是、总是（底部）或从不

● **背景**

"背景"选项的作用是为整个页面提供一张整体的背景图像，或为页面设置背景颜色。选择【颜色】列表，可以设置背景为无色、杂边、吸管颜色、白色、黑色以及其他颜色。

● 存储文件

"存储文件"选项的作用是定义保存的切片图片属性，包括为图片文件命名、设置图片文件名的兼容性（字符集）以及设置图片保存的路径和存储的方式等。

5.9 制作网页切片

在制作网页切片时，可先根据文档中各个图层的内容设计参考线，然后选择切片工具，单击工具选项栏中的【基于参考线的切片】按钮，根据参考线自动生成切片。最后，根据网页内容将自动生成的切片合并，即可完成切片制作。

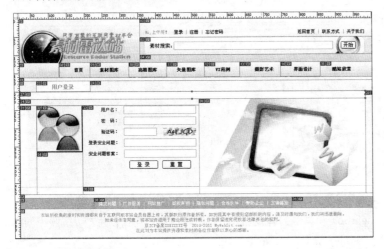

提示

常用的切片工具有三种，一是裁剪工具，二是切片工具，三是切片选择工具。

操作步骤 ▶▶▶▶

STEP|01 打开素材文档"login.psd"，按 Ctrl+R 组合键，执行【标尺】命令，单击【移动工具】按钮 ，将上标尺向下拖动，将看到红色的标尺线。

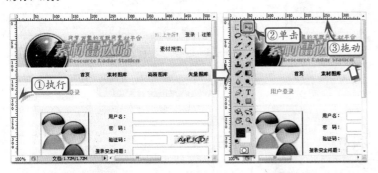

提示

执行标尺命令有两种方法，一是在工具栏执行【窗口】|【标尺】命令，二是按 Ctrl+R 组合键快速执行。

STEP|02 用鼠标将上标尺从上向下拖动，分别用标尺线将文档的 topBar、navigator、mainContent、buttomNavigator、copyright 分隔开。然后，单击工具面板中的【切片工具】按钮 ，在工具选项栏中单击【基于参考线的切片】按钮 基于参考线的切片 。

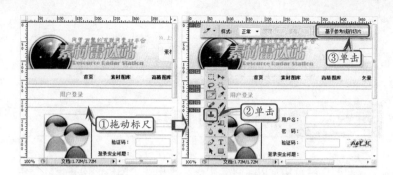

STEP|03 单击工具面板中的【切片工具】按钮，在 topBar 图层中用切片工具划分各个矩形区域。然后，按照相同的方法在 navigator 图层中一一划分。

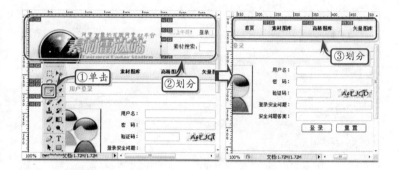

STEP|04 在 mainContent 图层中，用切片工具划分图像 userImage、loginBox 和右侧的背景图像，此时其他切片将自动生成。按照相同的方法划分 buttomNavigator 图层的文本部分。

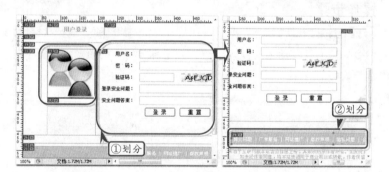

5.10 输出登录网页

在制作完成切片之后，即可执行【文件】|【存储为 Web 和设备所用格式】命令，在弹出的【存储为 Web 和设备所用格式】对话框中设置切片输出的图像格式等属性，将 PSD 文档输出为网页。

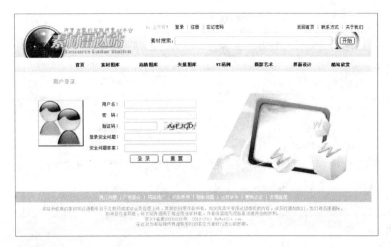

操作步骤 ▶▶▶▶

STEP|01 在制作完成切片之后，执行【文件】|【存储为 Web 和设备所用格式】命令，然后将弹出【存储为 Web 和设备所用格式】对话框。

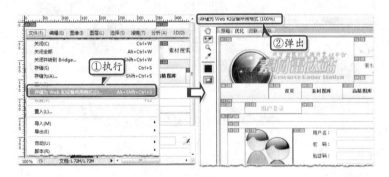

STEP|02 在弹出的【存储为 Web 和设备所用格式】对话框中设置切片输出的图像格式为 GIF，【杂边】为"无"，图像【品质】为"两次立方（较平滑）"。

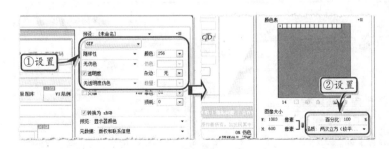

STEP|03 单击【存储】按钮，在弹出的【将优化结果存储为】对话框中设置文件名为 login.html，存储【格式】为"HTML 和图像"，【切片】为"所有切片"。

练习要点

- 存储为 Web 和设备所用格式
- 设置存储属性
- 设置保存样式

提示

使用【存储为 Web 和设备所用格式】的存储方法，方便于图像可以在 PS 中进行处理，并且可以根据需要切割图像并保存为 HTML 的形式。

提示

可以在弹出的【存储为 Web 和设备所用格式】对话框中设置的切片输出的图像格式有 5 种，分别为 GIF、JPEG、PNG-8、PNG-24 和 WBMP。

提示

在弹出的【存储为 Web 和设备所用格式】对话框中设置图像大小、百分比、品质等属性。

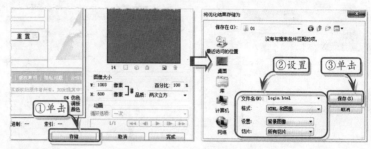

STEP|04 单击【保存】按钮后，将在指定的存储位置自动生成一个 html 文档和一个 images 文件夹。

5.11 高手答疑

Q&A

问题 1：是否可以将切片组合？

解答： 可以将两个或多个切片组合为一个单独的切片。Photoshop 利用通过连接组合切片的外边缘创建的矩形来确定所生成切片的尺寸和位置。如果组合切片不相邻，或者比例或对齐方式不同，则新组合的切片可能会与其他切片重叠。

组合切片将选择切片工具，再选择要组合的切片。组合切片始终为用户切片，而与原始切片是否包括自动切片无关。

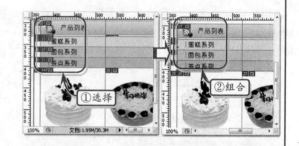

Q&A

问题 2：是否可以为图像切片指定 URL 链接信息？

解答： 为切片指定 URL 可使整个切片区域成为所生成 Web 页中的链接。当用户单击链接时，Web 浏览器会导航到指定的 URL 和目标框架。该选项只可用于"图像"切片。

单击【切片选择工具】按钮，双击一个切片，将弹出【切片选项】对话框，在该对话框中设置 URL、【目标】。

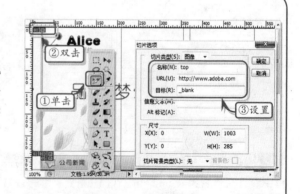

提示

在【目标】文本框中输入目标框架的名称代表的含义如下。

_blank 在新窗口中显示链接文件，同时保持原始浏览器窗口为打开状态。

_self 在原始文件的同一框架中显示链接文件。

_parent 在自己的原始父框架组中显示链接文件。

_top 用链接的文件替换整个浏览器窗口。

Q&A

问题 3：通过添加滤镜，是否可以扭曲所绘制的图像或导入的图像？

解答： 扭曲滤镜可以用来扭曲图像，它类似于变换命令，但是变换命令是通过操作 4 个控制点来缩放和扭曲图像的；而扭曲滤镜则提供了几百个类似的控制点，所有控制点都可以用来影响图像的不同部分，效果最明显的是【切变】与【旋转扭曲】命令。

【切变】命令是沿一条曲线扭曲图像。默认情况下曲线为垂直竖线，可以通过拖移框中的线条来调整曲线。

【旋转扭曲】命令用来旋转选区，中心的旋转程度比边缘的旋转程度大。【旋转扭曲】对话框中只有一个【角度】选项，当设置不同的角度时，图像的旋转程度也不相同。

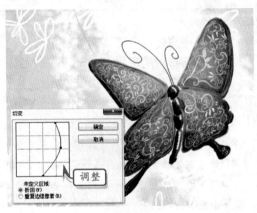

Q&A

问题 4：如何为图像设计风吹的显示效果？

解答： 风滤镜是在图像中放置细小的水平线条来获得风吹的效果。【风】对话框中包括产生风的方法和风产生的方向。在默认情况下，产生风的【方法】是【风】，风产生的【方向】为从右向左。

如果在同方向分别启用【方法】选项组中的【大风】与【飓风】单选按钮，会得到不同的风效果。

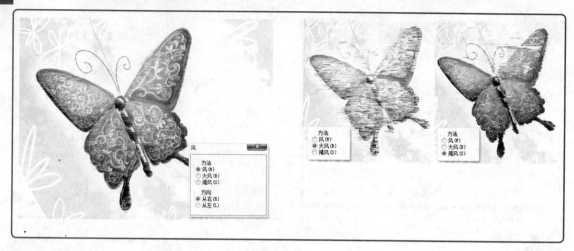

Q&A

问题 5：有些滤镜效果可能需要占用大量内存，特别是应用于高分辨率的图像时，那么如何来提高性能？

解答：通过执行下列任意一个操作都可以提高性能：

- 在一小部分图像上试验滤镜和设置。
- 如果图像很大，并且存在内存不足的问题，则将效果应用于单个通道，例如应用于每个 RGB 通道。
- 在运行滤镜之前先使用【清理】命令释放内存。

- 将更多的内存分配给 Photoshop。如有必要，请退出其他应用程序，以便为 Photoshop 提供更多的可用内存。
- 尝试更改设置以提高占用大量内存的滤镜的速度，如光照效果、木刻、染色玻璃、铬黄、波纹、喷溅、喷色描边和玻璃滤镜。
- 如果将在灰度打印机上打印，最好在应用滤镜之前先将图像的一个副本转换为灰度图像。

Q&A

问题 6：如何载入滤镜的纹理和图像？

解答：为了生成滤镜效果，有些滤镜会载入和使用其他图像，如纹理和置换图。这些滤镜包括炭精笔、置换、玻璃、光照效果、粗糙蜡笔、纹理化、底纹效果和自定滤镜，它们并非都以相同的方式载入图像或纹理。

执行【滤镜】|【纹理】|【纹理化】命令，在打开的对话框中，单击【纹理】下拉列表右边的选项按钮，执行【载入纹理】命令，然后选择纹理文档即可。

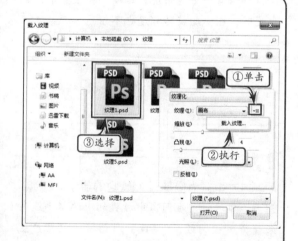

提示

所有纹理必须是 Photoshop 格式。大多数滤镜只使用颜色文件的灰度信息。

Q&A

问题 7：如何将自动切片和基于图层的切片转换为用户切片？

解答： 基于图层的切片与图层的像素内容相关联，因此移动切片、组合切片、划分切片、调整切片大小和对齐切片的唯一方法是编辑相应的图层，除非将该切片转换为用户切片。

　　图像中所有的自动切片都链接在一起并共享相同的优化设置。如果要为自动切片设置不同的优化设置，则必须将其提升为用户切片。

　　使用切片选择工具，选择一个或多个要转换的切片。然后单击工具选项栏中的【提升】按钮，即可将自动切片或基于图层的切片转换为用户切片。

Q&A

问题 8：是否可以通过精准的数字来设置切片的大小和位置？如果可以，那么应该怎么样去设置？

解答： 可以通过精准的数字对切片的大小和位置进行设置。

　　选择一个或多个用户切片，单击选项栏中的【为当前切片设置选项】按钮，也可以双击切片以显示选项。在【切片选项】对话框中的【尺寸】区域中，更改一个或多个选项即可。

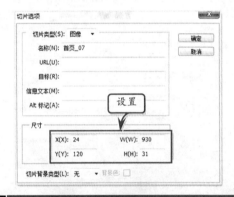

注意

标尺的默认原点是图像的左上角。

第 2 篇

网站动画设计

06 网站动画设计基础

> 　　动画可以为网站的页面添加独特的动态效果，使页面内容更加丰富而具有动感。Flash 作为目前网页最流行的动画形式，一直以其独特的魅力吸引了无数的用户。在网站的开发中，各种网站进入动画、导航条、图像轮换动画、按钮动画等都可使用 Flash 制作。
>
> 　　本章将介绍 Flash 动画的一些基本知识，包括帧、时间轴、场景、舞台、元件、导入素材和管理库等，讲解动画制作的基本理论。

6.1 Flash 动画基础

　　动画是将静止的图形和图像转变为动态画面的艺术。无论是制作电视、电影等复杂的动画，还是绘制计算机中播放的简单动画，都需要了解动画的一些基础知识。在使用 Flash CS5 制作动画时，还需要了解 Flash 动画的一些特点。

　　动画的原理在于以较快的速度连续播放一系列的画面，当播放的速度超过人类可感知的速度时，即可在人的肉眼中造成"视觉暂留"的错觉，使人感觉到画面中的物体是活动的。

　　利用人肉眼"视觉暂留"的错觉，人们发明了电影、电视等多种可播放这种画面的电器。作为一种显示于计算机屏幕的连续画面，Flash 动画的原理也是基于此。

> **提示**
>
> 人类的肉眼只能在每秒钟感觉到 24 次图像的变化。因此，如图像的变化超过 24 次，则人类肉眼就无法发现这种变化，从而产生"视觉暂留"的效果。这种图像每秒发生的变化被称作图像的刷新频率（Frames Per Second，FPS）。在制作动画时，每秒播放 24 张影像的动画被称作全动画，而每秒播放 12 张影像的动画被称作半动画。

　　早期的动画多借助于一些影像获取设备（例如相机）获取大量的照片，然后再通过机械装置进行播放。

　　随着计算机技术的发展，人们逐渐可以通过计算机程序控制数字化的影像，使其显示到计算机屏幕或其他图像输出设备中（例如投影仪、数字电视等）。

6.2 Flash CS5 简介

Flash 是由 Macromedia 公司（现被 Adobe System 公司收购）开发的一种基于可视化界面且带有强大编程功能的动画设计与制作软件。

1．Flash 概述

Flash 是一种被广泛应用在多个领域的动画设计与开发软件。

在动画制作领域，Flash 是一种易于上手且功能强大的平面或立体矢量动画软件，被广泛应用在各出版发行、广告、商业设计企业中。

在网页设计领域，由于 Adobe Flash Player 占据了目前个人计算机 95%以上的市场，因此越来越多的网页设计者依据 Flash 开发网页中的各种富媒体元素。

由于 Flash 制作出的动画具有体积小、特效丰富等优势，因此很多用户将 Flash 与各种网页的应用相结合，构成完整的富互联网程序。

除了设计动画外，Flash 还具有很强的代码编辑能力。用户使用 Flash，可以方便地开发出各种小型应用，将其发布到手机等数码设备中进行播放。

2．Flash CS5 的新增功能

2010 年 4 月，Adobe System 发布了 Flash 的最新版本 Flash CS5，对软件的代码进一步优化，提高了用户开发动画的效率。

● 新文本引擎

Flash CS5 改进了文本引擎，允许用户快速嵌入各种样式的文本。在对第三方字体的支持方面，Flash 第一次引入了 font 类，允许用户将整个字体库嵌入到 Flash 影片中，或在字体库中选择部分字符嵌入，帮助用户应用更多类型的字体而不受用户本地计算机字体的限制。

● 保存代码片段

Flash CS5 允许用户将已编写的代码存储为代码片段，通过统一的代码片段面板快速调用，提高编写代码的效率。

● 自定义代码提示

在代码编辑器方面，Flash CS5 新增了自定义类的代码提示功能，帮助用户快速编辑各种 ActionScript 3.0 的自定义代码。

● 更新的 FLA 源文件

相比之前的版本，Flash CS5 改写了 FLA 源文件的格式，引入了 XML 结构，帮助用户方便地管理 FLA 文件的版本，以及编辑的历史记录等。

● 与 Flash Builder 集成

Flash CS5 正式与 Flash Builder（原 Flex Builder）结合起来，以 Flash Builder 强大的代码编辑功能辅助设计。

● 改进的骨骼工具

Flash CS5 大大增强了从 Flash CS4 中继承的骨骼工具，改进了动画属性的设计，允许用户创建更加逼真的反向运动动画。

● 增强的喷涂刷工具

Flash CS5 增强了 Deco 工具，为用户提供了更多的预置喷涂刷对象，允许用户快速绘制各种动态火焰、建筑物、植物等一系列的图案，帮助用户快速创建矢量图形。

● 输出格式

Flash CS5 除了允许用户创建并发布 Flash 动画外，还允许用户直接将动画发布为 iPhone 等数码设备可执行的应用程序，方便用户进行二次开发。

6.3 Flash CS5 的窗口界面

Flash CS5 提供了全新的软件界面，重新设计了软件中各种功能的位置，以提高用户的工作效率。打开 Flash CS5，即可进入其窗口主界面。

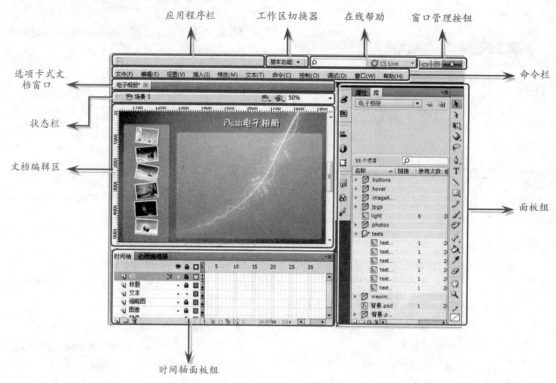

时间轴面板组

在使用 Flash CS5 制作各种矢量动画时，可以通过 Flash 窗口中的各种命令和工具实现对矢量图形的修改操作。

1．应用程序栏

与 Photoshop 类似，应用程序栏可显示当前软件的名称。除此之外，右击带有 "Fl" 字样的图标，可打开快捷菜单，对 Flash 窗口进行操作。

2．工作区切换器

工作区切换器中提供了多种工作区模式，供用户选择，以更改 Flash 中各种面板的位置、显示或隐藏方式。

Flash 提供了 7 种预置的工作区模式供用户选择，包括动画、传统、调试、设计人员、开发人员、基本功能、小屏幕等，用于不同类型的用户。

除此之外，Flash 也允许用户单击【工作区切换器】按钮，执行【新建工作区】命令，将当前的工作区模式存储下来。而执行【管理工作区】命令后，用户还可以对自定义的工作区模式进行删除、重命名等操作。

3．在线帮助

在线帮助栏的作用是提供一个搜索框与 Adobe 官方网站以及 Adobe 公共帮助程序链接。当用户在搜索框中输入关键字并按 Enter 键之后，即可通过互联网或本地 Adobe 公共帮助程序，索引相关的帮助文档。

单击【CS Live 服务】按钮 之后，用户还可登录 Adobe 在线网络，使用各种在线服务，包括在线教程、在线软件商店等。

4．命令栏

Flash CS5 的命令栏与绝大多数软件类似，都提供了分类的菜单项目,并在菜单中提供各种命令供用户执行。

5. 状态栏

　　状态栏的作用是显示当前打开的内容属于哪一个场景、元件和组等,从而反映内容与整个文档的目录关系。单击【上行】按钮⇦,用户可以方便地跳转到上一个级别。

　　在状态栏右侧,提供了【编辑场景】按钮和【编辑元件】按钮。单击这两个按钮,可以分别查看当前 Flash 文档所包含的场景和元件列表,并选择其中某一个项目进行编辑。

　　除此之外,在状态栏最右侧,还提供了查看当前文档缩放比例的下拉列表菜单,用户可在此设置文档的缩放比例以供查看。

> **提示**
>
> 状态栏中缩放比例的下拉列表菜单并不能直接改变文档的实际大小,只能修改用户查看文档的效果。

6. 文档编辑区

　　文档编辑区的作用是显示 Flash 打开的各种文档,并提供各种辅助工具,帮助用户编辑和浏览文档。

> **提示**
>
> Flash 提供了两种文档的显示方式,一种是选项卡方式,一种是浮动窗口方式。在默认情况下,Flash 以选项卡的方式显示打开的文档。如需要以浮动窗口的方式显示,可以按住选项卡式文档窗口,将其拖动到文档编辑区中。此时,Flash 将以浮动窗口的方式显示。

　　与 Photoshop 类似,Flash 也提供了一些辅助的工具,用于帮助用户处理矢量图形或各种元件,如下。

● 标尺

　　标尺的作用是在 Flash 文档的上方和左侧提供两个辅助工具栏,并在其中显示尺寸。执行【视图】|【标尺】命令,用户可以更改标尺的显示方式。

● 辅助线

　　辅助线的作用类似 Photoshop 的参考线,其作用是帮助用户将文档中的各种元素与标尺的刻度对齐。将鼠标光标置于标尺栏上方,然后即可按住鼠标左键,向文档编辑区拖动以添加辅助线。

　　执行【视图】|【辅助线】|【编辑辅助线】命令后,用户可设置辅助线的一些基本属性,包括【颜色】、贴紧方式以及【贴紧精确度】等。如用户不需要再更改 Flash 影片的辅助线,则可启用【锁定辅助线】复选框。此时,所有辅助线都将无法被移动。

　　【贴紧精确度】下拉列表中主要包括"必须接近"、"一般"和"远离"3个属性。如需要将各种元件和对象根据辅助线对齐,可选择"必须接近"或"一般"。如不需要将各种元件和对象根据辅助线对齐,则可选择"远离"。

> **技巧**
>
> 在设置完辅助线的属性后,用户即可单击【确定】按钮,将属性应用到当前文档的辅助线上,另外也可以单击【保存默认值】按钮,将该属性作为默认的 Flash 文档属性,应用到所有 Flash 文档中。

● 网格

　　Flash 的网格功能与 Photoshop 的网格也十分类似。也是一种用于图像内容对齐的辅助线工具。

　　在 Flash CS5 中执行【视图】|【网格】|【编辑网格】命令后,用户即可设置网格的属性。

7．面板组

Flash 的面板组与 Photoshop 的面板组类似，在不同的工作区模式下，面板组的位置并不固定。

面板组中包含了 Flash 动画的各种设置。用户可以方便地调整面板的显示、隐藏以及展开和折叠等。

6.4 帧、原画和补间

在动画中，每一张独立的影像（可以是位图图像，也可以是矢量图形）都被看作一个独立的单元，被称作动画的帧。绝大多数动画在播放时，事实上就是在不断地显示这些帧。帧是动画中最基本的单位。制作动画，事实上就是制作各种帧，并将这些帧添加到播放设备上进行播放的工作。

制作帧的方式主要包括两种，即使用影像获取设备拍摄和使用绘画工具绘制。

由影像获取设备拍摄的帧往往被称作照片；而由绘画工具绘制的，以展示动画中角色的动作情况的帧被称作原画。照片或原画都可以构成动画。

早期各种以机械设备来实现播放的动画，设计师必须准备好每一个帧，才能实现动画的播放。在这种情况下，需要设计师绘制大量的原画，制作费时费力。例如，在早期的迪斯尼动画公司，雇佣了数以百计的插画画家来制作动画。一部 10 分钟的动画，往往需要这些插画画家绘制一个月甚至更久。

随着计算机图形学的发展，人们编写了一种全新的计算机程序，可以根据两幅原画，自动生成这些原画之间发生的动作画面。

这种由计算机根据原画生成的帧被称作补间帧，而这种实现补间帧的原画则被称作关键帧，由补间帧和关键帧构成的动画被称作补间动画。

补间动画的出现，大大降低了动画设计师的工作强度，提高了动画制作的效率。

6.5 时间轴

时间轴是一种虚拟的概念。在动画播放的过程中，所有的帧都会依照一条已经定义好的顺序，在指定的时间内播放完毕。

为了模拟动画播放的过程，人们将动画播放的时间看作是一条虚拟的轴线，在轴线上包含无数的节点，而每个节点就是一个帧。这样的由节点构成的轴线就被称作时间轴。时间轴的长度与动画的播放时间、刷新频率有关，刷新频率越快，在指定时间内的时间轴也就越长。

Flash 提供了一个【时间轴】面板，将这种时间轴的概念更进一步地具体化，以直观的方式展示

动画的内容，允许用户在时间轴上插入各种帧以制作动画。

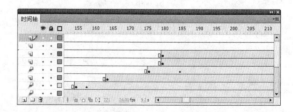

在【时间轴】面板中，左侧为图层栏，用于展示当前影片的所有图层；右侧为帧栏，用于展示各图层中的帧。在【时间轴】面板下方，有一个状态

栏，帮助用户修改【时间轴】面板的显示方式和一些基本参数，例如播放的刷新频率和时间等。用户可以方便地选择各图层中相应的帧，对其进行编辑。

6.6 场景和舞台

Flash 动画是由一个个动画的场景和舞台构成的。场景和舞台这两种虚拟的概念与电影拍摄的实际场景和舞台十分类似，可以帮助用户快速地为动画布景和分段。

1．场景

场景类似电影拍摄时的布景，其作用是为动画提供一个固定的背景。在一部 Flash 动画中，可以出现多个场景，以体现情节的各个环节。

Flash 的每个场景都拥有独立的时间轴、舞台等元素。用户可以方便地设置这些元素的属性。

2．舞台

舞台类似各种演出活动时搭建的基本布景，其作用是提供一个基本的平台以显示动画中的各种内容。

在用户创建一个场景后，Flash 会自动为该场景创建一个舞台。然后，用户即可在工作区中右击，执行【文档属性】命令，打开【文档设置】对话框，设置文档也就是舞台的属性。

在【文档设置】对话框中，用户可以设置舞台的尺寸等多种属性。

属 性 名		作 用
尺寸（宽度）		设置舞台的宽度
尺寸（高度）		设置舞台的高度
标尺单位	英寸	定义舞台尺寸的单位为英寸
	英寸（十进制）	定义舞台尺寸的单位为十进制的英寸
	点	定义舞台尺寸的单位为点
	厘米	定义舞台尺寸的单位为厘米
	毫米	定义舞台尺寸的单位为毫米
	像素	定义舞台尺寸的单位为像素（默认值）
背景颜色		定义舞台的背景颜色（可单击其后的色块打开颜色拾取器进行选择）
帧频		定义当前场景的帧刷新频率
匹配	默认	默认，以电脑屏幕为显示基础
	内容	定义舞台匹配其中的内容
	打印机	定义舞台匹配打印机设置
设为默认值		将当前的设置定义为新建 Flash 文档的默认值

用户也可在【属性】检查器中单击【属性】选项卡中的【编辑】按钮，同样可以打开【文档设置】对话框。

> **提示**
>
> Flash 允许用户设置的舞台尺寸范围为最小 1px×1px，最大 2880px×2880px。

6.7 图层

Flash 将舞台看作一个虚拟的"桌子"，允许用户在这个"桌子"上平铺多个"桌布"，并在"桌布"上绘制内容。这样的"桌布"就是 Flash 图层。

在 Flash 中，用户可以在图层上绘制和编辑对象，而不会影响其他图层上的对象。如某个图层内没有任何内容，则用户可以透过该图层看到下面的图层。

在默认状态下，Flash 会为每一个舞台建立一个默认的图层。选择该图层后，用户即可激活图层，并对其进行编辑。

> **注意**
>
> 尽管 Flash 允许用户一次选择多个图层，但是一次只能有一个图层处于激活状态。已处于激活状态的图层，其右侧会有一个铅笔的图标予以区别。

单击【时间轴】面板中的【新建图层】按钮，用户可以方便地创建一个新的图层。而单击【时间轴】面板中的【新建文件夹】按钮，可以创建图层文件夹，将图层拖动到这些文件夹中管理。

对于已经无用的图层，用户可以在【时间轴】面板中单击【删除】按钮，将其删除。

Flash 的图层主要包括 5 种，如下。

● **普通图层**

普通图层是最常见的图层，其中用户可以方便地绘制和制作各种元件。

● **遮罩层**

遮罩层是一种特殊的图层。其作用是提供遮罩内容的图像。用户只能透过遮罩层中有内容的部分，查看其遮罩的图层。

● **被遮罩层**

被遮罩层遮罩住的图层即为被遮罩层。被遮罩层的显示受到遮罩层的限制，在这种图层中，只有被遮罩层遮罩住的内容才会显示出来。

● **引导层**

引导层包含一些笔触，可用于引导其他图层上的对象排列或其他图层上的传统补间动画的运动。

● **被引导层**

被引导层是与引导层关联的图层。可以沿引导层上的笔触排列被引导层上的对象或为这些对象创建动画效果。被引导层可以包含静态插图和传统补间，但不能包含补间动画。

6.8 元件

元件是 Flash 中一种特殊的对象。使用元件可以将 Flash 中的各种素材文档有效地管理和整合，提高 Flash 中资源的重用性。

1．Flash 元件概述

元件是 Flash 中最基本的对象单位。Flash 中的元件包括 3 种，即影片剪辑、按钮以及图形。

● **影片剪辑元件**

影片剪辑元件是 Flash 动画中最常用的元件类型。影片剪辑元件中包含了一个独立的时间轴，允许用户在其中创建动画片段、交互式组件、视频、声音甚至其他的影片剪辑元件。

● 按钮元件

按钮元件是一种基于组件的元件。按钮元件中同样包含一个独立的时间轴。但是该时间轴并非以帧为单位，而是以 4 个独立的状态作为时间轴的单位。基于这 4 种单位，用户可以创建用于响应鼠标的弹起、指针滑过、按下和点击等 4 种事件的帧。

● 图形元件

图形元件可用于静态图像，并可用来创建连接到主时间轴的可重用动画片段。交互式控件和声音在图形元件的动画序列中不起作用。

2．创建元件

在 Flash 中新建空白文档，然后即可打开【库】面板，单击其下方的【新建元件】按钮，打开【创建新元件】对话框。

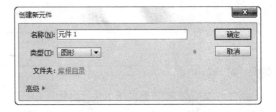

在该对话框中，用户可设置元件的【名称】，并在【类型】下拉列表中选择元件的类型。单击【文件夹】选项右侧的链接文本后，可打开【移至文件夹】对话框，在其中设置元件所存储的位置。

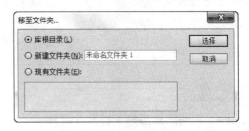

最后，即可在元件中制作内容，单击【场景 1】按钮，完成元件的创建并返回舞台。

3．编辑元件

在 Flash 中，用户不仅可以创建元件，还可以对已创建的元件进行编辑。对于已添加到舞台的元件，用户可以直接在舞台中选中该元件，双击进入编辑的模式，对元件内部进行修改。修改后，Flash 将自动把修改的结果应用到元件中。

对于尚未使用过的元件，则需要在【库】面板中，双击所要编辑的元件名称，进入该元件的编辑模式，对元件内容进行添加、修改等操作。

6.9 高手答疑

Q&A

问题 1：如何复制已有的 Flash 元件？

解答： 在【库】面板中，右击所要复制的元件，在弹出的菜单中执行【直接复制】命令。然后，在打开的【直接复制元件】对话框中输入元件名称，选择元件的【类型】，单击【确定】按钮后即可复制该元件。

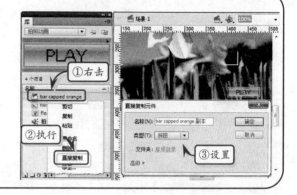

Q&A

问题 2：如何将外部的素材导入到舞台？

解答： 导入到舞台是指将其他软件中创建或者编辑的文件导入到当前场景舞台中。执行【文件】|【导入】|【导入到舞台】命令（组合键 Ctrl+R），然后即可在弹出的【导入】对话框中选择所要导入的素材。

之后，即可在 Flash 当前舞台中查看导入的素材文件。

> **提示**
>
> Flash 会自动为导入到舞台的素材文档建立一个基于 Flash 库中的映射。通过该映射，可以实现素材文档的重复使用。

Q&A

问题 3：Flash 允许导入哪些类型的素材？

解答： Flash 支持导入多种类型的素材文件，包括各种图形、图像、音频和视频等如下。

扩 展 名	类 型
ai	Illustrator 绘制的矢量图形文件
png	可移动媒体的流位图图像
psd	Photoshop 绘制的位图图像
fxg	Adobe 开源矢量图形格式
dxf	AutoCAD 绘图交换文件
bmp/dib	Windows 位图图像
swf	Flash 动画
gif	交互格式位图图像
jpg/jpeg	【静止图像压缩】标准位图图像
wav	波形声音
mp3	第三代动态媒体压缩标准声音
asnd	Adobe SoundBooth 声音

续表

扩 展 名	类 型
mov/qt	苹果的 QuickTime 视频
mp4/m4v/avc	第四代动态媒体压缩标准视频
flv/f4v	Flash 视频
3gp/3gpp/3gp2/3gpp2/3g2	3G 流媒体视频
mpg/m1v/m2p/m2t/m2ts/mps/tod/mpe	第一/二代动态媒体压缩标准视频
dv/dvi	数字视频格式
avi	Windows 视频格式

Q&A

问题 4：什么是库？如何将外部的素材导入到库？

解答： 库是 Flash 中的一种文件管理工具，其允许将外部的文件、Flash 内部的各种元件存储到 Flash 影片源文件中，然后通过可视化或代码的方式重复地调用。

将素材导入到库主要包括两种方式，即从舞台导入和直接导入到库。当用户将素材文件导入到舞台时，Flash 会自动在库中建立该素材文件的映射，供用户重复调用。

除此之外，Flash 还允许用户直接执行【文件】|【导入】|【导入到库】命令，在弹出的【导入到库】对话框中选择文件，直接将文件导入到 Flash 库中。

> **提示**
>
> 导入到库与导入到舞台的区别在于，导入到库后不会在舞台中显示。

此时，用户可执行【窗口】|【库】命令，打开【库】面板以查看导入的素材文件。

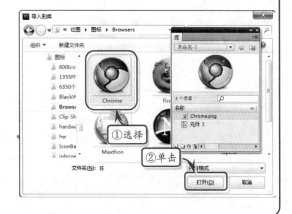

Q&A

问题 5：如何为库中的素材和元件排序？

解答： 在默认状态下，【库】面板中所有的素材和元件都会按照其名称排列。【库】面板可显示素材和元件的多种属性，包括名称、类型、使用次数、链接和修改日期等。用户可以方便地将元件按照这些属性的内容进行排序。

单击【库】面板中任意一个元件的属性名称，然后，元件项目列表就会按照其内容进行排列。

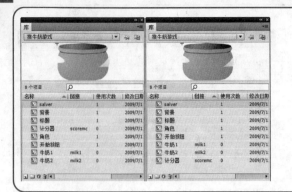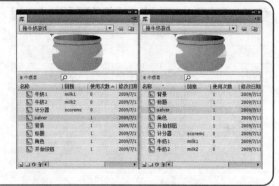

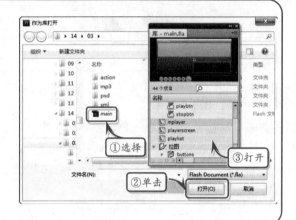

Q&A

问题 6：什么是外部库？如何打开外部库？

解答：外部库是一种特殊的 Flash 素材存放方式。其允许 Flash 将多种素材存放到 Flash 源文件中。用户可执行【文件】|【导入】|【打开外部库】命令（组合键 Ctrl+Shift+O），打开一个新的、带有 Flash 源文件名称的【库】面板。

用户可以将该【库】面板与 Flash 文档内的【库】面板进行素材资源的交换，也可以直接把该【库】面板中的资源导入到舞台中。

07

绘制动画图形

作为一种矢量动画设计工具，Flash CS5 具有强大的矢量图形绘制功能，包括绘制各种基于贝塞尔曲线的矢量线条，以及各种矢量图形。除此之外，Flash 还具有强大的矢量编辑功能，可以对这些矢量图形进行修改和设置。

本章将介绍 Flash 的钢笔工具、锚点工具等矢量图形绘制工具的使用方法，从而帮助用户了解如何绘制 Flash 矢量图形。

7.1 线条工具与钢笔工具

在 Flash 中，用户既可以绘制普通的矢量线段，也可以绘制复杂的矢量图形。这些图形都由笔触构成。

1．绘制线段

使用线条工具可以用来绘制各种角度的直线，它没有辅助选项，其笔触格式的调整可以在【属性】检查器中完成。

单击工具面板中的【线条工具】 ，在【属性】检查器中根据所需设置线条的笔触颜色、笔触高度和笔触【样式】等。然后，在舞台中拖动鼠标绘制线条即可。

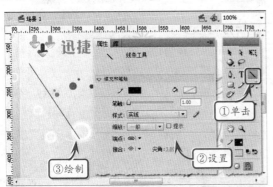

技巧

在绘制直线时，同时按住 Shift 键，可以绘制水平线、45°斜线和竖直线；同时按住 Alt 键，可以绘制任意角度的直线。当直线达到所需的长度和角度时，释放鼠标即可。

2．绘制复杂矢量图形

钢笔工具是利用贝塞尔曲线绘制矢量图形的重要工具，是 Flash 矢量图形的基础。其主要用于绘制精确的路径。通过该工具，可以绘制直线或者平滑流畅的曲线。

钢笔工具主要用于绘制比较精细且复杂的动画对象。除此之外，还常常用于抠图和描绘位图图像。

提示

贝塞尔曲线是一种以数学函数描述的、位于坐标系中的曲线形式。多数矢量图形绘制软件都以该曲线为基础。

单击工具面板中的【钢笔工具】按钮 ，在舞台中单击鼠标可以在直线段上创建点，拖动鼠标可以在曲线段上创建点。用户可以通过调整线条上的点来调整直线段和曲线段。

线条工具与钢笔工具的区别在于，钢笔工具通过锚点绘制线条，而线条工具则是以拉出直线的方式绘制线条；钢笔工具可以绘制单条直线，也可以绘制多个锚点构成的折线，但线条工具只能绘制简单的直线。

7.2 锚点工具

锚点工具是 Flash 中 3 种编辑矢量线条的工具的总称，其包括添加锚点工具、删除锚点工具以及转换锚点工具。

1. 添加锚点

使用添加锚点工具，用户可以方便地为各种矢量线条添加锚点。选择添加锚点工具后，即可单击需要添加锚点的矢量线条上的某一个位置，将锚点添加到线条上。

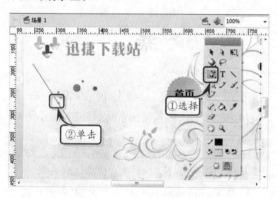

选择部分选取工具，单击选择锚点后，即可拖动锚点，更改矢量线条的形状。

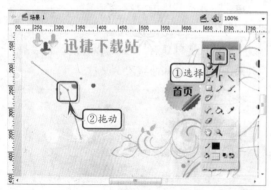

2. 删除锚点

删除锚点工具的作用与添加锚点工具完全相反。其作用是将矢量图形中的锚点删除。

选择删除锚点工具后，用户可以直接单击矢量图形中的某一个或所有的锚点，将其删除。

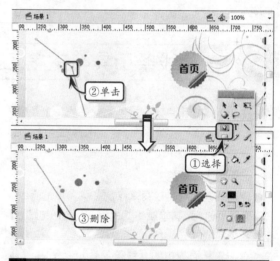

> **提示**
>
> 在删除锚点后，各种由拖动锚点更改的矢量形状将恢复原样。

3. 转换锚点

Flash 的矢量锚点主要分为两种，即角点和平滑点。角点所连接的矢量线条往往为直线，平滑点所连接的矢量线条则为由调节柄控制的曲线。

在默认情况下，通过添加锚点工具创建的锚点为角点类型。使用转换锚点工具，用户可以方便地将其转换为平滑点。

> **提示**
>
> 同理，用户也可以用同样的方法将平滑点转换为角点。

首先，选择转换锚点工具，然后单击需要转换的锚点，之后即可拖动锚点，将其转换为平滑点。

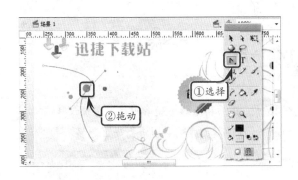

在将角点转换为平滑点后,即可选择部分选取工具,拖动平滑点的两个调节柄,调节矢量线条的曲率。

> **提示**
>
> 曲率是一种解析几何学的概念,其主要用于表述某一条曲线的弯曲程度。

7.3 椭圆工具和基本椭圆工具

使用椭圆工具和基本椭圆工具可以用来绘制正圆和椭圆,这些圆形可以用来修饰图像、制作按钮、组合图形等。

1. 椭圆工具

在工具面板中按住【矩形选框工具】□不放,在弹出的菜单中单击【椭圆工具】按钮○。然后,在【属性】检查器中设置图形的填充颜色、笔触颜色、笔触高度和【样式】等。设置完成后,在舞台中单击并拖动鼠标,即可绘制圆形。

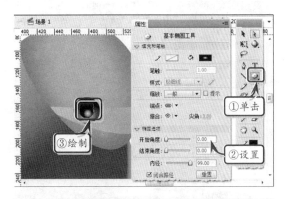

> **技巧**
>
> 在使用椭圆工具和基本椭圆工具绘制图形时,按住 Shift 键可以绘制正圆形;按住 Alt 键可以以单击点为圆心绘制椭圆;按住 Shift+Alt 组合键可以绘制以单击点为中心的正圆。

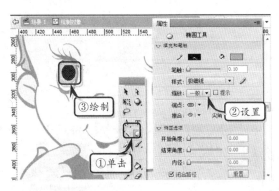

2. 基本椭圆工具

在工具面板中按住【椭圆工具】○不放,单击【基本椭圆工具】按钮○,该工具与椭圆工具类似,只是通过该工具绘制出的圆形上包含有图元节点。

用户可以在【属性】检查器中设置圆形的【开始角度】和【结束角度】,也可以在单击【选择工具】按钮后,直接使用鼠标拖动节点来调整。

> **提示**
>
> 基本椭圆具有更强的可编辑性。在【属性】检查器中,用户可以设置基本椭圆的【开始角度】和【结束角度】,将其转换为扇形。也可以调整其【内径】,制作圆环。如果将【开始角度】、【结束角度】以及【内径】结合使用,还可以制作扇环图形。

7.4 矩形工具和基本矩形工具

使用矩形工具和基本矩形工具可以用来绘制矩形和正方形，绘制矩形的方法与绘制椭圆的方法基本相同。

同的是，在绘制矩形后矩形工具无法修改其边角半径，基本矩形工具则可以进行手工调整。

1. 矩形工具

单击【矩形工具】按钮，在【属性】检查器中设置图形的填充颜色、笔触颜色，以及矩形边角半径等。然后，当舞台中的光标变成十字形时，单击并拖动鼠标即可绘制所需的矩形。

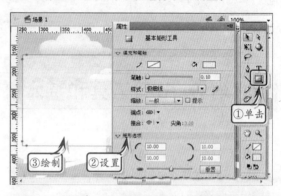

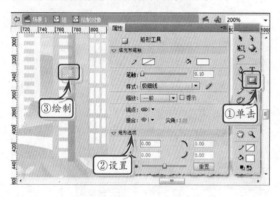

2. 基本矩形工具

使用基本矩形工具的方法与矩形工具相同。不

7.5 多角星形工具

使用多角星形工具可以方便地在舞台中绘制多边形和星形。

单击【多角星形工具】按钮，单击【属性】检查器中的【选项】按钮 选项... ，在弹出的【工具设置】对话框中设置图形的【样式】、【边数】和【星形顶点大小】。然后，在舞台中拖动鼠标绘制所需的图形。

在【工具设置】对话框中，包含两种【样式】属性，即多边形和星形。

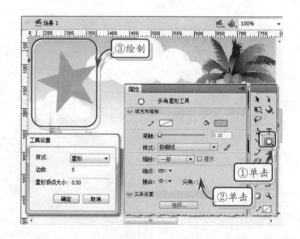

> **注意**
>
> 对于多边形而言，边数往往与角数相同。因此绘制一个正五边形，应设置【边数】为 5。而对于星形而言，边数往往与角数并不一致。因此，在绘制星形时，这个【边数】的设置其实是角数的设置。例如，五角星形事实上是 10 边形，但绘制五角星形时应设置【边数】为 5。

【星形顶点大小】的作用是定义星形角尖与角尖和凹角差之间的比例。例如通常所见的正五角星，其角尖为 36 度，凹角为 108 度，那么角尖与角尖和凹角差的比例如下。

```
36/ (108-36) =0.5
```

因此，在绘制正五角星时，应设置【星形顶点大小】为 0.5。该属性最小值为 0，最大值为 1。

7.6　笔触与填充

网页中各种矢量图形是由矢量笔触与填充构成的。在绘制 Flash 矢量图形时，应了解 Flash 矢量图形笔触与填充的使用方法。

笔触是矢量图形中线条的总称。在之前的小节中已经介绍了使用线条工具、钢笔工具、椭圆工具、多角星形工具等一系列工具绘制各种矢量笔触的方法。

填充是填入到闭合矢量笔触内的色块。Flash 允许用户创建单色、渐变色的填充色彩，或将位图分离为矢量图，填入到矢量图形中。

在绘制各种矢量图形时，用户往往首先需要设置笔触和填充的各种属性。这些属性是所有矢量图形工具共有的属性，因此放在这一小节进行整体介绍。

选择任意一种矢量工具后，用户即可在【属性】检查器的【填充和笔触】选项卡中设置矢量工具所使用的笔触与填充属性，从而将这些属性应用到绘制的矢量图形上。

顾名思义，在【填充和笔触】选项卡中包含了填充和笔触两类属性设置，如下。

属　性	作　用
笔触颜色	单击其右侧的颜色拾取器，可在弹出的颜色框中选择笔触的颜色
填充颜色	单击其右侧的颜色拾取器，可在弹出的颜色框中选择填充的颜色
笔触大小	拖动滑块可以调节笔触的大小
笔触高度	输入笔触高度像素值以调节笔触的高度
样式	选择笔触的线条类型，包括极细线、实线、虚线等 7 种
编辑笔触样式	单击此按钮，可编辑自定义的线条样式
缩放	设置 Flash 动画播放时笔触缩放的效果
提示	启用该复选框，将笔触锚记点保持为全像素以防止出现模糊线
端点	用于定义矢量线条的端点处样式
接合	用于定义两个矢量线条之间接合处的样式
尖角	在设置【接合】为尖角后，可设置尖角的像素大小

在单击笔触颜色或填充颜色的颜色拾取器后，将打开 Flash 颜色拾取框。

在该框中，用户可选择纯色或渐变色，将其应用到矢量图形上，也可以在颜色预览右侧单击颜色的代码，设置自定义颜色。右侧的 Alpha 属性作用是设置颜色的透明度。

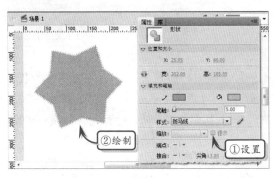

② 绘制

① 设置

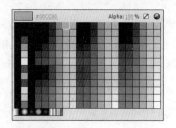

在单击【编辑笔触样式】按钮  后，将打开【笔触样式】对话框，除了可编辑笔触的样式外，还可以浏览已设置的样式。

7.7 练习：绘制房产网站矢量 Logo

练习要点

- 新建 Flash 文档
- 设置文档尺寸
- 绘制矢量矩形
- 填充颜色
- 设置渐变填充
- 钢笔工具
- 插入 TLF 文本
- 嵌入字体
- 设置文本样式
- 保存 Flash 文档

提示

Flash CS5 允许用户创建多种 Flash 文档，包括基于 ActionScript 3.0 的 Flash 文档、基于 ActionScript 2.0 的 Flash 文档、AIR 文档、iPhone 手机应用程序、Flash 移动程序等。

在创建文档后，用户可设置文档的尺寸、背景颜色以及帧频、标尺单位等属性，以使 Flash 动画适应各种播放设备。

在之前的章节中，已介绍了使用 Photoshop CS5 制作网站 Logo 的方法。网站的 Logo 大体由网站图标图形、网站名称等文本组成，使用 Flash CS5，用户也可以方便地制作网站的 Logo。

操作步骤 ▶▶▶▶

STEP|01 在 Flash CS5 中执行【文件】|【新建】命令，在弹出的【新建文档】对话框中选择"ActionScript 3.0"，并单击【确定】按钮。在新建的文档中右击舞台，执行【文档属性】命令，在弹出的【文档设置】对话框中设置【尺寸（高度）】为 200 像素，单击【确定】按钮。

STEP|02 在【时间轴】面板中将影片文档的"图层 1"命名为"background"，然后即可在工具面板中单击【矩形工具】按钮 ▢，为其设置渐变色的填充，并在该图层第一帧处绘制一个 550px×200px 大小的矩形。

STEP|03 锁定"background"图层。然后在其上方新建"logoIcon"图层。单击【钢笔工具】按钮 ◊，在该图层中绘制房顶的不规则六

边形，并设置其填充颜色为"棕色"（#cf712f）。然后，单击【选择
工具】按钮 ▶，双击六边形的边框线，将其删除。

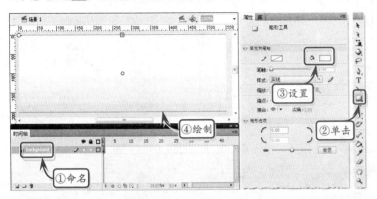

STEP|04 用同样的方式，绘制屋顶烟囱的斜面矩形图形，并为其填
充"深褐色"（#a7390d）的颜色。然后，在屋顶的下方绘制两个矩形
的窗户，填充"橙色"（#f08300）。分别将这些图形编组，并删除这
些图形的边框线。

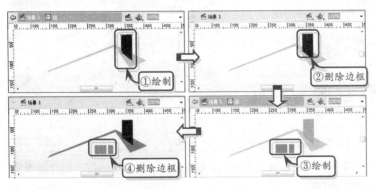

STEP|05 使用钢笔工具绘制一个"L"型的多边形，作为房屋的承
重墙，填充"深褐色"（#5a2024），然后再用同样的方法删除其边框
线，完成 Logo 图标的绘制。

STEP|06 新建"fonts"图层，在工具面板中单击【文本工具】按钮
T，在【属性】检查器中设置文本的属性，并单击【嵌入】按钮，
在弹出的【字体嵌入】对话框中设置字体的【名称】和【还包含这些

提示

通过【颜色】面板设置
其填充类型为"线性渐
变"，设置渐变左侧颜色
为"天蓝色"（#85d9ff），
右侧为"白色"（#ffffff）。

提示

在为矢量图形填充颜色
时，首先应确保该图形
是一个闭合的矢量图
形。然后，才能通过颜
料桶工具将颜色填充到
矢量图形中。
在删除矢量图形的笔触
时，用户可以执行【编
辑】|【清除】命令，也
可以按 Delete 键直接将
其删除。

提示

在绘制完成屋顶的图形
后，应执行【修改】|
【组合】命令，将该图形
提升为组合，防止在绘
制其他图形时影响屋顶
的图形。

提示

用户也可以先执行【修
改】|【组合】命令，创
建一个新的空组合，然
后再在组合中绘制图形。

注意

在绘制完成 Logo 图标
的图形后，应将这些图
形全部组合到一起，并
锁定图层，防止在制作
其他内容时误修改这一
图层的内容。
在处理其他内容时，也
可以照此办理。

字符】，单击【确定】按钮完成字体嵌入。

提示

在为网页添加 TLF 文本并设置【消除锯齿】为"动画"之后，必须设置字体嵌入。

技巧

由于中文和其他各种语言文字的字符数量众多，因此将整个字体文件嵌入 Flash 往往会导致 Flash 文档过大。在嵌入字体时，应尽量设置【还包含这些字符】，精确地嵌入部分字体，以降低 Flash 源文件所占的空间。

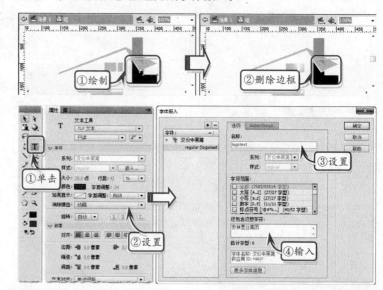

STEP|07 在舞台中输入 Logo 的中文文本内容，并调整其位置。然后，再新建"enText"图层，用同样的方式输入 Logo 中的英文文本，并设置文本的属性，即可完成 Logo 的制作。

提示

在输入英文文本时，应尽量使用英文字体，其优点在于，英文字体的体积较小，嵌入时不占用太多空间。其次，一些中文字体在英文的显示方面也不够优越，第三，很多英文用户是不安装中文字体的，使用中文字体显示英文往往无法正常显示。

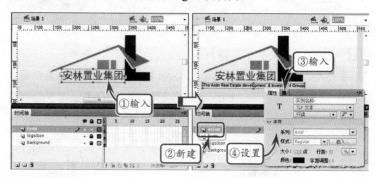

7.8 练习：制作动画导航条

练习要点

- 基本矩形工具
- 输入文本
- 按钮元件

导航是处理用户对网站内容的索引，为网站的子页面提供链接的网页组成部分。使用 Flash 的按钮元件，用户可方便地创建带有简单交互效果的导航条。

提示

在制作本例的动画导航条时，使用了已制作好的素材，包括网页的 Logo 图标以及网页的内容背景等。

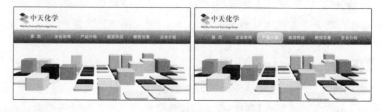

操作步骤 >>>>

STEP|01 在 Flash 中打开素材文档，在文档中新建名为"navigator-BG"的图层。在工具面板中单击【基本矩形工具】按钮，绘制一个 800px×60px 大小的矩形，并设置矩形的【矩形选项】为 5px，为其填充渐变色。

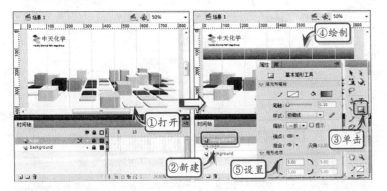

STEP|02 锁定导航条背景所在的"navigatorBG"图层，然后即可新建"Text"图层，在工具面板中单击【文本工具】按钮，在【属性】检查器中设置文本的样式属性后，即可输入导航条的文本。

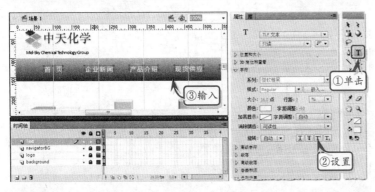

STEP|03 锁定"Text"图层，然后新建"buttons"图层，在该图层中新建一个按钮元件，命名为"button"。双击该元件进入编辑状态，选择【指针滑过】帧，在其中绘制一个半透明的圆角矩形。

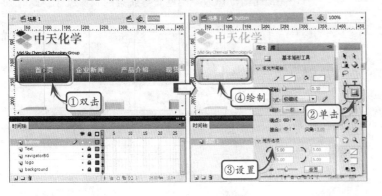

提示

基本矩形工具最大的优点是保持矢量矩形的可编辑性，方便用户修改。

提示

导航条背景的基本矩形工具采用了线性的渐变色，其上方的颜色为"浅蓝色"（#87bbe6），下方的颜色为"深蓝色"（#17469c）。矩形选项的作用是为基本矩形添加圆角，使矩形更加美观。用户可为基本矩形设置 4 个相同的圆角，也可分别设置 4 个不同的圆角。

技巧

在输入按钮文本时，可以先在 Flash 中绘制各种辅助线确定按钮的水平中心线位置，然后再根据水平中心点的位置确定每一个按钮文本的位置。

注意

在绘制半透明的按钮时，需要保持【弹起】帧为空。

提示

圆角矩形的填充颜色为"白色"（#ffffff），透明度为 50%

圆角矩形的笔触渐变色中，左侧为白色（#ffffff），右侧为透明度80%的灰色（#666666）。填充圆角矩形的是50%透明度的白色（#ffffff）。在【颜色】面板中，用户可方便地选择渐变的【流】。

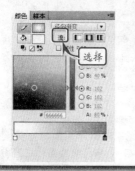

STEP|04 选择圆角矩形，在【属性】检查器中为其添加一个边框。然后，即可在【颜色】面板中设置圆角矩形的边框颜色。用类似的方式添加填充内容，并设置填充颜色。

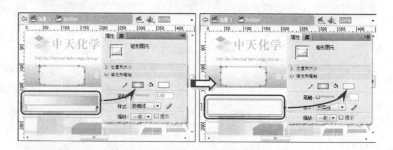

STEP|05 在【时间轴】面板中为按钮元件新建【按下】帧，将【指针滑过】帧中的圆角矩形复制到【按下】帧中相同的位置，然后修改其填充颜色为白色（#ffffff）到灰色（#cccccc）的渐变，透明度为50%。右击【点击】帧，Flash 将自动把【按下】帧中的内容复制到【点击】帧中。

在修改圆角矩形的填充色时，应先在【颜色】面板中将"纯色"修改为"线性渐变"，然后再单击【流】中的【扩展颜色】按钮，修改渐变的流动方式。之后才能为渐变添加取色节点。

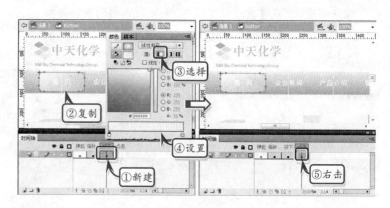

在复制按钮元件时，应确保这些按钮元件的高度一致。同时，还应确保按钮元件之间的距离相等。在本例中，这些按钮元件的纵坐标为105px，横坐标依次为40px、160px、280px、400px、520px 以及640px。

STEP|06 单击命令栏中的【场景 1】按钮，然后即可退出按钮元件的编辑状态。复制之前创建的按钮元件，将其粘贴到网页导航条的各导航文本上方，完成带有动态效果的网页导航条的制作过程。此时，将在工作区中显示浅蓝色的按钮热区。

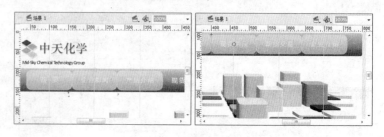

7.9 高手答疑

Q&A

问题 1：在制作 Flash 动画时，如何让所有的 Flash 对象快速对齐？

解答：首先确定每一个 Flash 对象为单独的元件或者群组。选择这些元件或群组，即可执行【窗口】|【对齐】命令，打开【对齐】面板。然后，单击【对齐】选项组中的【垂直中齐】按钮，以及【分布】选项组中的【水平居中分布】按钮即可。

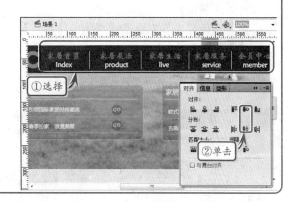

Q&A

问题 2：如何为 Flash 中已存在的矢量图形添加边线？

解答：墨水瓶工具可以为指定的矢量图形添加边线，还可以修改线条或形状轮廓的笔触颜色、高度和样式。

单击工具面板中的【墨水瓶工具】按钮，在【属性】检查器中设置笔触颜色、笔触高度和【样式】，然后单击所要添加边线的矢量图形即可。

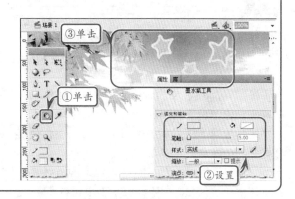

Q&A

问题 3：在制作 Flash Banner 时，如何让其中的文字具有多彩效果？

解答：在为文本添加多彩效果之前，首先应执行两次【修改】|【分离】命令，将其打散为矢量图形，因为无法为文本填充颜色。

选择被打散的文本，执行【窗口】|【颜色】命令打开【颜色】面板。在该面板中选择类型为"线性渐变"，然后设置所需的渐变颜色即可。

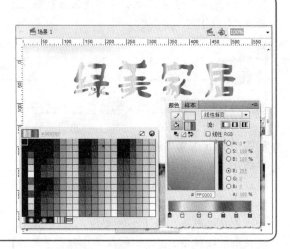

Q&A

问题 4：如何将位图转换为矢量图形以编辑？

解答：选择导入的位图图像，执行【修改】|
【位图】|【转换位图为矢量图】命令，打开【转
换位图为矢量图】对话框。

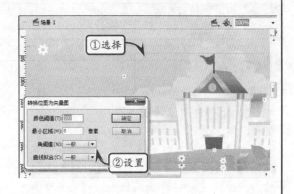

在该对话框中可以设置【颜色阈值】、【最
小区域】、【曲线拟合】等，设置完成后单击【确
定】按钮即可将位图转换为可编辑的矢量
图形。

技巧

如果要创建最接近原始位图的矢量图形，可
以设置【颜色阈值】为 10，【最小区域】为
"1 像素"，【曲线拟合】为"像素"，【角阈
值】为"较多转角"。

Q&A

**问题 5：对于导入到 Flash 中的位图图像，如
何使其显示得更加平滑自然，且利于
在网页中显示？**

解答：将位图导入 Flash 后，可以对该位图应
用消除锯齿功能，以及平滑图像的边缘。也可
以选择压缩选项以减小位图文件的大小，使其
更有利于在网页中显示。

在将位图导入到 Flash 之后，右击【库】
面板中的该位图，在弹出的菜单中执行【属性】
命令。然后在打开的【位图属性】对话框中，
启用【允许平滑】复选框并设置【压缩】为"无
损（PNG/GIF）"。

提示

在为位图使用"无损"模式后，Flash 将放
弃对位图进行压缩处理。此时，有可能增大
输出的 Flash 动画体积。

Q&A

**问题 6：如果需要对导入的位图图像进行压
缩，减小位图的体积，应如何操作？**

解答：Flash 内置了一种位图压缩工具，允许用
户将导入的位图图像以 JPEG 格式进行压缩，
通过调整位图的 JPEG 压缩品质以降低位图的
体积。

在将位图导入到 Flash 之后，右击【库】
面板中的该位图，在弹出的菜单中执行【属性】

命令。然后在打开的【位图属性】对话框中，
启用【允许平滑】复选框并设置【压缩】为"照
片（JPEG）"。

然后，用户即可在更新的对话框中选择位
图的【品质】，包括"使用导入的 JPEG 数据"
以及"自定义"两种选项。如选择了"使用导
入的 JPEG 数据"，则 Flash 中位图将与源位图
的压缩比例保持一致。而如果选择"自定义"，

则可设置压缩位图的具体比例。之后，还可以启用"启用解块"的功能，提高位图的压缩比。

Q&A

问题 7：如何管理 Flash 场景？

解答：Flash CS5 提供了【场景】面板，允许用户创建和管理影片中的所有场景。

　　在 Flash 中执行【窗口】|【其他面板】|【场景】命令后，即可打开【场景】面板。在默认情况下，Flash 会自动为影片创建名为"场景 1"的场景。

　　单击【场景】面板左下方的【添加场景】按钮，用户即可方便地为影片添加一个空白场景，设置场景的【文档属性】等项目。

　　单击【重制场景】按钮，用户可以复制当前选择的场景，为其创建副本。而选择场景后，单击【删除场景】按钮，即可将该场景从 Flash 影片中删除。

08 处理动画文本

在 Flash 动画中，很多信息都需要通过文本表现出来。相比之前的版本，Flash CS5 引入了 TLF 文本这一概念，提供了更加强大的文本排版处理功能。使用 Flash CS5，用户可以制作更美观、更便捷的文本，同时大大降低 Flash 源文件的体积。

本节将集中介绍 Flash CS5 中文本的基本概念、类型等知识，同时帮助用户了解为各种动画文本进行排版、嵌入的技巧。

8.1 Flash 文本基础

文本是 Flash 动画中不可缺少的组成部分，也是最直观的表现内容的方式。在各种网页动画中，文本占有十分重要的地位。与 Photoshop 类似，使用 Flash 也可以对各种文本进行排版、设置样式等操作。灵活多变的文本已经成为网页 Flash 动画中最重要的内容之一。

Flash 允许用户创建和编辑多种文本，包括 TLF 文本和传统文本等。了解这些文本的使用方式与特点，有助于用户更好地使用文本。

右图所示的 Flash 动画就用了大量文本内容，并应用各种文本样式以使之更有动感。

8.2 传统文本

传统文本是继承自 Flash CS4 及之前各版本的文本类型。根据文本的作用，可以将其分为静态文本、动态文本以及输入文本 3 大类。

● 静态文本

静态文本用于显示最普通的文本内容。这些文本内容在 Flash 中是固定的，不允许在动画播放时更改。

单击工具面板中的【文本工具】按钮 T，在【属性】检查器中设置【文本引擎】为"传统文本"，并设置【文本类型】为"静态文本"。

然后，单击舞台中要插入文本的位置，即可创

建一个矩形文本框，并在该文本框中输入文本内容。

● 动态文本

动态文本是可以显示动态更新的文本。单击工具面板中的【文本工具】按钮 T ，在【属性】检查器中设置【文本引擎】为"传统文本"，并设置【文本类型】为"动态文本"。

然后，在舞台中单击直接创建标准大小的动态文本框，或拖动鼠标，绘制一个矩形区域，作为自定义大小的动态文本框。为动态文本框输入文本内容的方法与输入静态文本类似。

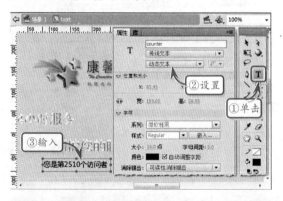

● 输入文本

输入文本也是一种特殊的文本。为文档插入输入文本后，用户在浏览动画时，可以直接单击输入文本的区域，在其中输入文本信息。

输入文本通常和 ActionScript 脚本结合，被添加到各种集成动态技术的网页动画中。

单击工具面板中的【文本工具】按钮 T ，在【属性】检查器中设置【文本引擎】为"传统文本"，并设置【文本类型】为"输入文本"。然后，在舞台中单击或拖动鼠标即可创建输入文本框。

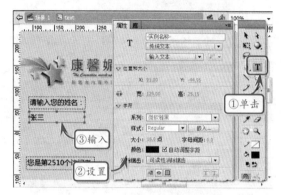

与动态文本类似，输入文本也可以设置实例名称并供各种脚本程序调用。同时，输入文本最大的优势在于还允许用户自行编辑内容，从而完善 Flash 的交互性。

8.3 设置传统文本属性

在 Flash CS5 中，3 种传统文本的文本拥有共同的属性设置，包括字符设置和段落设置两大类。

1. 设置传统文本字符

单击【文本工具】按钮 $\boxed{T}$ ，在【属性】检查器中设置【文本引擎】为"传统文本"后，即可在【属性】检查器中设置文本的字符属性。除此之外，选择 Flash 源文件中的传统文本后，也可以设置其字符属性。

在【属性】检查器的【字符】选项卡中，主要包括以下几种属性。

属 性 名		作 用
系列		定义文本的字体类型
样式		对于欧美的字体，可定义斜体和加粗等样式
嵌入		将字体或字符嵌入到 Flash 源文件中。关于嵌入字体，请参考之后的小节
大小		设置字体的尺寸
字母间距		设置字母文字的字母间空隙
颜色		设置文本颜色
自动调整字距		启用该复选框，Flash 将自动为文本调整字间距
消除锯齿	使用设备字体	根据动画播放的设备决定消除文本锯齿的方式
	位图文本	以位图的方式显示文本以防止产生锯齿
	动画消除锯齿	基于矢量图形来消除文本锯齿
	可读性消除锯齿	依据可读性来消除文本锯齿
	自定义消除锯齿	根据用户自定义的强度消除锯齿
可选		单击该按钮可设置传统文本可被用户选择
将文本呈现为 HTML		单击该按钮，允许外部 Java-Script 脚本调用文本内容

续表

属 性 名	作 用
在文本周围显示边框	为文本框添加外部的边框
切换上标	设置文本上标
切换下标	设置文本下标

如需要自定义消除锯齿的强度，可设置【消除锯齿】为"自定义消除锯齿"，Flash 将打开【自定义消除锯齿】对话框，允许用户自定义消除锯齿的强度。

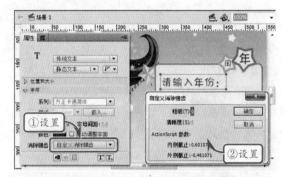

提示

选择消除锯齿的方式时，应根据文本的类型进行选择。如是用于播放在移动设备上的文本，应选择"使用设备字体"；如是用于较大尺寸的文本，应选择"位图文本"；如是动画文本，应选择"动画消除锯齿"；如是大段的内容文本，则应选择"可读性消除锯齿"。

2. 设置传统文本段落

段落属性是传统文本的一项重要属性。对于大量的文本，应通过设置段落属性为其排版，提高其可读性。

在传统文本的【属性】检查器中，【段落】选项卡位于【字符】选项卡的下方。

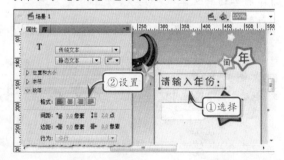

【段落】选项卡中包含多种与段落文本相关的
属性，如下。

属　性		作　用
格式	左对齐	定义文本以左侧对齐
	右对齐	定义文本以右侧对齐
	居中对齐	定义文本居中对齐
	两端对齐	定义文本根据两端距离对齐
间距	缩进	定义文本的首行缩进
	行距	定义文本行之间的距离

续表

属　性		作　用
边距	左边距	定义文本段落与左侧边框的距离
	右边距	定义文本段落与右侧边框的距离
行为	多行	设置传统文本可显示多行内容
	单行	设置传统文本只在单行中显示内容
	多行不换行	设置传统文本手动控制换行，禁用自动换行

8.4　TLF 文本

TLF 是 Flash CS5 新增的一种文本排版引擎。
相比传统文本，TLF 文本拥有更多、更丰富的文本
布局功能以及文本的精确属性。

单击工具面板中的【文本工具】按钮T，在
【属性】检查器中设置【文本引擎】为"TLF 文本"，
然后即可为网页添加 TLF 文本。

选择"TLF 文本"后，即可在下方选择具体的
TLF 文本类型。

TLF 文本有 3 种主要的基本类型，即只读、可
选以及可编辑。只读文本与普通的文本类似，用户
只能查看，而不能通过鼠标选择或编辑。可选文本
同样不能编辑，但允许用户通过鼠标选择文本内
容，复制到其他位置。可编辑文本与传统的输入文
本类似，允许用户编辑文本容器中的内容。

> **提示**
>
> 相比传统文本，TLF 文本更注重与 Action
> Script 脚本的结合，实现用户的交互控制。

在文本类型右侧，用户可单击【改变文本方向】
按钮，设置文本以水平方向流动或以垂直方
向流动。

8.5　设置 TLF 文本属性

TLF 文本的属性主要分为 5 大类，即字符、高
级字符、段落、高级段落、容器和流。

● 字符

【字符】选项卡的主要作用与传统文本的字符
设置类似，如下。

相比传统文本，【字符】选项卡增加了行距、
加亮显示、旋转以及下划线、贯穿线等几种属性，
允许用户为文本添加更丰富的样式，如下。

属 性	作 用
行距	与传统文本的【段落】选项卡中的行距类似，但可自定义单位类型，包括百分比和点等
加亮显示	为文本添加一个带有颜色的背景，以将文本突出显示
旋转	设置文本旋转角度，可设置 0°或 270°
下划线	为文本下方添加一条直线
贯穿线	为文本中部添加一条贯穿的直线

提示

TLF 文本的消除锯齿方式与传统文本有一定的差异。TLF 文本不允许用户设置位图文本消除锯齿，也不允许用户使用自定义消除锯齿的方法。

● 高级字符

【高级字符】选项卡是 TLF 文本新增的设置项目，用于定义文本的进阶格式。

【高级字符】选项卡中包含多种关于格式转换的属性设置，如下。

属性名	作 用
链接	定义 TLF 文本的超链接地址
目标	定义打开 TLF 文本超链接的浏览器窗口框架位置
大小写	根据用户选择，转换英文字母的大小写
数字格式	根据用户选择，定义数字高度为全高度或旧版本 Flash 样式

续表

属性名	作 用
数字宽度	根据用户选择，定义数字字体宽度为每个字相等或根据实际宽度比例计算
基准基线	应用于亚洲语言的文本基线设置
对齐基线	应用于亚洲语言的文本对齐设置
连字	应用于字母语言的字母连字书写定义
间断	应用于字母语言的单词在行尾的中断性设置
基线偏移	以百分比或像素为单位设置基线的偏移度
区域设置	定义 TLF 文本所使用的语言

● 段落

【段落】选项卡的作用是设置段落的对齐方式、边距、间距和缩进等属性。这部分属性设置与传统文本十分类似。单击相应的对齐按钮或输入像素的值，即可设置这些属性。

相比传统文本，TLF 文本允许用户设置更多类型的对齐方式，包括设置末行的对齐方式等，功能更加强大。

● 高级段落

【高级段落】选项卡的作用是为文本设置一些段落的进阶属性，从而丰富段落文本的样式。该选项卡中的设置项目只在 TLF 文本中才可用。

提示

行距模型的设置只能应用于东亚文字或其他一些表意文字，无法应用于欧洲的字母文字。

● 容器和流

【容器和流】是 TLF 文本新增的设置项目。在该设置项目中，将文本看作是一个整体的容器，允许用户设置容器的四边填充距离，以及边框和填充

颜色等属性。

如用户设置 TLF 文本为可编辑，则还可以设置文本的最大字符数和文本列的宽度等属性。

8.6 嵌入字体

早期的 Flash 动画无法加载设计师计算机中的各种字体，只能使用用户本地计算机已安装的字体。

这一限制导致了设计师必须把带有字体的文本转换为矢量图形，降低 Flash 源文件的可编辑性。

因此，Flash CS4 开发了嵌入字体的功能，允许设计师将字体文件嵌入到 Flash 源文件中，以提高文件的可编辑性。

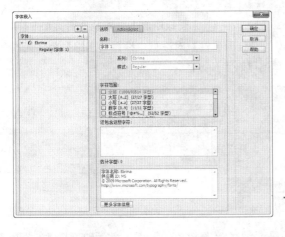

Flash CS5 对该功能进行了较大的改进，设计师不仅可以嵌入整个字体文件，还可以由用户选择嵌入字体文件的某一些字符，以降低 Flash 源文件的体积。

输入文本并设置字体后，即可单击【样式】右侧的【嵌入】按钮 嵌入... ，打开【字体嵌入】对话框。

在【字体嵌入】对话框中，用户可在左侧单击【添加新字体】按钮 + ，添加新的字体类型。也可以选择字体，然后单击【删除所选字体】按钮 － ，将已添加的字体删除。

在右侧的【选项】选项卡中，用户可设置添加字体的名称、字体所属的字体系列、字体的样式等。除此之外，用户还可以选择嵌入字体的某一部分字符，降低字体文件的体积。

如果用户只需要嵌入几个字符，则可将这些字符输入到【还包含这些字符】输入文本域中。

8.7 练习：制作古诗鉴赏界面

古典诗歌是中华古代文化的瑰宝。使用 Flash 的 TLF 文本功能，用户可以方便地设计和制作古诗鉴赏的界面，使用一些书法字体，并将书法字体嵌入到 Flash 中。

操作步骤 ▶▶▶▶

STEP|01 在 Flash 中新建空白文档。然后，在文档空白处右击鼠标，执行【文档属性】命令，在弹出的【文档设置】对话框中设置【尺寸】为 550 像素×550 像素。

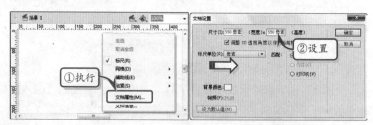

STEP|02 执行【文件】|【导入】|【导入到库】命令，将古诗的背景图像导入到 Flash 库中。在【库】面板中右击导入的位图，执行【属性】命令，在弹出的【位图属性】对话框中设置【压缩】为"无损（PNG/GIF）"，并单击【确定】按钮。

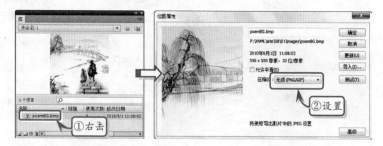

STEP|03 将"图层 1"的名称修改为"背景"，然后即可将【库】面板中的素材图像导入到舞台中，设置其坐标为（0.00，0.00），平铺到整个画布上。

STEP|04 新建"图层 2"，将其名称修改为"诗歌"。然后即可在工具面板中单击【文本工具】按钮 **T**，在舞台中输入诗歌的标题。选

择输入的标题文本，在【属性】检查器中设置其属性。

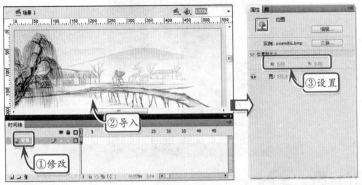

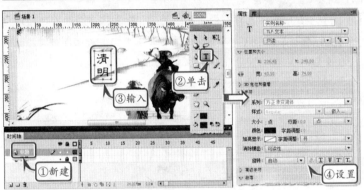

STEP|05 单击【属性】检查器中的【嵌入】按钮，在弹出的【字体嵌入】对话框中设置字体的【名称】、【系列】等。然后即可在【还包含这些字符】下方输入古诗的文本，单击【确定】按钮嵌入文本。用同样的方法，输入诗歌内容和作者等文本，即可完成整个界面设计。

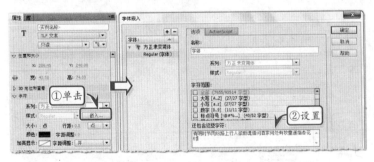

8.8 练习：制作电子书封面

　　电子书是目前互联网中非常流行的一种传媒方式，其可替代传统的纸质图书，体现出虚拟产品的传输便捷性。使用 Flash CS5，用户可方便地借助 TLF 文本功能，制作电子书的封面。

练习要点

- 新建 Flash 文档
- 导入 PSD 背景图像
- 创建 TLF 文本
- 设置 TLF 文本样式嵌入中文字体

提示

Photoshop 软件所设计的 PSD 格式图像也是一种位图图像。但在 Flash 中，用户可以方便地将各种 PSD 格式的素材导入到动画中。

提示

Photoshop 的 PSD 图像往往由多个 Photoshop 图层拼合而成，在将其导入到 Flash 中时，用户可选择将所有的图层转换为独立的元件，也可以选择将这些图层合并为一个或多个独立的图层图像来使用。

在将多个图层合并为图层图像后，用户还可以单击【分离】按钮，将其按照原图层的方式重新拆分。

技巧

在默认情况下，导入的位图都会被转换为位图的素材。用户可选择位图，在右侧启用【为这些图层创建影片剪辑】复选框，然后设置实例名称和注册点，将其转换为影片剪辑元件。

提示

与之前的实例类似，导入的 PSD 文档也会被转换成元件（通常为图形元件）。用户可以方便地将该图形元件拖入到舞台中。或者，用户也可以直接将同名的库文件夹中的位图拖入到舞台中。

操作步骤 ▶▶▶▶

STEP|01 在 Flash 中新建空白文档。然后，在文档空白处右击鼠标，执行【文档属性】命令，在弹出的【文档设置】对话框中设置【尺寸】为 550 像素×600 像素。

STEP|02 执行【文件】|【导入】|【导入到库】命令，在弹出的【将"coverBG.psd"导入到库】对话框中选择 PSD 文档的所有图层，单击【合并图层】按钮。然后设置【压缩】为"无损"，并单击【确定】按钮导入素材图像。

STEP|03 将"图层 1"的名称修改为"背景"，然后在【库】面板中选择素材，将其导入到舞台中，并在【属性】检查器中设置其坐标位置为（0.00，0.00）。

STEP|04 新建"图层 2"，将其名称修改为"文本"。然后即可在工具面板中单击【文本工具】按钮 T，在舞台中输入封面上的书名。选择输入的书名文本，在【属性】检查器中设置其属性。

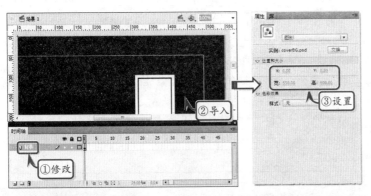

提示

有一定手绘基础的用户可以自行在 Flash 中绘制矢量背景图像，降低发布后Flash动画的大小。

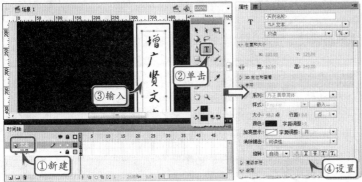

注意

用户也可先单击【文本工具】按钮T，在【属性】检查器中设置文本的属性之后再输入文本。

STEP|05 单击【属性】检查器中的【嵌入】按钮，在弹出的【字体嵌入】对话框中设置字体的【名称】、【系列】等。然后即可在【还包含这些字符】下方输入书名和说明的文本，单击【确定】按钮嵌入文本。用同样的方法，输入说明文本，即可完成整个封面的设计。

提示

使用字体嵌入的功能后，在 Flash 源文件的目录下会自动产生一个名为"textLayout_1.0.0.595.swz"的文件。该文件就是嵌入后的字体文件。选择的字符范围越小，该文件就越小。因此应尽量使用【还包含这些字符】属性，缩小嵌入字体的范围。

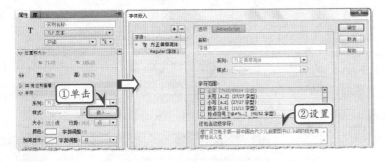

8.9 高手答疑

Q&A

问题 1：哪些中文字体是 Windows 自带字体，无需嵌入即可在 Flash 中使用？

解答：在不同版本的 Windows 操作系统中，所自带的中文字体是有所区别的。

在目前应用最广泛的 Windows XP 操作系统中，自带了 5 种最基本的简体中文字体，即宋体&新宋体、楷体_gb2312、黑体以及仿宋_gb2312。

在 Windows Vista 以及 Windows 7 等较新版本的 Windows 操作系统中，包含了微软雅黑、宋体&新宋体、楷体、黑体以及仿宋 6 种字体。

其中，微软雅黑是微软公司自 Office 2007 和 Windows Vista 操作系统开始自带的一种全新的、基于 ClearType 的 OpenType 中文字体。相比 Windows XP 中默认的宋体字，微软雅黑可以在 9px、10px 和 11px 等小尺寸模式下显得更加清晰和美观。所有安装 Office 2007 或 Windows Vista、Windows 7 操作系统的用户都可以免费使用这一字体。

在 Windows Vista 和 Windows 7 操作系统中，微软公司将楷体_gb2312 和仿宋_gb2312 两种字体进行了重新命名，修改成了"楷体"和"仿宋"。因此在具体使用这两种字体时，应注意字体名称的区别。

Q&A

问题 2：Flash 能否将中文矢量字体加粗或使之倾斜？

解答： 在 Flash CS4 及之前的版本中，只允许用户创建传统文本，因此，用户可方便地对这些文本进行加粗或倾斜操作。

Flash CS5 新增的 TLF 文本使用了一种特殊的文本技术，用户无法直接为这种文本设置加粗或倾斜样式，只能通过字体自带的加粗或倾斜功能实现。目前可使用这种加粗方式的中文字体只有微软雅黑一种。

因此，如需要实现中文矢量字体的加粗或倾斜，请将文本转换为传统文本，然后再选择文本，执行【文本】|【样式】|【仿粗体】命令或执行【文本】|【样式】|【仿斜体】命令，为文本设置加粗或倾斜。

Q&A

问题 3：如何设置字体分段？

解答： Flash CS5 允许用户将溢出容器的文本内容重新划分为段落，并为这两个文本段落建立关联。

在 Flash CS5 中创建一个 TLF 文本，并为文本输入内容。当文本内容超出 TLF 文本框的尺寸时，将无法显示全部的文本内容。

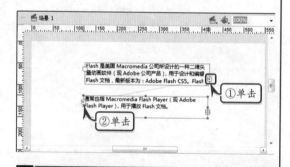

> **提示**
>
> 在单击"红色四宫格" ⊞ 后，该位置将转换为蓝色三角形的图标。

此时，用户可单击文本框右侧的"红色四宫格" ⊞，然后单击舞台空白处，添加分段的文本。

如果还需要为文本分段，再次单击第二个文本段落的"红色四宫格" ⊞ 即可分离出更多的文本段落。多个文本段落之间，将通过蓝色虚线进行连接。在删除其中某一个文本框后，其中的内容文本将自动被添加到其他的文本框中。

Q&A

问题 4：如何对文本进行分列处理？

解答： 与 Microsoft Word 类似，Flash CS5 允许用户将 TLF 文本分列排放，并设置文本的列数。在 Flash 中选择文本，然后即可在【属性】检查器中打开【容器和流】选项卡，设置【列】。例如，设置文本分为两栏，可设置【列】为 2。

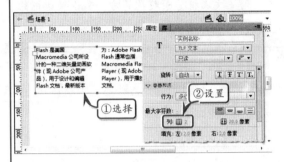

在设置文本的分列显示之后，用户还可以设置两列或多列文本之间的间距。在【属性】检查器中的【容器和流】选项卡中单击【指定列间距的宽度】文本框，然后即可在其中输入列间距的宽度，单位为像素。

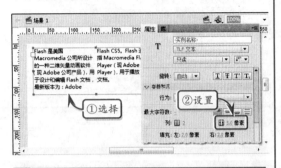

> **提示**
>
> Flash CS5 无法为每一个文本列设置独立的距离。【指定列间距的宽度】文本框只能设置文本域中所有文本列的距离。

Q&A

问题 5：如何设置文本框中文本与其 4 条边的距离？

解答： 在 Flash CS5 中，用户可以方便地设置文本框内文本与 4 条边之间的距离。

选择文本，然后即可在【属性】检查器中打开【容器和流】选项卡，并分别单击【填充】的 4 个子属性文本框，输入文本与其 4 周边距的具体像素值。在默认情况下，文本与其 4 条边的距离均为 2px。

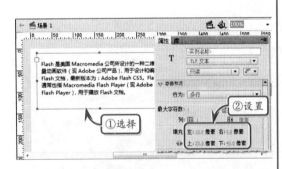

单击【将此四个填充值一起锁定】按钮后，用户可将文本的四边边距统一为一个相同的值，修改任意一个值都将影响到其他 3 个值。

Q&A

问题 6：如何为 TLF 文本设置边框和填充？

解答： 之前的小节中已介绍了设置各种矢量图形的边框和填充的方法。

TLF 文本框也是一种特殊的矢量图形，因此，Flash CS5 也允许用户设置 TLF 文本框的边框与填充。

选择 TLF 文本框，然后即可在【属性】检查器中打开【容器和流】选项卡，单击【容器边框颜色】颜色拾取器，在弹出的颜色选择框中选择边框的颜色。

选择完边框颜色后，Flash 会自动设置边框的宽度为 1 点。

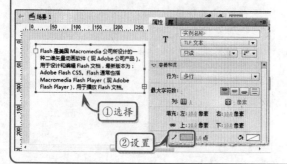

①选择

②设置

单击【边框颜色】颜色拾取器右侧的文本框，用户即可设置边框的宽度。

注意

TLF 文本框的宽度单位与其他单位不同，为"点"。"点"是一个绝对宽度单位，其长度为英寸的 1/72。

设置文本框背景颜色的方法与设置边框的方法类似，在此将不再赘述。

09

传统 Flash 动画设计

了解了 Flash 动画的基础知识后，即可着手为网页设计各种媒体元素，使网页的内容变得更加丰富多彩。在网页媒体元素中，Flash 以其卓越的视觉表现和互动功能而被众多网站所采用。在网站的设计中，各种网站的进入动画、导航条、图像轮换动画、按钮动画等都可使用 Flash 制作。

本章将介绍 Flash 传统动画的制作方法，包括传统补间动画、补间形状动画、运动引导动画和遮罩动画等，使读者可以为网页设计简单的 Flash 动画。

9.1 补间形状动画

补间形状动画的作用是对矢量图形的各关键节点位置进行操作而制作成的动画。在补间形状动画中，用户需要提供补间的初始形状和结束形状，从而为 Flash 的补间提供依据。

选择图层的第 1 帧作为开始关键帧，输入"湛蓝天空"文本，执行【修改】|【分离】命令两次，将其转换为图形。然后，在第 30 帧插入空白关键帧，输入"Blue Sky"文本，用同样的方式将其转换为图形。然后，即可右击两个关键帧之间的任意一个普通帧，执行【创建补间形状】命令，制作补间形状动画。

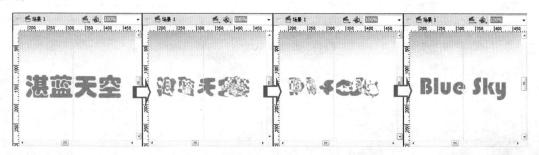

提示

Flash 只能为矢量图形制作补间形状动画，因此，需要先将这些文本分离。

9.2 传统补间动画

与补间形状动画类似，传统补间动画的作用是根据用户提供的一个元件在两个关键帧中的位置差异，生成该元件移动的动画。在传统补间动画中，用户需要提供元件的初始位置和结束位置，为 Flash 提供补间的依据。

选择图层的第 1 帧作为开始关键帧，导入太阳的图像素材。然后，在第 30 帧处插入关键帧。右击两个关键帧之间的任意一个普通帧，执行【创建传统补间】命令，即可拖动第 2 个关键帧，制作传统补间动画。

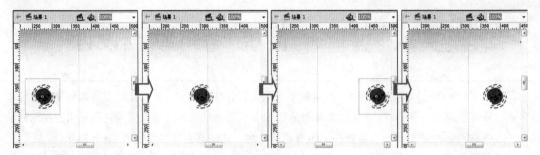

提示

Flash 只允许用户将元件作为传统补间动画的基本单位，因此，其会自动将素材图像转换为元件。

9.3 运动引导动画

运动引导动画是传统补间动画的一种延伸，用户可以在舞台中绘制一条辅助线作为运动路径，设置让某个对象沿着该路径运动。

创建运动引导动画至少需要两个图层：一个是普通图层，用于存放运动的对象；另一个是运动引导层，用于绘制作为对象运动路径的辅助线。

首先在文档中新建一个图层，将作为运动引导的对象拖入到舞台中，并将其转换为影片剪辑。

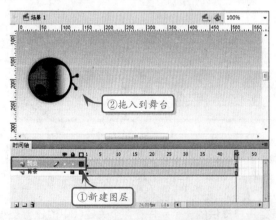

提示

在第 45 帧处插入普通帧，使该图层的帧数与"背景"图层中的帧数相同。

右击该图层，在弹出的菜单中执行【添加传统运动引导层】命令，即会在该图层的上面创建一个运动引导层。

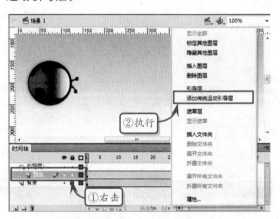

选择运动引导层，单击工具面板中的【铅笔工具】按钮，在舞台中绘制一条曲线，作为"瓢虫"运动的路径。

选择"瓢虫"图层的第 1 帧，将"瓢虫"影片剪辑拖动到曲线的开始处，使其中心点吸附到开始端点。

选择图层的最后 1 帧，插入关键帧。然后，将"瓢虫"影片剪辑拖动到曲线的结尾处，同样将其中心点吸附到结尾端点。

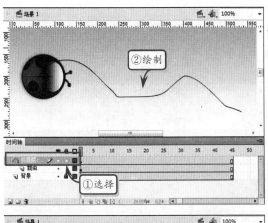

右击图层中的任意一帧，在弹出的菜单中执行【创建传统补间】命令，创建"瓢虫"沿路径运动的补间动画。

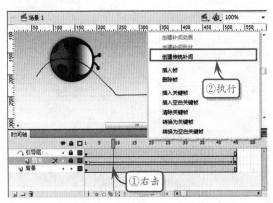

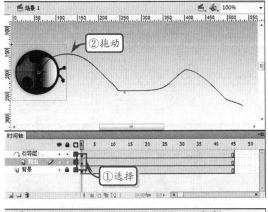

最后按 Ctrl+Enter 组合键，即可预览"瓢虫"沿指定路径移动的补间动画。

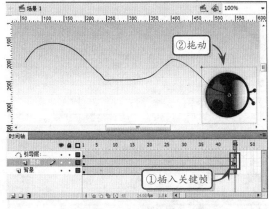

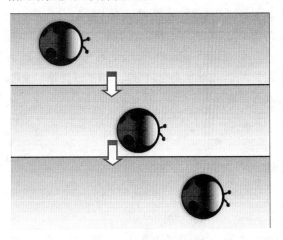

9.4 遮罩动画

遮罩动画是一种特殊的 Flash 动画类型。在制作遮罩动画时，需要在动画图层上创建一个遮罩层，然后在遮罩层中绘制各种矢量图形，并保证为分离状态。当播放动画时，只有被遮罩层遮住的内容才会显示，而其他部分将被隐藏起来。

1．制作普通遮罩动画

普通遮罩动画是指通过遮罩层显示的动画。在这些动画中，遮罩层是静止的，遮罩层下方的被遮罩层则是运动的。

制作遮罩动画，既可以用普通补间动画，也可以用传统补间动画。例如，通过普通补间动画制作场景自右向左平移的动画，作为遮罩动画的动画部分。

导入素材

补间路径

隐藏动画所在的图层，然后通过新建图层为影片添加背景、显示动画的元素等内容。

新建"遮罩"图层，在图层中绘制一个圆形作为遮罩图形，并将其移动到动画上方。

在"遮罩"图层的名称上方右击，执行【遮罩层】命令，Flash 将自动把其下方的"图像"图层加入到遮罩的范围中，完成动画制作。

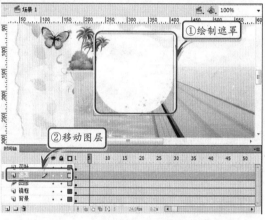

①绘制遮罩

②移动图层

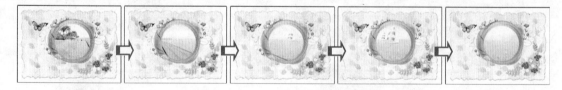

2．制作遮罩层动画

遮罩层动画是指在遮罩层中发生的动画。即根据遮罩图形本身的动作而实现的动画。遮罩层动画的应用非常广泛，网页中的各种水波荡漾、百叶窗等效果都是通过遮罩层动画实现的。

导入素材

> **提示**
>
> 与普通遮罩动画类似，遮罩层动画同样既可以使用普通补间动画，也可以使用传统补间动画。

制作遮罩层动画之前，首先需要在 Flash 文档中导入遮罩层动画的背景图像。

在图像所在图层上方新建一个图层，并在舞台中绘制一个用于遮罩的六边形。

> **提示**
>
> 遮罩层动画中遮罩层以补间形状动画居多。事实上遮罩层动画也可以用传统补间动画和普通补间动画来制作。

分别为"cover"和"building"两个图层插入普通帧，用于制作补间动画。在"cover"图层的最后 1 帧处右击，执行【转换为关键帧】命令，将其转换为关键帧。

在"cover"图层的最后一个关键帧处重新绘制一个矩形，矩形大小与影片的舞台相同，将整个舞台完全覆盖。然后，选择"cover"图层任意一个普通帧，右击执行【创建补间形状】命令。

最后，将"cover"图层转换为遮罩层，完成遮罩层动画的制作。按 Ctrl+Enter 组合键，即可预览效果。

9.5　逐帧动画

用户可以在时间轴中通过更改连续帧中的内容来创建逐帧动画，还可以在舞台中创建移动、缩放、旋转、更改颜色和形状等效果。创建逐帧动画的方法有两种：一种是在时间轴中更改连续帧的内容，另一种是通过导入图像序列来完成，该方法需要导入不同内容的连贯性图像。

下面将通过更改连续帧中的内容创建逐帧动画。新建空白文档，将素材矢量图像导入到舞台中。在图层的第 2 帧处插入关键帧，修改人物腿部的姿势。使用相同的方法，在第 3 帧和第 4 帧处分别插入关键帧，并继续修改腿部的姿势，使其呈现跑步的连续动作。修改完成后，执行【控制】|【测试影片】命令即可预览动画效果。

9.6　练习：制作网页时尚广告 1

练习要点

- 矩形工具
- 填充工具
- 文本工具
- 创建补间动画
- 创建补间形状
- 设置透明度

提示

通过【文档设置】对话框还可以定义文档的标尺单位、背景颜色和帧频。

提示

在【转换为元件】对话框中，通过【类型】下拉列表，还可以创建影片剪辑和按钮类型的元件。

提示

在"背景"图层中，选择并右击第 175 帧，在弹出的菜单中执行【插入帧】命令，即可延长该图层的帧数。

Flash 动画广告是网页广告中的一种常见形式，它具有多样化的表现手法，可以更加形象、真实地反映出广告的主题。由于 Flash 动画广告具有较高的观赏性，因此受到广大网民的喜爱。本练习将制作一个简单的网页广告动画。

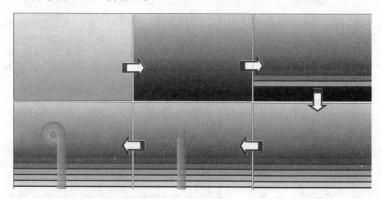

操作步骤 ▶▶▶▶

STEP|01 新建文档，右击舞台，执行【文档属性】命令，在【文档设置】对话框中设置【尺寸】为"550 像素×400 像素"。然后，单击工具面板中的【矩形工具】按钮，在舞台中绘制一个任意填充颜色的矩形，该矩形的大小与舞台相同。

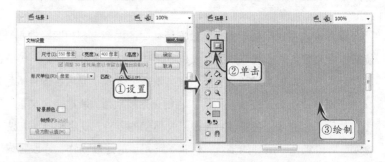

STEP|02 选择该矩形，执行【修改】|【转换为元件】命令，在弹出

的对话框中将其转换为名称为"背景"的图形元件。然后，右击该图层的第 1 帧，执行【创建补间动画】命令创建补间动画，并在第 175帧处插入普通帧，以延长该图层的帧数至 175。

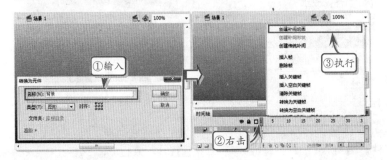

STEP|03 选择第 1 帧，在【属性】检查器中的【色彩效果】选项卡中设置"背景"图形元件的 Alpha 值为"50%"。然后选择第 20 帧，更改其 Alpha 值为"100%"。

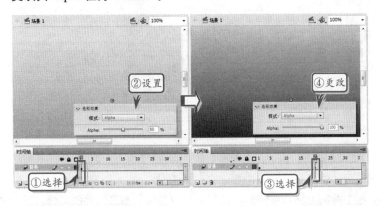

STEP|04 新建"透明条"图层，在第 20 帧处插入关键帧，使用矩形工具在舞台中绘制一个白色的矩形，并将其转换为"透明条"图形元件。然后，在【属性】检查器中设置其 Alpha 值为"7%"。

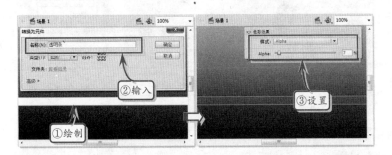

STEP|05 在第 25 帧处插入关键帧，复制该"透明条"图形元件，并向下移动，在【属性】检查器中设置其 Alpha 值为"24%"。然后分别在第 30、35、40、45 帧处插入关键帧，每个关键帧中递增一个图形元件，并设置 Alpha 透明度分别为 50%、60%、75% 和 100%。

技巧

在时间轴上选择帧，即可选择该帧所代表时刻舞台上出现的所有对象。

技巧

在【色彩效果】选项卡的【样式】下拉列表中选择 Alpha 选项，即可在显示的文本框中设置 Alpha 透明度。

提示

绘制的矩形高度为20px，其宽度等于或大于舞台的宽度即可。

提示

在第 30 帧处出现了 3个图形元件，Alpha 透明度分别为 7%、24% 和50%；在第 35 帧处出现了 4 个图形元件，Alpha透明度分别为 7%、24%、50% 和 60%；依此类推。

技巧

选择图形元件，按 Ctrl+D 组合键，可以直接创建该元件的副本。

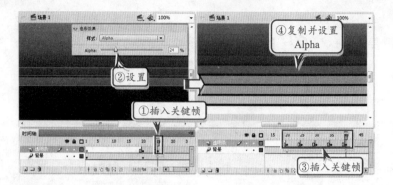

提示

打开的外部【库】面板
与【库】面板的使用方
法相同，选择列表中的
元件，将其拖入到舞台
中即可使用。

STEP|06 新建"花纹"图层，在第 55 帧处插入关键帧。执行【文
件】|【导入】|【打开外部库】命令，打开"素材.fla"文档，将"花
纹"图形元件拖入到舞台中。然后设置其他色彩效果。

提示

选择矩形形状，单击工
具面板中的【任意变形
工具】按钮，将鼠标移
动到矩形上边缘的控制
点，当光标变成上下箭
头时，单击并向上拖动
鼠标即可向上延伸该矩
形形状。

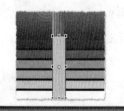

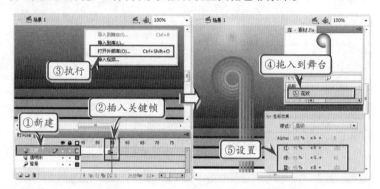

STEP|07 新建"遮罩层"图层，在第 55 帧处插入关键帧，在"花纹"
图形元件的底部绘制一个矩形。在第 75 帧处插入关键帧，使用任意
变形工具向上拖动该矩形，使其覆盖"花纹"图形元件的部分区域。
然后右击第 55 帧和第 75 帧之间的任意一帧，执行【创建补间形状】
命令创建补间形状动画。

提示

单击工具面板中的【基
本椭圆工具】按钮，在
舞台中只能绘制一个圆
形。然后，使用选择工
具单击并沿顺时针方向
拖动控制点，即可将圆
形变换为扇形。

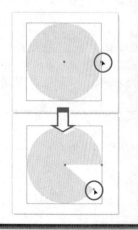

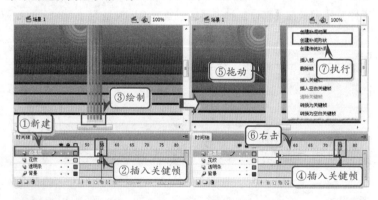

STEP|08 在第 76 帧处插入关键帧，使用基本椭圆工具在"花纹"
图形元件的圆形位置处绘制一个扇形。在第 77 帧处插入关键帧，使
用选择工具沿逆时针方向扩大该扇形区域。使用相同的方法，在第
78~90 帧处插入关键帧，并逐步扩大该扇形区域，直到覆盖整个"花

纹"图形元件。最后，将这些关键帧中的扇形全部打散成形状。

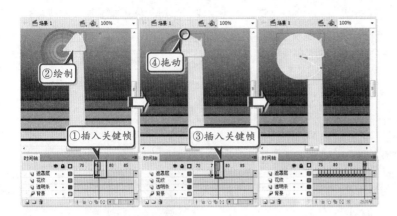

> **提示**
>
> 选择舞台中的扇形，执行【修改】|【分离】命令，即可将图形打散。

STEP|09 在时间轴中右击"遮罩层"图层，在弹出的菜单中执行【遮罩层】命令，将其转换为遮罩层。这样通过遮罩层中的形状变化，可以逐步显示被遮罩层中的"花纹"图形元件。

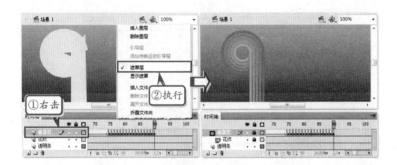

9.7 练习：制作网页时尚广告2

　　在上一个练习中已经制作了网页时尚广告的开场部分，包括背景渐显、修饰线条逐行显示等。本练习将继续制作网页时尚广告的内容部分，包括椰树修饰图形的逐渐显示、文字的显现等动画。

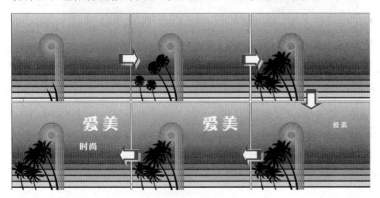

> **练习要点**
>
> ● 变形图形
> ● 创建遮罩动画
> ● 创建补间动画
> ● 设置缓动
> ● 输入文字
> ● 设置文字属性

<table>
<tr><td>

提示

在第 30 帧处插入关键帧，使用任意变形工具将矩形变形为树杆的开关，以覆盖整个树杆。

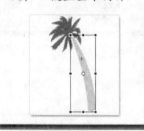

</td></tr>
</table>

操作步骤 ▶▶▶▶

STEP|01 打开外部【库】面板，将"椰树"影片剪辑拖入到【库】面板，双击该影片剪辑进入编辑环境。然后，在图层 1 的第 50 帧处插入普通帧。

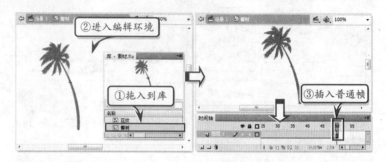

提示

选择舞台中的圆形，单击工具面板中的【任意变形工具】按钮，按住 Shift+Alt 组合键不放，同时拖动控制点，即可以圆心为中心点向四周扩大。

STEP|02 新建图层，使用矩形工具在"椰树"的底部绘制一个矩形，并通过选择工具调整其形状。然后，第 1 帧至第 30 帧之间创建补间形状动画，使其从下至上逐渐遮挡椰树的树杆部分。

提示

选择圆形，执行【修改】|【分离】命令，将圆形打散。

STEP|03 在第 31 帧处插入关键帧，使用基本椭圆工具在"椰树"的树叶部分绘制一个小圆形。然后在第 32 帧至第 42 帧之间，通过逐帧动画的方式，制作圆形逐渐变大的动画。最后将所有圆形打散。

提示

右击第 50 帧，在弹出的菜单中执行【动作】命令，即可打开【动作-帧】面板。

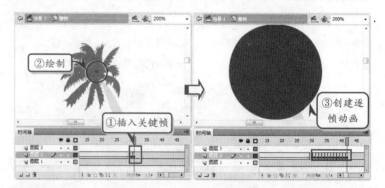

提示

将播放头移动到第 50 帧处时，将会执行 stop() 命令，使动画停止播放。

STEP|04 右击图层 2，在弹出的菜单中执行【遮罩层】命令，将该图层转换为遮罩层。新建图层，在第 50 帧处插入关键帧，打开【动作-帧】面板，输入停止动画命令 "stop();"。

提示

在舞台顶部的命令栏中单击"场景 1"文字，即可返回到场景 1。

STEP|05 返回场景 1。新建"椰树"图层，在第 95 帧处插入关键帧，将"椰树"影片剪辑拖动到"花纹"图形元件的底部。然后通过复制创建 3 个影片剪辑副本，并使用任意变形工具调整其大小和角度。

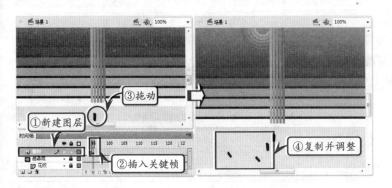

提示

输入文字后，在【属性】检查器中设置【系列】为"方正粗活意简体"，【大小】为"20 点"，【字母间距】为 3，【颜色】为"白色"。

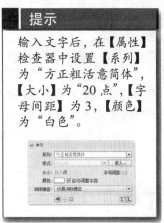

STEP|06 新建"文字 1"图层，在第 145 帧处插入关键帧，在舞台的右上角输入"爱美"文字。创建补间动画，选择第 150 帧并通过【变形】面板将文字缩放为"400%"。

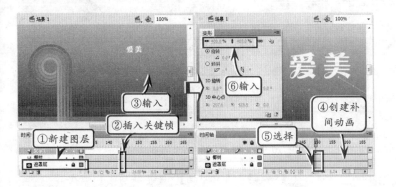

提示

在【属性】检查器中设置"时尚 Show"的【系列】为"方正粗活意简体"，【大小】为"40 点"，【字母间距】为 3，【颜色】分别为"白色"和"红色"。

STEP|07 新建"文字 2"图层，在第 155 帧处插入关键帧，在舞台的右侧输入"时尚 Show"文字。创建补间动画，选择第 175 帧并将文字移动到舞台中，在【属性】检查器中设置补间的【缓动】为"100输出"。然后新建图层，在最后 1 帧处插入关键帧，并在【动作-帧】面板中输入停止命令"stop();"。

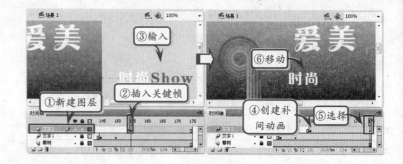

9.8 高手答疑

Q&A

问题 1： 在创建传统补间动画的过程中，在结束帧处可以对元件执行哪些操作？

解答： 在结束关键帧处选择舞台中的元件，可以执行以下操作。

- 将元件移动到新的位置。
- 修改元件的大小、旋转或倾斜等属性。

- 修改元件的颜色（仅限实例和文本块）。

> **提示**
>
> 如果要补间除实例和文本块以外的元素的颜色，可以使用补间形状。

Q&A

问题 2： 如何制作补间旋转动画？

解答： 首先创建补间动画，然后选择任意一个补间帧，在【属性】检查器中的【旋转】下拉列表中选择旋转的方向，并在其右面输入旋转的次数。

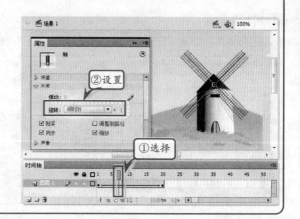

Q&A

问题 3： 如何复制粘贴传统补间动画的属性？

解答： 使用【粘贴动画】命令可复制传统补间，并且可只粘贴要应用于其他对象的特定属性。

在包含要复制属性的传统补间中选择帧。所选的帧必须位于同一图层上，但它们的范围不必只限于一个传统补间，可选择一个补间、若干空白帧或者两个或更多补间。然后，执行

【编辑】|【时间轴】|【复制动画】命令。

选择接收所复制的传统补间的元件实例。然后，执行【编辑】|【时间轴】|【选择性粘贴动画】命令，在弹出的对话框中选择要粘贴到该元件实例中的特定传统补间属性。

在【粘贴特殊动作】对话框中，传统补间属性包括以下几种。

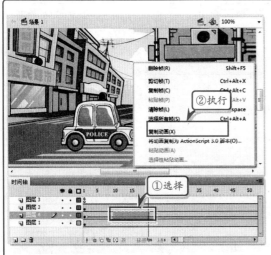

- **X 位置**　指定对象在 x 方向上移动的距离。

- **Y 位置**　指定对象在 y 方向上移动的距离。

- **水平缩放**　指定在水平方向(X)上对象的当前大小与其自然大小的比值。

- **垂直缩放**　指定在垂直方向(Y)上对象的当前大小与其自然大小的比值。

- **旋转与倾斜**　设置对象的旋转和倾斜。必须将这两个属性同时应用于对象。倾斜是旋转度量(以度为单位),同时应用旋转和倾斜时,这两个属性会相互影响。

- **颜色**　所有颜色值(如"色调"、"亮度"和 Alpha)都会应用于对象。

- **滤镜**　应用所选范围的所有滤镜值和更改。如果对对象应用了滤镜,则会粘贴该滤镜(不改动其任何值),并且它的状态(启用或禁用)也将应用于新的对象。

- **混合模式**　应用对象的混合模式。

- **覆盖目标缩放属性**　如果未启用,则指定相对于目标对象粘贴所有属性。如果启用,此选项将覆盖目标的缩放属性。

- **覆盖目标旋转与倾斜属性**　如果未启用,则指定相对于目标对象粘贴所有属性。如果启用,所粘贴的属性将覆盖对象的现有旋转和缩放属性。

Q&A

问题 4：默认情况下,Flash 的舞台只显示 1 帧的内容,那么如何在 1 帧中同时显示多帧内容?

解答：通常情况下,在某个时间舞台上仅显示动画序列的一个帧。为便于定位和编辑逐帧动画,可以在舞台上一次查看两个或更多的帧,单击时间轴底部的【绘图纸外观】按钮即可。

在"起始绘图纸外观"和"结束绘图纸外观"标记(在时间轴标题中)之间的所有帧被重叠为窗口中的一个帧。

如果想要将具有绘图纸外观的帧显示为轮廓,可以单击【绘图纸外观轮廓】按钮。

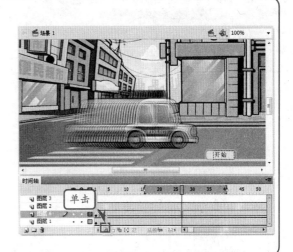

提示

播放头下面的帧用全彩色显示，但是其余的帧是暗淡的，看起来就好像每个帧是画在一张半透明的绘图纸上，而且这些绘图纸相互重叠在一起。

如果要编辑绘图纸外观标记之间的所有帧，可以单击【编辑多个帧】按钮。绘图纸外观通常只允许编辑当前帧。但是，可以显示绘图纸外观标记之间每个帧的内容，并且无论哪一个帧为当前帧，都可以让每个帧可供编辑。

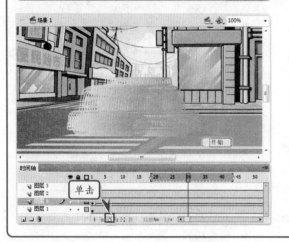

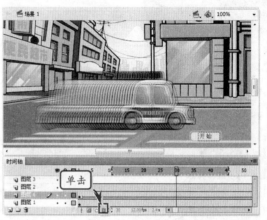

Q&A

问题 5：如何更改绘图纸外观标记的显示？

解答： 单击时间轴底部的【修改绘图纸标记】按钮，在弹出的菜单中可以选择任意一项，即可更改绘图纸外观标记的显示。

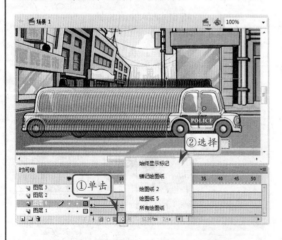

在弹出的菜单中，各个选项的含义如下。

- **始终显示标记** 不管绘图纸外观是否打开，都会在时间轴标题中显示绘图纸外观标记。

- **锚记绘图纸** 将绘图纸外观标记锁定在它们在时间轴标题中的当前位置。

提示

通常情况下，绘图纸外观范围是和当前帧指针以及绘图纸外观标记相关的。通过锚记绘图纸外观标记，可以防止它们随当前帧指针移动。

- **绘图纸 2** 在当前帧的两边各显示两个帧。

- **绘图纸 5** 在当前帧的两边各显示 5 个帧。

- **所有绘图纸** 在当前帧的两边显示所有帧。

10 补间动画设计

Flash 支持两种不同类型的补间以创建动画。除了前面介绍的传统补间外，还有补间动画，其功能强大且易于创建。通过补间动画可对补间的动画进行最大程度的控制，包括 2D 旋转、3DZ 位置、3DX、Y、Z 旋转等。

本章将介绍 Flash 补间动作动画的制作方法，动画编辑器的使用方法，和更改运动路径对动画进行高级编辑的知识。

10.1 补间动作动画

在 Flash CS5 中，用户可以用简便的方式创建和编辑丰富的动画。同时，还可以以可视化的方式编辑动画。

补间动画以元件对象为核心，一切补间的动作都是基于元件的。因此，在创建补间动画之前，首先要在舞台中创建元件，作为起始关键帧中的内容。

例如，新建"瓢虫"图层，将"瓢虫"素材图像拖入到舞台中，并将其转换为影片剪辑元件。

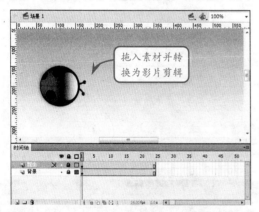

拖入素材并转换为影片剪辑

提示

在创建补间动作动画之前，必须将对象转换为元件。

右击第 1 帧，在弹出的菜单中执行【创建补间动画】命令。此时，Flash 将包含补间对象的图层转换为补间图层，并在该图层中创建补间范围。

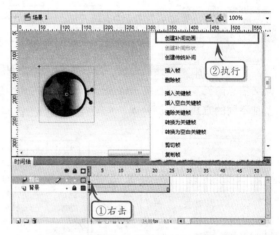

①右击 ②执行

右击补间范围内的最后一帧，执行【插入关键帧】|【位置】命令，在补间范围内插入一个菱形的属性关键帧。然后，将对象拖动至舞台的右侧，并显示补间动画的运动路径。

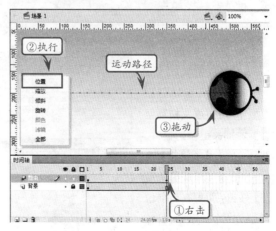

②执行　运动路径　③拖动　①右击

最后按 Ctrl+Enter 组合键，即可预览"瓢虫"从左边爬到右边的补间动画。

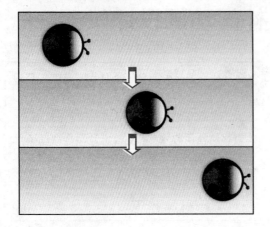

当然，也可以在单个帧中定义多个属性，而每个属性都会驻留在该帧中。其中，属性关键帧包含的各个属性说明如下所示。

- **位置** 对象的 x 坐标或 y 坐标。
- **缩放** 对象的宽度或高度。
- **倾斜** 倾斜对象的 x 轴或 y 轴。
- **旋转** 以 x、y 和 z 轴为中心旋转。
- **颜色** 颜色效果，包括亮度、色调、Alpha 透明度和高级颜色设置等。
- **滤镜** 所有滤镜属性，包括阴影、发光、斜角等。
- **全部** 应用以上所有属性。

10.2 动画编辑器

通过【动画编辑器】面板，可以查看所有补间属性及其属性关键帧，它还提供了向补间添加精度和详细信息的工具。动画编辑器显示当前选定的补间的属性，在时间轴中创建补间后，动画编辑器允许以多种不同的方式来控制补间。

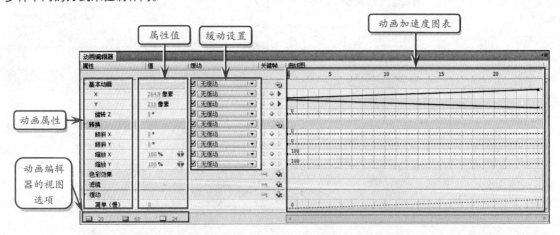

- **添加和删除属性关键帧**

在【动画编辑器】面板中，将播放头拖动至想要添加关键帧的位置。然后，单击【关键帧】选项中的【添加或删除关键帧】按钮，即可在当前位置添加一个关键帧，且该

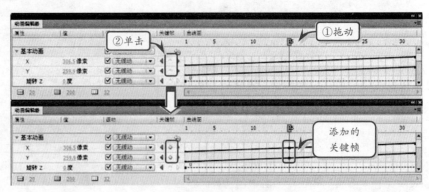

按钮显示为一个黄色的菱形图标。

如果想要删除某一个关键帧，首先将播放头拖动至该关键帧的位置。然后，单击【关键帧】选项中的【添加或删除关键帧】按钮，即可删除当前位置的关键帧，且该按钮图标还原为默认的尖三角图标。

> **提示**
>
> 在【动画编辑器】面板中添加或删除关键帧，【时间轴】面板中也会发生相应的变化。

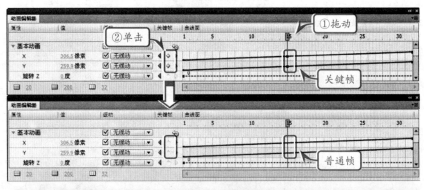

● **移动属性关键帧**

如果想要将属性关键帧移动至补间内其他帧处，只需要在 X 或 Y 轴曲线中选择该关键帧的节点，然后向左或向右拖动至目标位置即可。可以发现，无论移动 X 轴还是 Y 轴中的关键帧节点，另一轴中的关键帧节点也将随之发生改变。

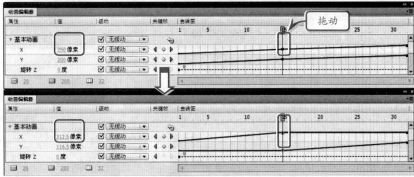

● **改变元件实例位置**

通过调节 X 或 Y 轴曲线中关键帧节点的垂直位置，可以改变该关键帧处元件实例的位置。

选择 X 或 Y 轴曲线中的关键帧节点，并沿

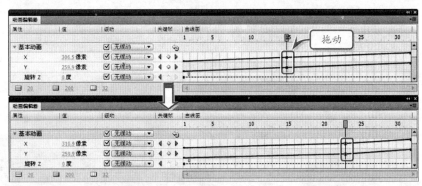

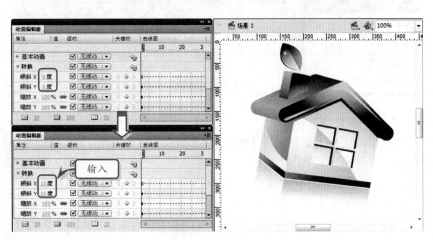

垂直方向向上或向下拖动，即可改变该关键帧中元件实例的 X 坐标和 Y 坐标。

● 转换元件实例形状

在【动画编辑器】面板中可以更改元件实例的倾斜角度和缩放比例。

单击【转换】选项左侧的小三角形按钮，使其显示出【倾斜】子选项。然后，在【倾斜 X】和【倾斜 Y】选项的右侧输入度数，或者向上或向下拖动曲线图中的关键帧节点，即可改变元件实例的倾斜角度。

使用同样的方法，在【缩放 X】和【缩放 Y】选项的右侧输入百分比，或者向上或向下拖动曲线图中中关键帧节点，即可改变元件实例的缩放百分比。

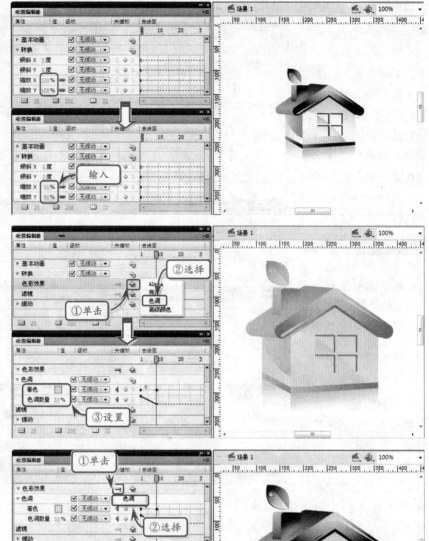

提示

在默认情况下，曲线图中只显示补间范围内的起始关键帧和结束关键帧。

● 添加和删除色彩效果

在【动画编辑器】面板的【色彩效果】选项中，可以为元件实例调整 Alpha、亮度、色调和高级颜色。

单击【色彩效果】选项右侧的加号按钮，在弹出的菜单中选择想要更改的选项（如色调），然后在出现的列表中设置着色颜色和色调数量。

如果想要删除已经添加的色彩效果，则可以单击【色彩效果】选项右侧的减号按钮，在弹出的菜单

中选择相应的选项（如
已经添加的色调）即可。

● **添加和删除滤**
镜效果

除了可以在【属性】
面板中为元件实例添加
滤镜效果外，还可以在
【动画编辑器】面板中
添加。

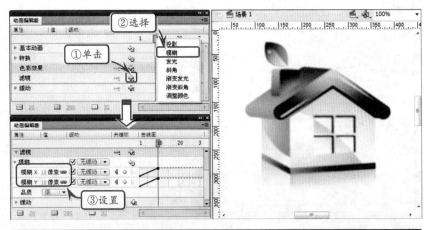

单击【滤镜】选项
右侧的【添加滤镜】按
钮，在弹出的菜单中选
择任意一个滤镜效果
（如模糊）选项，即可为
元件实例添加模糊滤镜
效果。使用相同的方法，
可以为元件实例同时添
加多个滤镜效果。

单击【滤镜】选项
右侧的【删除滤镜】按钮，在弹出的菜单中选择相应的滤镜选项（如已经添加的模糊滤镜），即可为元
件实例删除该滤镜效果。

● **为补间添加缓动效果**

为补间动画添加缓动效果，可以改变补间中元件实例的运动加速度，使其运动过程更加逼真。

在【缓动】下拉菜单中，已预置有"简单（慢）"的缓动效果，并提供了缓动的强度百分比。除此
之外，用户还可单击【添加缓动】按钮，在弹出的菜单中选择其他类型的缓动效果。

10.3 更改运动路径

早期的 Flash 版本不允许用户编辑补间动画的
运动路径，只能按照直线轨迹运动。如果希望补间
动画以曲线轨迹运动，则必须使用引导线。

在 Flash CS5 中，补间动画的运动路径以辅助
线的形式显示了出来，并允许用户使用选择工具对
其进行修改。

在【时间轴】面板中选择补间动画，然后在舞
台中查看补间动画的运动路径。单击【选择工具】
按钮，将鼠标移动至运动路径上方，当鼠标光
标切换为 时，即可拖动补间动画的运动路径。

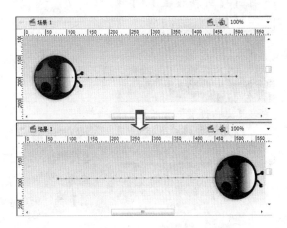

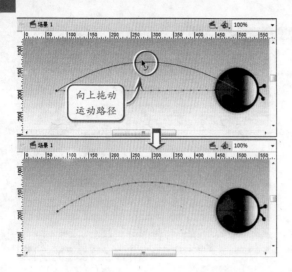

10.4 练习：制作网站进入动画 1

练习要点

- 椭圆工具
- 文本工具
- 创建补间动画
- 设置透明度
- 设置动画缓动
- 模糊滤镜

提示

在文档中，执行【修改】|【文档】命令，也可以打开【文档设置】对话框。

提示

在【文档设置】对话框，可以定义文档中数值的单位。

在某些个性化的网站中，通常会在进入网站之前播放一个进入动画。多数进入动画都是以 Flash 技术制作而成，它可以在用户等待网站加载时吸引其注意力，提高网站的交互性。本练习将制作一个家居网站的进入动画。

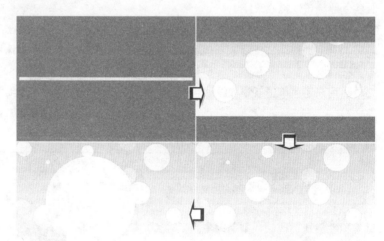

操作步骤 ▶▶▶▶

STEP|01 新建文档，右击舞台，在弹出的菜单中执行【文档属性】命令，打开【文档设置】对话框。然后，在该对话框中设置舞台【尺寸】为"950 像素×650 像素"，【背景颜色】为"灰色"（#999999）。

STEP|02 单击工具面板中的【矩形工具】按钮 🔲，绘制一个与舞台大小相同的矩形。打开【颜色】面板，在【颜色类型】下拉列表中选择"线性渐变"选项，并在底部设置灰白渐变。然后，使用颜料桶工具为矩形填充从上至下的灰白渐变。

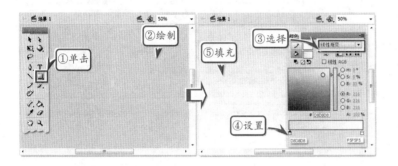

STEP|03 选择该图层的第 110 帧，插入普通帧。执行【插入】|【新建元件】命令，在打开的【创建新元件】对话框中【名称】选项右侧的文本框中输入"圆形"，在元件【类型】下拉列表中选择"影片剪辑"选项。然后，进入影片剪辑的编辑环境，单击工具面板中的【椭圆工具】按钮 ◯，在舞台中绘制一个白色（#ffffff）的圆形。

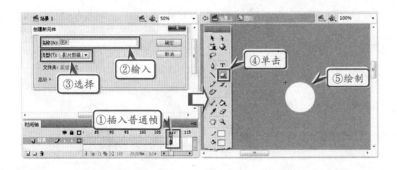

STEP|04 使用相同的方法，新建"圆形动画"影片剪辑。进入该影片剪辑的编辑环境，将"圆形"影片剪辑从【库】面板拖入到舞台中，在第 50 帧处插入帧并创建补间动画。然后选择第 1 帧，在【属性】检查器的【滤镜】选项中单击【新建滤镜】按钮 🛒，在弹出的菜单中执行【发光】命令，并设置发光【颜色】为"灰色"（#cccccc）。

提示

执行【窗口】|【颜色】命令，可以打开【颜色】面板。

提示

在【颜色】面板中，可以选择 4 种颜色类型，即纯色、线性渐变、径向渐变和位图填充。

提示

选择颜料桶工具后，用鼠标单击矩形的顶部，并向下拖动，即可为矩形从上至下填充渐变色。

提示

填充渐变颜色后，可以使用渐变变形工具调整渐变色的范围和角度。

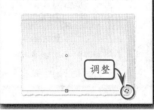

提示

单击编辑栏中的"场景 1"文字，可以返回到场景 1。

提示

执行【窗口】|【变形】命令，可以打开【变形】面板。

提示

在【变形】面板中，由于宽度和高度的缩放比例默认为约束，所以在设置宽度缩放比例的同时，高度缩放比例也会相应改变。

提示

为了使动画的内容表现得更加多元化，所以特别将"圆形"影片剪辑的大小和透明度设置为不同。

提示

在"图形动画 1"图层中，右击任意一个普通帧，在弹出的菜单中执行【创建补间动画】命令，即可创建补间动画。

提示

右击第 45 帧，在弹出的菜单中执行【缩放】命令，即可在该帧处插入"缩放"属性关键帧。

STEP|05 选择第 25 帧，在【属性】检查器的【滤镜】选项中，设置【模糊 X】和【模糊 Y】均为"30 像素"。然后选择第 50 帧，更改发光滤镜的【模糊 X】和【模糊 Y】均为"5 像素"。

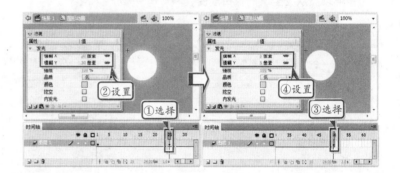

STEP|06 返回场景 1。新建"圆形"图层，将"圆形"影片剪辑拖入到舞台，在【变形】面板中设置缩放宽度和缩放高度均为"150%"；在【属性】检查器的【色彩效果】选项中选择【样式】为 Alpha，并设置其值为"75%"。然后使用相同的方法，在舞台中拖入多个实例，并更改其缩放比例和 Alpha 透明度。

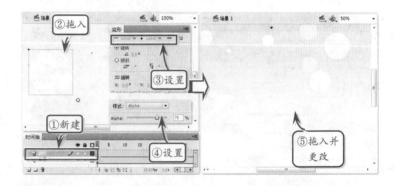

STEP|07 新建"圆形动画 1"图层，将"圆形"影片剪辑拖入到舞台，在【变形】面板中设置其缩放宽度和缩放高度为"165%"；在【属性】检查器中设置其 Alpha 值为"40%"。然后创建补间动画，在第 45 帧处插入"缩放"属性关键帧。

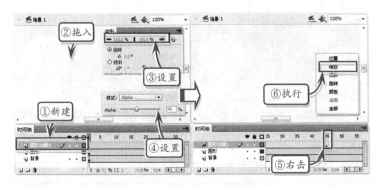

提示

在"圆形动画 2"图层中，"圆形"影片剪辑在第 60 帧处的缩放宽度和缩放高度为"525%"，Alpha 透明度为"100%"。

STEP|08 选择第 60 帧，在【变形】面板中设置"圆形"影片剪辑的缩放宽度和缩放高度为"600%"；在【属性】检查器中设置其 Alpha 值为"85%"。新建"圆形动画 2"图层，使用相同的方法制作另外一个"圆形"影片剪辑逐渐放大的补间动画。

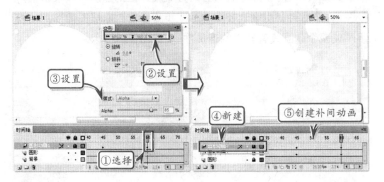

提示

在使用任意变形工具调整矩形时，按住 Alt 键不放，即可同时向左右两个方向拉伸。

STEP|09 新建"遮罩"图层，使用矩形工具在舞台的中间位置绘制一个小矩形。然后在第 20 帧处插入关键帧，使用任意变形工具沿水平方向拉伸该矩形，使其宽度大于舞台的宽度。右击这两关键帧之间的任意一帧，在弹出的菜单中执行【创建补间形状】命令，创建补间形状动画。

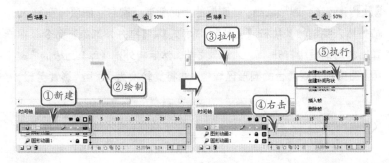

提示

右击普通图层，执行【属性】命令，在弹出的【图层属性】对话框中启用【被遮罩】单选按钮，将其转换为被遮罩图层。

STEP|10 在第 40 帧处插入关键帧，使用任意变形工具的同时按住 Alt 键不放，并向上拖动矩形，使其覆盖整个舞台。在第 20 帧至第 40 帧之间创建补间形状动画。然后，右击"遮罩"图层，在弹出的菜单中执行【遮罩层】命令，将其转换为遮罩图层，并将其他所有图层转换为被遮罩图层。

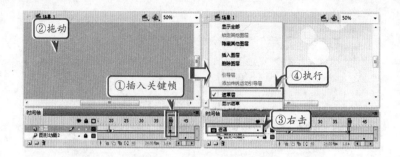

10.5 练习：制作网站进入动画 2

练习要点

- 创建补间动画
- 设置缓动
- 设置 Alpha 透明度
- 设置透明度
- 设置动画缓动
- 输入文本
- 添加发光滤镜

在上一练习中已经制作了网站进入动画的开场，下面将继续制作动画的主要内容。首先通过渐显的方式在指定的圆形区域展示室内背景图像，然后再利用缓动补间动画逐步显示室内家居图像以及动画文字，使整个动画具有较强的连贯性。

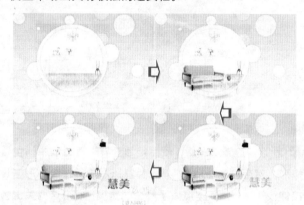

提示

为了方便读者观察，将"遮罩"图层设置为不可见。

操作步骤 ▶▶▶▶

STEP|01 在"圆形动画 2"图层的上面新建"家居"图层，在第 60 帧处插入关键帧。执行【文件】|【导入】|【打开外部库】命令，在弹出的对话框中打开"素材.fla"文档，然后将外部【库】面板的"家居"图像拖入到舞台的圆形区域中，并将其转换为"家居"影片剪辑。

提示

外部【库】面板与【库】面板的使用方法相同，都是选择素材将其拖入到舞台中即可使用。

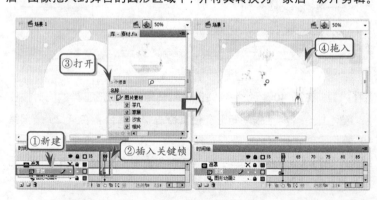

STEP|02 右击第 60 帧，在弹出的菜单中执行【创建补间动画】命令，在【属性】检查器中设置"家居"影片剪辑的 Alpha 值为"10%"。然后，在第 70 帧处插入关键帧，设置影片剪辑的 Alpha 值为"100%"。

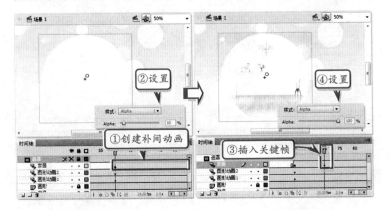

STEP|03 新建"沙发"图层，在第 70 帧处插入关键帧，将"沙发"图像拖入到舞台中，并将其转换为影片剪辑，设置其 Alpha 值为"25%"。然后创建补间动画，选择第 80 帧，将"沙发"影片剪辑向左移动，并设置 Alpha 值为"100%"。

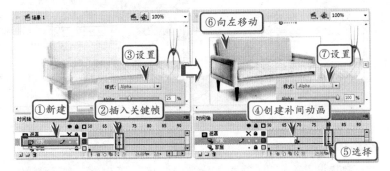

STEP|04 选择补间范围中的任意一帧，在【属性】检查器中设置补间动画的【缓动】为"50 输出"。然后新建"茶几"图层，使用相同的方法制作"茶几"向右渐显的补间动画，并在【属性】检查器中设置【缓动】同样为"50 输出"。

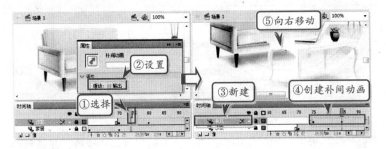

STEP|05 新建"相片"图层，在第 80 帧处插入关键帧，将"相片"图像拖入到舞台中，并转换为影片剪辑，设置其 Alpha 值为"25%"。

提示

在为文字填充渐变色之前，一定要将其分离为图形。

然后创建补间动画，选择第 90 帧，向左移动该影片剪辑，并更改 Alpha 值为"100%"。

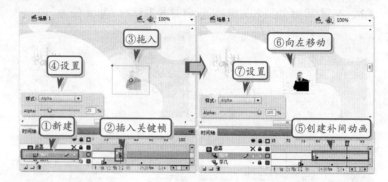

提示

在【属性】检查器中设置慧美文字的【系列】为"方正粗活意简体"，【大小】为"80 点"，【字母间距】为 3。

STEP|06 新建"慧美"图层，在第 85 帧处插入关键帧，在舞台中输入"慧美"文字，并执行【修改】|【分离】命令将其分离成图形。然后，选择颜料桶工具，在【颜色】面板中设置桔红渐变色，并填充文字。

提示

在【颜色】面板的【颜色类型】下拉列表中选择"线性渐变"，然后在下面的色块中添加色标，并设置颜色。

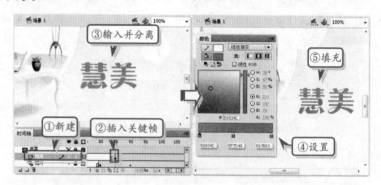

STEP|07 将文字图形转换为影片剪辑，创建补间动画，在【属性】检查器中设置其 Alpha 值为"25%"。然后选择第 95 帧，向下移动该影片剪辑，并更改 Alpha 值为"100%"。

提示

在【属性】检查器中设置"家居"文字的【系列】为"方正粗活意简体"，【大小】为"60 点"，【颜色】为"白色"（#ffffff）。

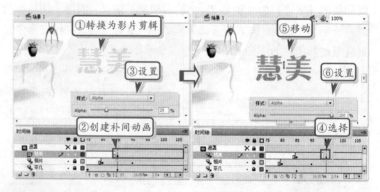

STEP|08 新建"家居"图层，在第 90 帧处插入关键帧，在舞台中输入"家居"文字，并在【属性】检查器中为其添加"发光"滤镜，设置其【颜色】为"灰色（#999999）"。然后创建补间动画，选择第

100 帧，向上移动该文字。

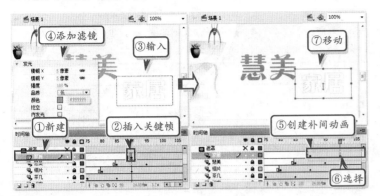

提示

在【属性】检查器中单击底部的【添加滤镜】按钮，在弹出的菜单中执行【发光】命令，即可为所选对象添加发光滤镜。

STEP|09 新建"进入网站"图层，在第 105 帧处插入关键帧，在舞台中输入"进入网站"文本，将其转换为按钮元件，并设置 Alpha 值为"15%"。然后创建补间动画，选择第 110 帧，向上移动该按钮元件，并更改 Alpha 值为"100%"。

提示

将文字转换为按钮元件，可以使鼠标经过该文字时，指针转换为手形。

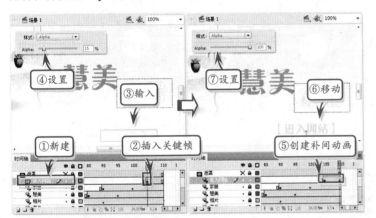

STEP|10 在"遮罩"层上面新建"ActionScript"图层，在最后 1 帧处插入关键帧，打开【动作-帧】面板，并输入停止动画命令"stop();"。

10.6 高手答疑

Q&A

问题 1：可补间的类型包括影片剪辑、图形元件、按钮元件以及文本字段，那么可补间对象的属性都包括哪些？

解答： 在补间动画中，可补间对象的属性如下所示。

● 2D X 和 Y 位置。
● 3D Z 位置。

● 2D 旋转（绕 Z 轴）。
● 3D X、Y 和 Z 旋转（仅限影片剪辑）。

提示

3D 动画要求 FLA 文件在发布设置中面向 ActionScript 3.0 和 Flash Player 10。

- 倾斜 X 和 Y。
- 缩放 X 和 Y。
- 颜色效果，包括 Alpha（透明度）、亮度、色调和高级颜色设置。只能在元件上补

间颜色效果。若要在文本上补间颜色效果，请将文本转换为元件。

- 滤镜属性（不包括应用于图形元件的滤镜）。

Q&A

问题 2：关键帧和属性关键帧之间有什么区别？

解答： 关键帧和属性关键帧的概念有所不同。关键帧是指时间轴中其元件实例首次出现在舞台上的帧；而属性关键帧是指在补间动画的特定时间或帧中定义的属性值。

属性关键帧是在补间范围中为补间目标对象显式定义一个或多个属性值的帧。定义的每个属性都有它自己的属性关键帧。如果在单个帧中设置了多个属性，则其中每个属性的属性关键帧会驻留在该帧中。

Q&A

问题 3：在编辑动画的运动路径时，可以使用哪些方法？

解答： 可使用下列方法编辑补间的运动路径。

- 在补间范围内的任何帧中更改对象的位置。
- 将整个运动路径移到舞台上的其他位置。
- 使用选取、部分选取或任意变形工具更改路径的形状或大小。

- 使用【变形】面板或【属性】检查器更改路径的形状或大小。
- 使用【修改】|【变形】菜单中的命令。
- 使用时间轴和动画。
- 将自定义笔触作为运动路径进行应用。
- 使用动画编辑器。

Q&A

问题 4：在创建非线性运动路径（如圆）时，如何让补间对象沿着该路径移动时进行旋转？

解答： 如果想要使相对于该路径的方向保持不变，可以在【属性】检查器中启用【调整到路径】复选框。

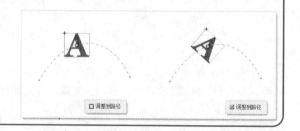

Q&A

问题 5：使用任意变形工具是否可以编辑补间的运动路径？如果可以，如何操作？

解答： 使用任意变形工具可以用来编辑补间动画的运动路径。

单击工具面板中的【任意变形工具】按钮，然后单击补间动画的运动路径，注意不要单击补间目标实例。

使用任意变形工具对运动路径进行缩放、倾斜或旋转等操作。

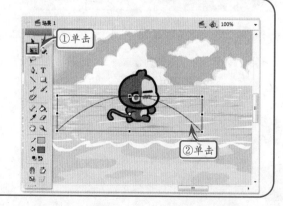

Q&A

问题 6：如何删除补间动画中的运动路径？

解答： 使用选取工具在舞台上单击运动路径，然后按 `Delete` 键即可。

Q&A

问题 7：在补间动画中，如何复制补间范围？

解答： 如果要直接复制某个补间范围，可以在按住 `Alt` 键的同时将该范围拖到时间轴中的新位置，或复制并粘贴该范围。

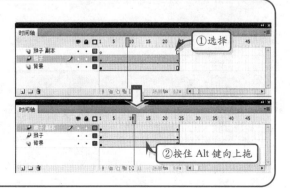

Q&A

问题 8：如果创建的补间动画范围并不符合
要求，那么如何添加或删除其中的
某个或某些帧？

解答：如果要从某个范围内删除帧，在按住 Ctrl
键的同时拖动鼠标，选择帧。然后右击任意帧，
在弹出的菜单中执行【删除帧】命令。

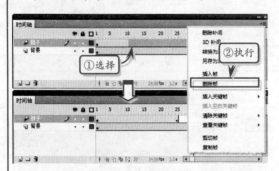

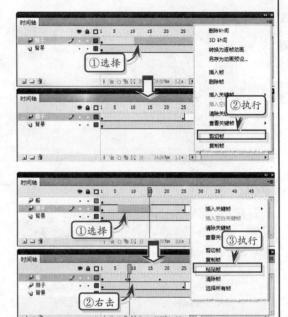

如果要从某个范围内剪切帧，在按住 Ctrl
键的同时拖动鼠标，选择帧。然后，右击任意
一帧，在弹出的菜单中执行【剪切帧】命令。

如果要将帧粘贴到现有的补间范围内，在
按住 Ctrl 键的同时拖动鼠标，选择要替换的帧。
然后右击任意一帧，在弹出的菜单中执行【粘
贴帧】命令。

提示

将整个范围粘贴到另一个范围上将替换整
个第二个范围。

Flash 滤镜技术

在 Flash 中，为了增强动画的视觉效果，可以为图形对象添加各种滤镜效果。Flash 中的滤镜效果，除了具有投影、模糊和发光选项外，还包括调整颜色选项，可以赋予图形对象丰富的视觉效果。本章主要介绍创建各种滤镜效果的方法，以及在滤镜的使用过程中所需注意的问题，从而使读者可以快速掌握滤镜的使用方法，为后期动画视觉效果的制作打好基础。

11.1 Flash 滤镜

滤镜是 Flash 动画中一个重要的组成部分，其作用是为动画添加简单的特效。

Flash 的滤镜与 Photoshop 的滤镜在本质上有所不同。在 Photoshop 中，滤镜的作用对象是图层，一切滤镜特效都是围绕着图层实现的。而在 Flash 中，滤镜的作用对象只能是文本、按钮元件和影片剪辑元件这 3 种。

要使用滤镜功能，首先在舞台上选择文本、按钮或影片剪辑对象，然后进入【属性】检查器的【滤镜】选项卡，单击【添加滤镜】按钮，从弹出的菜单中选择相应的滤镜。

按钮图标	按钮名称	作用
	添加滤镜	单击该按钮，可在弹出的滤镜菜单中为选中的舞台对象添加滤镜
	预设	单击该按钮，可将已修改的滤镜保存为预设滤镜，也可重命名、删除或为舞台对象应用预设滤镜
	剪贴板	单击该按钮，可在弹出的菜单中对滤镜进行复制和粘贴操作
	启用或禁用滤镜	选择滤镜后，可单击该按钮，禁止滤镜显示或允许滤镜显示
	重置滤镜	选择滤镜后，单击该按钮可将已修改的滤镜属性重置为默认属性
	删除滤镜	选择滤镜后，单击该按钮可将滤镜删除

Flash 允许用户为同一个文本、按钮元件或影片剪辑元件应用多个相同或不同的滤镜，以实现复杂的效果。同时允许对某个舞台对象的所有滤镜进行复制或粘贴、删除等操作。

在滤镜菜单中，共包含 7 种效果。根据这些效果可以分为两类，一类是在原对象的基础上直接添加样式，其中有投影、模糊、发光、渐变发光、斜角、渐变斜角滤镜；另一类是通过调整颜色滤镜改变原对象的色调。

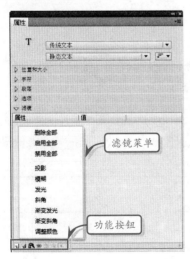

在【滤镜】选项卡的下方包括 6 个按钮，其作用如表所示。

11.2 投影滤镜

投影给人一种目标对象上方有独立光源的印象，它能够模拟对象投影到一个表面的效果。在投影滤镜选项中，用户可以设置【距离】、【角度】和【强度】等，使其产生不同的投影效果。

在添加投影滤镜后，可以在选项卡中设置以下参数。

- **模糊** 该选项用于控制投影的宽度和高度。

- **强度** 该选项用于设置阴影的明暗度，数值越大，阴影就越暗。

- **品质** 该选项用于控制投影的质量级别，设置为"高"则近似于高斯模糊；设置为"低"可以实现最佳的回放性能。

- **颜色** 单击此处的色块，打开【颜色拾取

器】，可以设置阴影的颜色。

- **角度** 该选项用于控制阴影的角度，在其中输入一个值或单击角度选取器并拖动角度盘。

- **距离** 该选项用于控制阴影与对象之间的距离。

- **挖空** 启用此复选框，可以从视觉上隐藏源对象，并在挖空图像上只显示投影。

- **内侧阴影** 启用此复选框，可以在对象边界内应用阴影。

- **隐藏对象** 启用此复选框，可以隐藏对象并只显示其阴影，从而可以更轻松地创建逼真的阴影。

11.3 模糊滤镜

模糊滤镜可以柔化对象的边缘和细节，消除图像的锯齿。将模糊应用于对象，可以让它看起来好像位于其他对象的后面，或者使对象看起来好像是运动的。

模糊滤镜的选项只有 3 种，即【模糊 X】、【模糊 Y】以及【品质】，其作用与投影滤镜中的同名选项相同。

11.4 发光滤镜

使用发光滤镜，可以在对象的周边应用颜色，为当前的对象赋予光晕效果。

添加发光滤镜后，发现其中的参数与投影滤镜参数相似，只是没有【距离】、【角度】等，而其默

认发光颜色为红色。

在参数列表中，唯一不同的是【内发光】选项，当启用该复选框后，即可将外发光效果更改为内发光效果。

11.5　渐变发光滤镜

渐变发光滤镜是发光滤镜的扩展，其可以把渐变色作为发光的颜色，实现多彩的光晕。

渐变发光滤镜的选项比发光滤镜多了两个，包括【类型】和【渐变】。【类型】选项可设置渐变发光的位置，而【渐变】选项则用于设置渐变发光的颜色。

> **提示**
>
> 渐变发光颜色的设置，与【颜色】面板中渐变颜色的设置方法相同。但是渐变发光要求渐变开始处颜色的 Alpha 值为 0，并且不能移动此颜色的位置，但可以改变该颜色。

在渐变发光滤镜中，还可以通过设置【类型】选项更改发光的效果。

11.6　斜角滤镜

斜角滤镜可以向对象应用加亮效果，使其看起来凸出于背景表面。在 Flash 中，此滤镜功能多用于按钮元件。

斜角滤镜的参数在投影滤镜的基础上，添加了【阴影】和【加亮显示】颜色控件。设置这两个颜色控件会得到不同的立体效果。

斜角滤镜的选项大部分与投影滤镜重复，然而有些选项属于斜角滤镜独有，如下所示。

- **加亮显示** 单击右侧的色块，即可打开颜色拾取器，选择为斜角加亮的颜色。
- **类型** 设置斜角滤镜出现的位置，包括内侧、外侧和全部 3 种。

通过【类型】下拉列表中的选项，可以设置为不同的立体效果。

11.7 渐变斜角滤镜

应用渐变斜角可以产生一种凸起效果，使得对象看起来好像从背景上凸起，且斜角表面有渐变颜色。渐变斜角要求渐变中间有一种颜色的 Alpha 值为 0。

渐变斜角滤镜中的参数，只是将斜角滤镜中的【阴影】和【加亮显示】颜色控件，替换为【渐变】控件。所以渐变斜角滤镜的立体效果，是通过渐变颜色来实现的。

11.8 调整颜色滤镜

调整颜色滤镜的作用是设置对象的各种色彩属性，在不破坏对象本身填充色的情况下，转换对象的颜色，以满足动画的需求。

在调整颜色滤镜中，包含有以下 4 个选项，其详细介绍如下。

- **亮度** 调整对象的明亮程度，其值范围是 –100～100，默认值为 0。当亮度为–100

时，对象被显示为全黑色。而当亮度为 100 时，对象被显示为白色。

- **对比度** 调整对象颜色中黑到白的渐变层次，其值范围是–100～100，默认值为 0。对比度越大，从黑到白的渐变层次就越多，色彩越丰富。反之，则会使对象给人一种灰蒙蒙的感觉。

● **饱和度**　调整对象颜色的纯度，其值范围是–100～100，默认值为 0。饱和度越大，色彩越丰富，如饱和度为–100，图像将转换为灰度图。

● **色相**　色彩的相貌，用于调整色彩的光谱，使对象产生不同的色彩，其值范围是–180～180，默认值为 0。例如，原对象为红色，将对象的色相增加 60，即可转换为黄色。

11.9　练习：制作动画导航条 1

Flash 动画可以为网页提供更强的交互性，并应用多种特效，使网页更加美观，更具有动感。在网页中，最常见的 Flash 动画有 3 种，其中动画导航条的应用范围最为广泛，下面就通过补间动画和滤镜制作一个汽车网站的 Flash 动画导航条。

练习要点

● 设置文档属性
● 导入外部图像
● 矩形工具
● 创建补间动画
● 模糊滤镜
● 发光滤镜

提示

右击舞台，在弹出的菜单中执行【文档设置】命令，可以打开【文档设置】对话框。

操作步骤 ▶▶▶▶

STEP|01 新建文档，执行【修改】|【文档】命令，打开【文档设置】对话框。然后，在该对话框中设置【尺寸】为"650 像素×300 像素"，【背景颜色】为"蓝色"（#006699）。

STEP|02 执行【文件】|【导入】|【导入到舞台】命令，在弹出的对话框中打开"BG.png"素材图像，将其导入到舞台，并执行【修改】|【转换为元件】命令，将其转换为"背景"影片剪辑。然后，选择第 200 帧，执行【插入】|【时间轴】|【帧】命令，在该处插入普

提示

按 Ctrl+R 组合键，也可以打开对话框选择要导入到舞台的素材图像。

通帧。

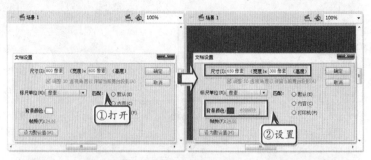

STEP|03 右击任意一普通帧，在弹出的菜单中执行【创建补间动画】命令，创建补间动画。然后选择第 1 帧，在【属性】检查器中设置"背景"影片剪辑的 Alpha 值为"0%"；单击【滤镜】选项底部的【添加滤镜】按钮，在弹出的菜单中执行【模糊】命令，并设置【模糊 X】和【模糊 Y】均为"10 像素"。

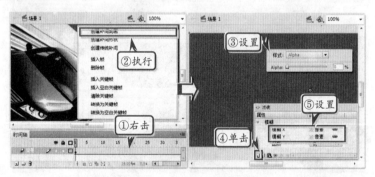

STEP|04 右击第 30 帧，在弹出的菜单中执行【插入关键帧】|【滤镜】命令，在该处插入属性关键帧。然后，在【属性】检查器中更改 Alpha 值为"100%"；模糊滤镜的【模糊 X】和【模糊 Y】为"0 像素"。

STEP|05 新建"汽车资讯-初始"影片剪辑，选择工具面板中的矩形工具，在舞台中绘制一个白色（#ffffff）矩形。然后，选择工具面板中的文本工具，在矩形上面输入"汽车资讯"和"News"文本，并在【属性】检查器中设置字体样式。

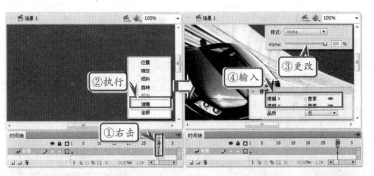

提示

在【属性】检查器中设置"汽车资讯-初始"影片剪辑的 X 和 Y 坐标均为 0。

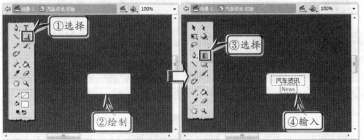

提示

选择矩形工具，打开【颜色】面板，在【颜色类型】下拉列表中选择"线性渐变"选项，并在下面的颜色条中设置两端的颜色分别为#00e770和#64aa20。

STEP|06 新建"汽车资讯-经过"影片剪辑，将"汽车资讯-初始"影片剪辑拖入到舞台中，并在该图层的第 30 帧处插入普通帧。新建"子导航背景"图层，在舞台中绘制一个绿色渐变矩形，并转换为影片剪辑。

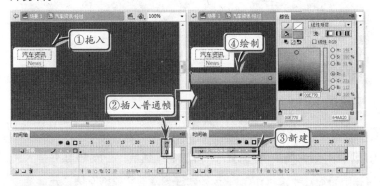

提示

选择"汽车资讯子菜单背景"影片剪辑，在【属性】检查器中单击【添加滤镜】按钮，在弹出的菜单中执行【调整颜色】命令，即可添加"调整颜色"滤镜。

STEP|07 在该图层中创建补间动画。选择第 1 帧，为"汽车资讯子菜单背景"影片剪辑添加"调整颜色"滤镜。然后右击第 30 帧，在菜单中执行【插入关键帧】|【滤镜】命令，插入"滤镜"属性关键帧，在【滤镜】选项中更改【色相】为 50。

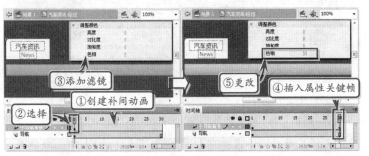

提示

在【属性】检查器中，设置文字的【系列】为"微软雅黑"，【大小】为"14 点"，【颜色】为"白色（#ffffff）"。

STEP|08 新建"子导航文字"图层，使用文本工具在"汽车资讯子菜单背景"影片剪辑的上面输入"新车快递"、"汽车导购"、"汽车评测"等文本，并在【属性】检查器中设置字体样式。然后，新建"ActionScript"图层，在最后 1 帧处插入关键帧，打开【动作-帧】面板，并输入停止动画命令"stop();"。

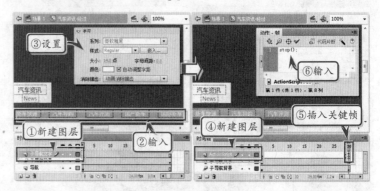

STEP|09 新建"汽车资讯-按钮"按钮元件，将"汽车资讯-初始"影片剪辑拖入到舞台中。然后在【指针经过帧】处插入空白关键帧，将"汽车资讯-经过"影片剪辑拖入到舞台中，使导航文字与【弹起帧】处的导航文字相重叠。

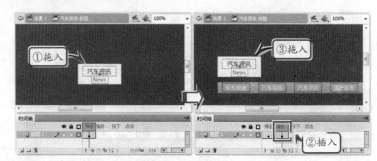

STEP|10 返回场景 1。新建"汽车资讯"图层，在第 30 帧处插入关键帧，将"汽车资讯-按钮"按钮元件拖入到舞台的右侧，并创建补间动画。然后选择该按钮元件，在【属性】检查器的【滤镜】选项中为其添加"发光"滤镜，并设置【颜色】为"灰色（#333333）"。

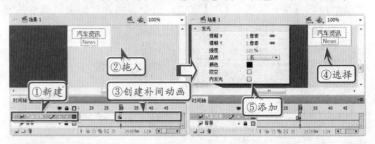

STEP|11 选择第 45 帧，将该按钮元件移动到舞台的上面，并在【属性】检查器中更改发光滤镜的【模糊 X】和【模糊 Y】为"20 像素"。

然后，单击补间范围中的任意一帧，在【属性】检查器中设置补间动画的【缓动】为"100 输出"。

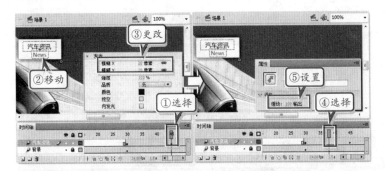

提示

在【库】面板中右击元件，在弹出的菜单中执行【直接复制】命令，复制一个副本，此时打开该副本，修改其文字及导航背景的颜色即可。

STEP|12 通过复制元件功能制作"汽车车型"按钮元件，并修改其中的导航文字和导航背景颜色。然后返回场景 1，新建"汽车车型"图层，在第 45 帧至第 60 帧之间创建按钮元件从舞台右侧向中间移动的补间动画，其动画效果与"汽车资讯"按钮元件相同。

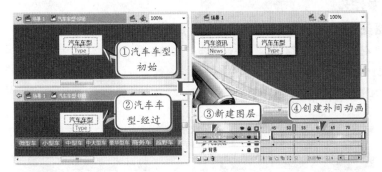

提示

在"汽车车型-初始"影片剪辑中，将文字修改为"汽车车型"；将英文修改为"Type"。

STEP|13 使用相同的方法，新建两个图层，在第 60 帧至第 75 帧和第 75 帧至第 90 帧之间分别制作"汽车报价"和"汽车图赏"导航按钮的补间动画，均是从舞台的右侧向中间移动，且设置【缓动】为"100 输出"。

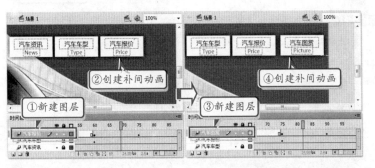

提示

在"汽车车型-经过"影片剪辑中，第 1 帧处导航背景的渐变色从上至下分别设置为#6491ff 和#0066ee，在最后一帧处调整影片剪辑的【色相】为 50。

11.10 练习：制作动画导航条 2

在上一练习中，制作了动画导航条的背景渐显动画，以及导航

提示

绘制矩形后，在【属性】检查器中设置其【宽】为 55，【高】为 5。

提示

右击第 100 帧至第 115 帧之间的任意一帧，在弹出的菜单中执行【创建补间形状】命令，创建补间形状动画。

提示

选择文字后，沿垂直方向向下移动，可以按住 Shift 键的同时按↓键。

提示

在"投影"滤镜中，【距离】表示投影与对象之间的距离，数值越大，距离越远。

项目逐个显示的补间动画。在本练习中将制作快速链接文字和 Banner 文字的显示动画，它们的效果各有特色。

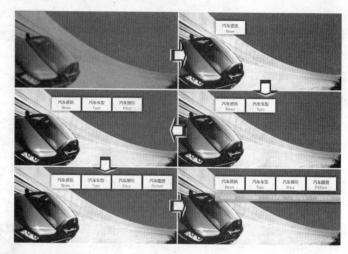

操作步骤 ▶▶▶▶

STEP|01 新建"线条"图层，在第 100 帧处插入关键帧，使用矩形工具在舞台的右侧绘制一个深蓝色（#003366）的矩形。然后，在第 115 帧处插入关键帧，使用任意变形工具向左拉伸该矩形，与导航条的左边线相对齐，并在这两关键帧之间创建补间形状动画。

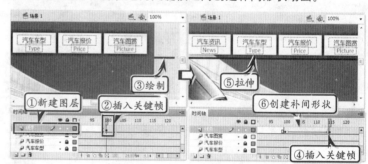

STEP|02 新建"快速链接"图层，在第 120 帧处插入关键帧，使用文本工具在舞台的右上角输入文字，并在【属性】检查器中设置其【系列】为"宋体"，【大小】为"12 点"，【颜色】为"白色"（#ffffff）。然后右击该帧，创建补间动画。

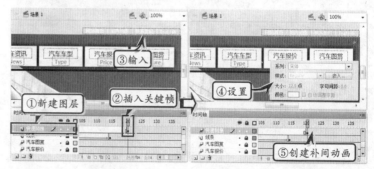

STEP|03 选择舞台上的文字，在【属性】检查器中为其添加"投影" 滤镜，并设置【模糊 X】、【模糊 Y】和【距离】均为"0 像素"。然后选择第 125 帧，向下移动文字，并在【属性】检查器中更改【模糊 X】、【模糊 Y】和【距离】均为"5 像素"。

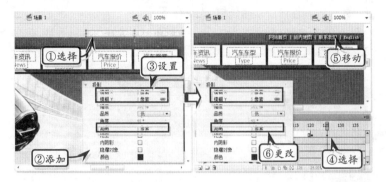

提示

在【属性】检查器中，设置文本的【系列】为"汉仪粗宋简"，【大小】为"40 点"，【颜色】为"白色"（#ffffff）。

STEP|04 新建"文字"图层，在第 140 帧处插入关键帧，在导航条的下面输入"安全·稳定·快速"文本，并在【属性】检查器中设置文本样式。然后，为文本添加"投影"滤镜。

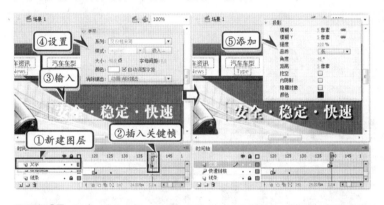

提示

在矩形处于未被选中的状态时，单击【选择工具】按钮将鼠标移动到该矩形的右下角，当指针边上出现一个直角图标时，拖动鼠标即可更改图形的形状。

STEP|05 新建"遮罩"图层，在第 140 帧处插入关键帧，使用矩形工具在文本的左侧绘制一个矩形，并使用选择工具调整矩形的右下角，使其向左偏移。然后，在第 160 帧处插入关键帧，使用任意变形工具更改图形的形状，使其完全遮挡住文字。

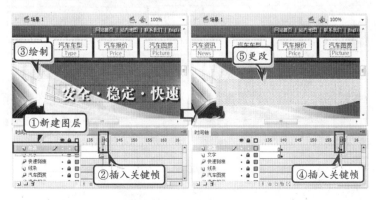

提示

当对矩形使用任意变形工具后，右击图形，在弹出的菜单中执行【封套】或【扭曲】命令，可以进一步更改图形。

STEP|06 右击第 140 帧至第 160 帧之间的任意一帧，在弹出的菜单中执行【创建补间形状】命令，创建补间形状动画。右击该图层，在弹出的菜单中执行【遮罩层】命令，将其转换为遮罩图层。然后新建"ActionScript"图层，在第 200 帧处插入关键帧，打开【动作-帧】面板，并输入停止播放动画代码"stop();"。

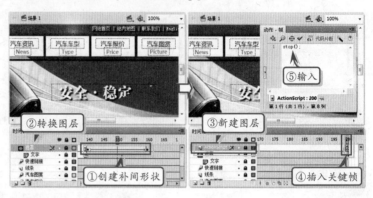

11.11 高手答疑

Q&A

问题 1：在为对象添加滤镜效果时，如何将已经创建好的滤镜应用到其他对象？

解答：首先选择要从中复制滤镜的对象，然后在【滤镜】选项中选择要复制的滤镜名称，并单击【剪贴板】按钮，在弹出的菜单中执行【复制所选】命令。

按钮，在弹出的菜单中执行【粘贴】命令，即可将滤镜应用到新的对象。

选择要应用滤镜的对象，单击【剪贴板】

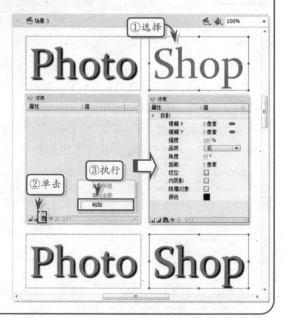

Q&A

问题 2：如何将已经设置好的滤镜另存，以方便以后应用到其他对象上面？

解答： 通过"预设"功能将设置好的滤镜另存为一个新的滤镜，这样可以直接应用到其他对象上面。

　　选择舞台中的对象，单击【滤镜】选项底部的【预设】按钮，执行【另存为】命令，在弹出的【将预设另存为】对话框中输入"蓝色发光"，该文字为新滤镜的名称。

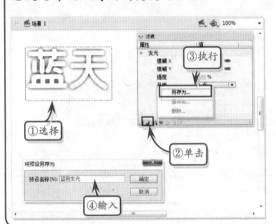

　　选择舞台中一个新的对象，单击【滤镜】选项底部的【预设】按钮，在弹出的菜单中执行【蓝色发光】命令，即可将新滤镜应用到对象上。

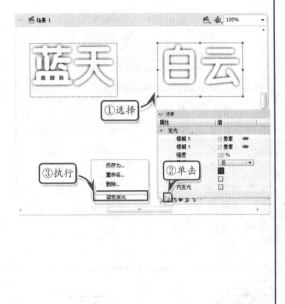

Q&A

问题 3：怎么样删除预设中的滤镜？

解答： 单击【滤镜】选项底部的【预设】按钮，在弹出的菜单中执行【删除】命令，即可打开【删除预设】对话框。

　　在该对话框中选择要删除的滤镜名称，然后单击右侧的【删除】按钮，即可将滤镜删除。

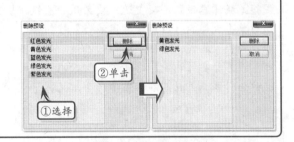

Q&A

问题 4：为了使投影的效果表现得更加真实，是否可以倾斜对象的投影？如果可以，那么将如何操作？

解答： 可以对对象的投影进行倾斜操作。首先复制舞台中的对象，选择对象副本，使用任意变形工具使其倾斜。

　　选择对象的副本，在【滤镜】选项中为其添加"投影"滤镜。

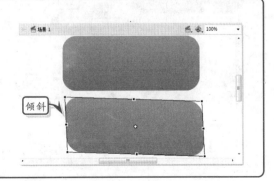

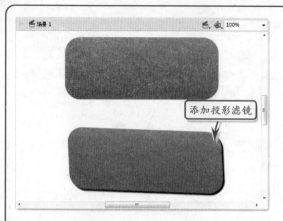

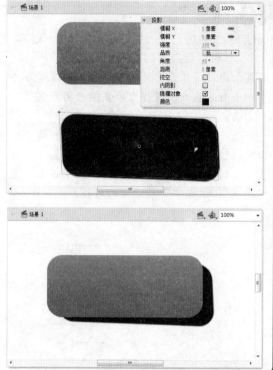

在【滤镜】选项中，启用投影滤镜中的【隐藏对象】复选框，将对象的副本隐藏，但是其投影依然可见。

执行【修改】|【排列】|【下移一层】命令，可将对象副本及其投影放置在原始对象的下面。继续调整投影滤镜的设置和倾斜的角度，直到获得所需效果为止。

Q&A

问题 5： 如何启用或禁用应用于对象的某个滤镜或者所有滤镜？

解答： 在【滤镜】选项中选择要禁用的滤镜，然后单击底部的【启用或禁用滤镜】按钮，即可禁用该滤镜，舞台中对象的滤镜效果将不可见。另外在【滤镜】选项中，被禁用滤镜的名称为斜体，且在其右侧显示一个红叉。

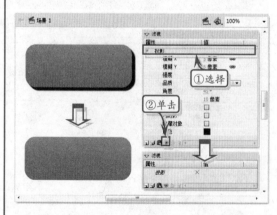

在【滤镜】选项中选择要启用的滤镜，同

样单击底部的【启用或禁用滤镜】按钮，即可重新启用该滤镜，舞台中对象的滤镜效果为可见状态。在【滤镜】选项中，将可以重新定义滤镜的选项。

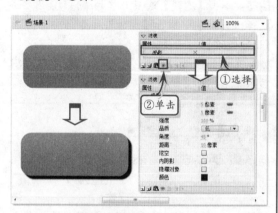

单击【添加滤镜】按钮，然后在弹出的菜单中执行【启用全部】或【禁用全部】命令，可以启用或禁用所有滤镜。

第 3 篇

网页设计基础

12 网站开发流程

随着计算机技术的发展，网页的设计以及网站的开发已经越来越像一个系统的软件开发工程，从前期的策划、工程案例的实施到最后的维护和更新，都需要辅以各种专业的知识。了解这些专业知识，可以帮助用户开发出高质量的网站，同时提高网站开发的效率。

本章将主要介绍网站建设的整体流程，包括网站的策划、制作、维护3个主要步骤，以及网站的结构体系等知识。除此之外，还将介绍 Dreamweaver CS5 软件的相关知识。

12.1 网站策划流程

网站建设是一项由多种专业人员分工协作的工作。因此，在进行网站建设之前，首先应对网站的内容进行策划。

在进行任何商业策划时，都需要以实际的数据作为策划的基础，然后才能根据这些数据进行具体的策划活动。

1．前期调研

在建立网站之前，首先应通过各种调查活动，确定网站的整体规划，并对网站所需要添加的内容进行基本的归纳。

网站策划的调查活动应围绕三个主要方面进行，即用户需求调查、竞争对手情况调查以及企业自身情况调查。

● 用户需求调查

用户需求是企业发布网站服务的核心。企业的一切经营行为都应该围绕用户切实的需求来进行。因此，在网站建设之前，了解用户的需求，根据用户需求确定网站服务内容是必须的。

● 竞争对手情况调查

竞争对手是指与企业所服务的用户群体、服务的项目有交集的其他企业。在企业进行网站服务时，了解竞争对手的状态甚至未来的营销策略，将对企业规划网站服务有很大的帮助。

● 企业自身情况调查

"知己知彼，百战不殆"，企业在进行网上商业

活动时，除了需要了解对手的情况外，还应了解企业自身的情况，包括企业的实际技术水平、资金状况等信息，根据企业自身情况来确定网站服务的规模和项目，做到"量体裁衣"。

2．网站策划

在调查活动完成后，企业还需要对调查的结果进行数据整合与分析，整理所获得的数据，将数据转换为实际的结果，从而定位网站的内容、划分网站的栏目等。同时，还应根据企业自身的技术状况，确定网站所使用的技术方案。

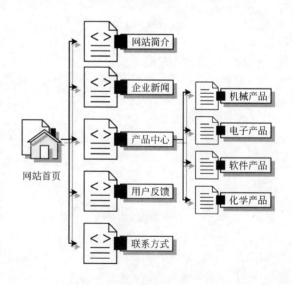

网站的栏目结构划分标准应尽量符合大多数

人理解的习惯。例如，一个典型的企业网站栏目，通常包括企业的简介、新闻、产品，用户的反馈，以及联系方式等。产品栏目还可以再划分子栏目。

在确定网站所使用的技术方案时，应根据企业自身的运营情况和技术能力进行选择。切记符合企业自身情况的技术才是最合适的技术。

12.2　网站制作流程

网站的制作过程主要包括网站的前台界面设计、页面代码编写与后台程序开发两个部分。

1. 前台界面设计

前台设计工作的作用是设计网站的整体色彩风格，绘制网站所使用的图标、按钮、导航等用户界面元素。同时，还要为网站的页面布局，设计网站的整体效果等。

前台界面是直接面向用户的接口，其设计直接决定了网站页面的界面友好程度，决定用户是否能够获得较好的体验。

左图为微软公司开发的必应搜索引擎的界面。相比传统的百度等搜索引擎界面，必应的界面创新地使用了每日更换的精美背景图像，为用户搜索时提供了完美的视觉享受。

除此之外，在必应搜索引擎的页面中，用户可以通过鼠标滑过的方式，查看默认处于隐藏状态的图像介绍信息，使网页的界面更具趣味性。用户单击右下角的箭头后，还可以更换这些背景图像。

2. 页面代码编写

在设计完成网站的界面后，还需要将界面应用到实际的网页中。具体到网站开发中，就是将使用

Photoshop 或 Fireworks 设计的图像转换为网页浏览器可识别的各种代码。

提示

在之前的章节中已介绍过 Photoshop 的切片工具的使用方法。页面代码编写可使用 Dreamweaver，结合 Photoshop 或 Fireworks 的切片功能，将设计的界面图像展示到网页。

3. 后台程序开发

网站的运营以及为用户进行的各种服务，依赖于一个运行稳定、高效的后台程序，以及一个结构合理的数据库系统。

后台程序开发的工作，就是根据前台界面的需求，通过程序代码动态地提供各种服务信息。除此之外，还应提供一个简洁的管理界面，为后期网站的维护打下基础。

网站建设技术的发展十分迅速，企业在建设网站时，往往具有多种技术方案可供选择。例如 Windows Server 操作系统+SQL Server 数据库+ASP.NET 技术，或 Linux 操作系统+MySQL 数据库+PHP 技术等。

常用的后台程序开发语言主要包括 C#、Java、Perl、PHP 这 4 种。其中，C#语言主要用于微软公司 Windows 服务器系统的 ASP.NET 后台程序中；Java 可用于多种服务器操作系统的 JSP 后台程序中；Perl 可用于多种服务器操作系统的 CGI 以及 fast CGI（CGI 的改编版本）后台程序中；PHP 可用于多种服务器操作系统的 PHP 后台程序中。

12.3 网站维护流程

在完成网站的前台界面设计和后台程序开发后，还应对网站进行测试、发布和维护，进一步地完善网站的内容。

1．网站测试

严格的网站测试可以尽可能地避免网站在运营时出现种种问题。这些测试包括测试网站页面链接的有效性，网站文档的完整性、正确性以及后台程序和数据库的稳定性等。

2．网站发布

在完成测试后，即可通过 FTP、SFTP 或 SSH 等文件传输方式，将制作完成的网站上传到服务器中，并开通服务器的网络，使其能够进行各种对外服务。

网站的发布还包括网站的宣传和推广等工作。

使用各种搜索引擎优化工具对网站的内容进行优化，可以提高网站被用户检索的几率，提高网站的访问量。对于绝大多数商业网站而言，访问量就是生命线。

3．网站维护

网站的维护是一项长期而艰巨的工作，包括对服务器的软件、硬件维护，系统升级，数据库优化和更新网站内容等。

用户往往不希望访问更新缓慢的网站，因此，网站的内容要不断地更新。定期对网站界面进行改版也是一种维系用户忠诚度的办法。让用户看到网站的新内容，可以吸引用户继续对网站保持信任和关注。

12.4 网页设计技术

在设计网页时，需要根据 Web 标准化的规范来编写网页中的各种代码。Web 标准化体系是当今设计各种网页所遵循的基本技术规范。了解 Web 标准化体系，有助于提高网页制作的效率，同时提高网页代码的可读性与兼容性。

1．Web 标准化基础

Web 标准化体系是由万维网联盟（World Wide Web Consortium，W3C，一个非赢利性的国际组织）建立的一种规范网页设计的标准集。

基于 Web 标准化体系，网页的设计者可以通过简单的代码，在多种不同的浏览器平台中显示一个统一的页面。

在 Web 标准化体系的范畴中，将所有网页的前台技术归纳为结构、表现与行为 3 个组成部分。Web 标准化体系下的网页页面被看作是一个富含各种媒体数据的数据库系统，其中的文本、图像、图形、动画、音频和视频都被看作是数据库中的

数据。

Web 标准化的 3 个组成部分就是这个数据库系统中的管理工具，其中，结构负责搭建网页的整体数据框架，为各种应用程序提供统一的访问接口；表现负责定义各种结构化数据的具体属性，例如定义各种样式以及添加一些特殊效果等；行为则负责通过脚本程序控制结构和表现，实现与用户的交互。

目前，符合 Web 标准化 3 个组成部分的主要是 XHTML 标记语言、CSS 层叠样式表和 ECMAScript 脚本语言。

2．XHTML 标记语言

XHTML 标记语言是一种发展自 HTML 4.0 和 XML 1.0 等标记语言的结构化标记语言，其可以看作是 HTML 4.0 标记语言的发展和演化，也可以看作是 XML 1.0 标记语言的一个子集。

相比 HTML 4.0 标记语言，XHTML 标记语言

更具有结构化的特色，其摒弃了 HTML 4.0 中各种描述网页标记样式的标签，使得网页文档更加严谨。

在语言的解析方面，W3C 对 XHTML 标签、属性、属性值等内容的书写格式做了严格规范，以提高代码在各种平台下的解析效率。无论是在计算机中，还是在智能手机、PDA 手持计算机和机顶盒等数字设备中，XHTML 文档都可以被方便地浏览和解析。

提示

> 严格的书写规范可以极大地降低代码被浏览器误读的可能性，同时提高文档被判读解析的速度，提高搜索引擎索引网页内容的几率。在 PC 或 MAC 等性能强劲的计算机中，使用 HTML 等旧结构语言，在解析上并不会消耗太多的系统资源。但是对智能手机和 PDA 手持计算机以及数字机顶盒等设备而言，不规范的架构将耗费相当多的系统资源，甚至造成系统崩溃。

3．CSS 层叠样式表

早期的网页完全依靠 HTML 中的描述性标签来实现网页的表现化，设置网页中各种元素的样式。

结构与表现的混合使得各种网页文档越来越臃肿和复杂，降低了网页浏览器对文档的解析效率，同时也使得搜索引擎在检索网页内容时更加困难。

基于这种原因，人们从面向对象的编程语言中引入了类库的概念，通过在网页标签中添加对类库样式的引用，实现样式描述的可重用性，提高代码的效率。这种实现就是 CSS 层叠样式表。

CSS 样式表是一种列表，其中包含了表头、表的内容两个部分。在一个 CSS 样式表文件中，可以包含多条样式的定义信息。网页浏览器可以根据表的表头，建立其与各种网页标签之间的联系，从而根据 CSS 样式表来显示网页的内容。

当前在用的 CSS 样式表版本为 2.0 版，目前已获得绝大多数网页浏览器的支持。

4．ECMAScript 脚本语言

早期的 HTML 网页是完全静态的文档，不具备与用户交互的能力。在 HTML 的一些早期版本中，提供了少量带有交互性质的标签，然而这些标签并不能满足网页交互的需求。

因此，Netscape 公司根据 Java、C++等编程语言，开发出一种全新的脚本语言，即 JavaScript 脚本语言。

JavaScript 是一种面向对象的、基于网页浏览器解析的小型编程语言，其具有短小精悍、简单易学等特性，可帮助程序员快速完成网页程序的编写工作。

基于 Netscape 公司的 JavaScript，ECMA 国际（一个制定国际电工行业技术标准的国际组织）制定了 ECMAScript 脚本语言标准，最终成为 Web 标准化的行为实现。

根据该标准，各软件厂商开发出了多种脚本语言，包括应用于微软 Internet Explorer 的 JScript 和应用于 Flash 中的 ActionScript 等。

5．HTML 5 标记语言

随着 Web 标准化的逐步推进，越来越多的网站开始以标准化的规范制作网页，W3C 开始着手开发下一代的网页标记语言，即 HTML 5 标记语言。

相比当前应用的 XHTML 1.0 标记语言，HTML 5 标记语言新增了多种语义化的网页标签，以规范网页中各种容器的具体意义。同时取消了 HTML 4.01 中一些描述性的标签，使文档更加结构化。

另外，HTML 5 还增加了多种新的标签，允许用户通过简单的语句绘制各种二维矢量图形，同时实现控制播放音频和视频、离线存储数据、在线编辑网页、拖放网页标签等功能。

目前，HTML 5 标记语言的开发设计已到尾声阶段，多种网页浏览器都开始内置对 HTML 5 的支持，包括 Mozilla Firefox、Opera 等。微软公司正在开发的 Internet Explorer 9 也将实现对 HTML 5 的全面支持。

未来的 HTML 5 标记语言将富有更严谨的逻辑，以及强大的多媒体应用功能。与 JavaScript 结合的 HTML 5 标记语言甚至可以像 Flash 一样制作出丰富的动画效果。

12.5 Dreamweaver CS5 简介

Dreamweaver 是由 Macromedia 公司（现被 Adobe System 公司收购）开发的一种基于可视化界面的、带有强大代码编写功能的网页设计与开发软件。

1．Dreamweaver 概述

在互联网发展的早期，网页设计者往往只能依据一些文本编辑软件，例如 Emac、VI 或 Windows 记事本等工具来编写网页。编写网页的过程中，每一行代码都需要手工输入，效率十分低。

随着 Dreamweaver 的发布，人们可以使用可视化的方式编辑网页中的元素，由软件直接生成网页的代码。Dreamweaver 的出现，提高了人们设计网页的效率，降低了代码编写的工作量。

除此之外，Dreamweaver 还是一款优秀的网页代码编辑器，其提供了强大的代码提示、代码优化以及代码纠错功能，并内置了多种网页浏览器的内核，允许用户即时地查看编写的网页，解决在多浏览器下的兼容性问题。

目前 Dreamweaver 已经成为网页设计行业必备的工具。

2．Dreamweaver CS5 的新增功能

2010 年 4 月，Adobe System 发布了 Dreamweaver 的最新版本 Dreamweaver CS5，集成了更多的新功能，并提高了软件的效率。

● **集成 CMS 支持**

在 Dreamweaver CS5 中，Adobe 第一次融入了与各种网上流行的网站内容管理系统的集成，允许用户对 WordPress、Joomla! 和 Drupal 等内容管理系统框架进行二次开发和编辑支持，并允许用户在 Dreamweaver 内部进行浏览和测试。

● **检查 CSS 兼容性**

Dreamweaver 内置了多种浏览器内核，允许用户以可视化的方式查看当前网页中各种标签的实际位置，无需任何第三方软件即可调试网页在多浏览器下的兼容性。

● **检查动态网页**

Dreamweaver 提供了对各种常用动态网页技术的支持，允许用户通过新增的 Adobe BrowserLab 功能预览动态网页内容和本地内容，并对其进行校对和诊断。

● **团队协作支持**

Dreamweaver 内置的 Subversion 功能，允许多个用户进行协作，共同编辑同一个网页文档，并对网页文档的版本进行控制。

● **PHP 自定义代码支持**

早期的 Dreamweaver 只支持 PHP 的基本代码提示，在 Dreamweaver CS5 中，对 PHP 程序中的自定义函数也提供了代码提示支持，帮助用户更快地编写 PHP 文档，提高用户的工作效率。

● **改进的站点配置**

Dreamweaver CS5 改进了本地站点的配置界面，使用户通过简单的设置，即可建立功能完善的本地站点，对各种动态网页程序进行调试。

● **第三方 Widget 插件**

Dreamweaver 用户可以通过安装 Widget 插件，将互联网中的第三方组件添加到网页中，免于编写各种脚本代码。

● **HTML 5 支持**

Dreamweaver CS5 内置了对 HTML 5 的支持，允许用户创建和编写 HTML 5 文档，实现更丰富的网页应用。

12.6 Dreamweaver CS5 的窗口界面

与 Photoshop CS5、Flash CS5 类似，Dreamweaver CS5 也提供了有别于之前版本的全新界面，使用

户以更加高效的方式创建网页。打开 Dreamweaver CS5，即可进入 Dreamweaver 的窗口主界面。Dreamweaver CS5 主要包括两种模式，即可视化模式和代码模式。在默认情况下，Dreamweaver 将以可视化的方式显示打开或创建的文档。

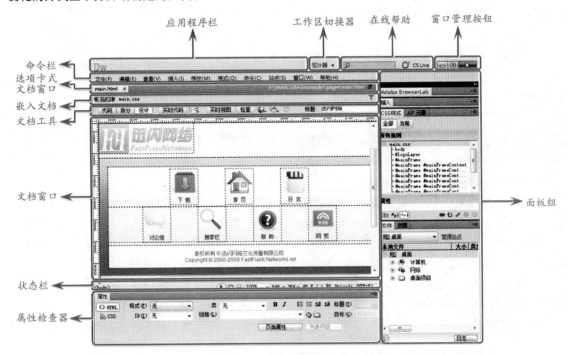

在使用 Dreamweaver CS5 编写网页文档时，有可能会使用到 Dreamweaver CS5 的代码模式。

Dreamweaver 的代码模式与可视化模式在文档窗口方面有很大的不同，代码模式提供了多种工具帮助用户编写代码。

在使用 Dreamweaver CS5 设计和制作网页时，

可以通过 Dreamweaver 窗口中的各种命令和工具实现对网页对象的操作。

1．应用程序栏

与 Photoshop 类似，应用程序栏可显示当前软件的名称。除此之外，右击带有"Dw"字样的图标，可打开快捷菜单，对 Dreamweaver 的窗口进行操作。

2．工作区切换器

工作区切换器提供了多种工作区模式供用户

选择，以更改 Dreamweaver 中各种面板的位置、显示或隐藏方式，满足不同类型用户的需求。

3．在线帮助

在线帮助是 Dreamweaver CS5 的新特色之一，其提供一个搜索框与 Adobe 官方网站以及 Adobe 公共帮助程序链接。当用户在搜索框中输入关键字并按 Enter 键 之后，即可通过互联网或本地

Adobe 公共帮助程序，索引相关的帮助文档。

在单击【CS Live 服务】按钮 CS Live 之后，用户还可登录 Adobe 在线网络，使用各种在线服务，包括在线教程、在线软件商店等。

4．命令栏

Dreamweaver CS5 的命令栏与绝大多数软件类似，都提供了分类的菜单项目，并在菜单中提供各种命令供用户执行。

5．嵌入文档

由于其特殊性，很多网页文档都嵌入了大量的外部文档，包括各种 CSS 样式规则文档、JavaScript 脚本文档以及其他应用程序文档等。

在【嵌入文档】栏中，将显示当前网页文档所嵌入的各种文档的名称。单击这些名称即可在文档窗口打开文档，对文档进行修改。如需要返回源文档，可单击【源代码】按钮。

> **提示**
>
> Dreamweaver 的【嵌入文档】栏将会在已发生修改的文档名称右侧标记一个星号"*"以示区别。在关闭文档时，会提示用户是否对该文档进行保存。

6．文档工具

【文档工具】栏的作用是提供视图切换工具、浏览器调用工具、各种可视化助理、网页标题修改工具等，帮助用户编辑和测试网页。

其中，【代码】和【设计】按钮用于切换代码视图与设计视图。如用户需要在编辑代码的同时查看代码的效果，可单击【拆分】按钮进入拆分视图模式，Dreamweaver 会以左右分栏的方式分别显示代码和设计结果。

> **提示**
>
> 用户可执行【查看】|【垂直拆分】命令，以更改分栏的方式。

实时视图的作用是以 Dreamweaver 内置的网页引擎解析页面，为用户提供一个类似真实网页浏览器的环境，以调试网页。

单击【实时视图】按钮后，用户还可以单击【实时代码】按钮，使用 Dreamweaver 解析文档中的各种脚本代码，更进一步地调试网页文档中的脚本。

7．文档窗口

Dreamweaver CS5 的文档窗口比 Flash 的文档窗口更加灵活多样，其既可以显示网页文档的内容，又可以显示网页文档的代码。同时，用户还可以使之同时显示内容和代码。

执行【查看】|【标尺】|【显示】命令后，用户可将标尺工具添加到文档窗口中，更加精确地设置网页对象的位置。

8．状态栏

状态栏的作用是显示当前用户选择的网页标签及其树状结构，供用户选择。同时，状态栏还提供了【选取工具】、【手形工具】以及【缩放工具】 3 个按钮，帮助用户选择网页对象、拖放视图以及对视图进行放大和缩小。

在【缩放工具】按钮右侧的下拉列表中，用户还可以直接输入或选择缩放的百分比大小，更改视图的缩放比例。

另外，用户可单击显示视图尺寸的区域，右击执行【编辑大小】命令，更改以窗口方式打开的文档窗口的尺寸。

状态栏最右侧显示了网页文档的大小以及编码方式，供用户查看和编辑。

9．属性检查器

Dreamweaver 的【属性】检查器的作用与 Flash 类似，都提供了大量的选项供用户选择。当用户选择【设计视图】中的某个网页对象后，即可在【属性】检查器中设置该网页对象的属性。

10．面板组

面板组是 Adobe 系列软件中共有的工具集合。面板组中几乎包含了对网页进行所有操作的工具和功能。

> **提示**
>
> 之前版本的【插入】工具栏已被【插入】面板替代。

12.7 练习：配置本地服务器

在设计网页和开发网站之前，首先应对本地计算机的操作系统进行配置，使之能够进行简单的网页发布和动态网页解析工作。以微软公司最新的 Windows 7 旗舰版操作系统为例，用户可以方便地安装 IIS 服务器软件，并为服务器添加虚拟目录以调试网页。

操作步骤 ▶▶▶▶

STEP|01 在新安装的 Windows 7 旗舰版操作系统中单击【开始菜单】按钮，在弹出的菜单中单击【控制面板】。在打开的【控制面板】窗口中单击【程序】。

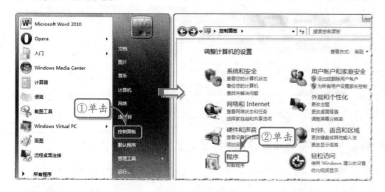

STEP|02 在更新的【程序】窗口中单击【打开或关闭 Windows 功能】按钮，然后即可打开【Windows 功能】窗口，启用【Internet Information Services 可承载的 Web 核心】复选框。

STEP|03 单击【Internet 信息服务】树形列表，选择【Web 管理工具】，再打开【Web 管理工具】树形列表，启用【IIS 管理服务】、【IIS 管理脚本和工具】以及【IIS 管理控制台】3 个复选框。

STEP|04 打开【万维网服务】树形列表，再打开其中【安全性】的树形列表，启用【请求筛选】复选框。用同样的方式打开【万维网服务】下的【常见 HTTP 功能】和【性能功能】树形列表，启用其中所

有的复选框。

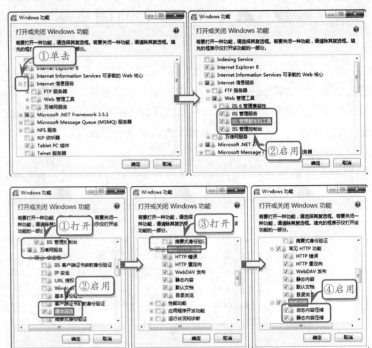

STEP|05 打开【应用程序开发功能】树形列表，启用除【CGI】和【服务器端包含】以外所有的复选框。然后打开【运行状况和诊断】树形列表，启用其前 3 个复选框。最后，再打开【Microsoft .NET Framework 3.5.1】树形列表，启用其中所有的复选框，即可单击【确定】按钮，开始安装 IIS。

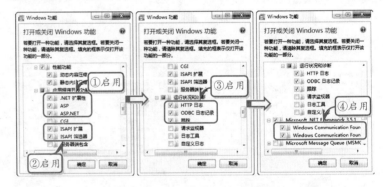

STEP|06 在安装完成后根据提示重新启动计算机，即可右击【计算机】，执行【管理】命令，打开【计算机管理】窗口。选择【计算机管理（本地）】|【服务和应用程序】|【Internet 信息服务（IIS）管理器】，然后在【连接】窗格中选择【Default Web Site】，右击，执行【添加虚拟目录】命令，打开【添加虚拟目录】对话框，设置【别名】和【物理路径】。

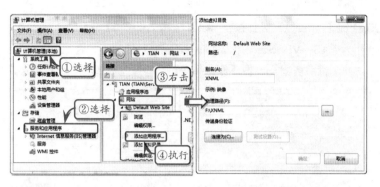

STEP|07 单击【确定】按钮后，即可完成本地服务器的配置和虚拟目录的添加工作，在本地计算机中调试 ASP 以及 ASP.NET 网站。

12.8 练习：建立本地站点

本地站点是 Dreamweaver CS5 内置的一项功能，其可以与 IIS 服务器进行连接，实现 Dreamweaver 与服务器的集成。在建立本地站点后，用户可在设计网页时随时通过本地服务器浏览网页。

操作步骤 ▶▶▶▶

STEP|01 在 Dreamweaver CS5 中执行【站点】|【新建站点】命令，然后即可打开【站点设置对象 XNML】对话框，设置【站点名称】和【本地站点文件夹】。

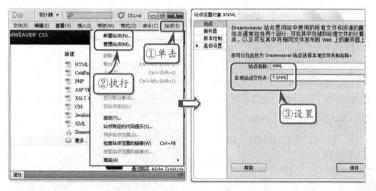

STEP|02 单击左侧的【服务器】列表项目，在更新的对话框中单击【添加新服务器】按钮 ，在弹出的对话框中将【连接方法】选择为"本地/网络"，然后设置【服务器名称】等。

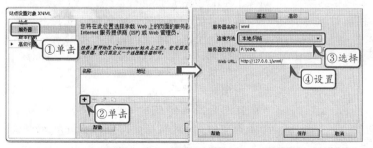

STEP|03 单击【高级】按钮，设置【测试服务器】中的【服务器模型】为"ASP VBScript"，即可单击【保存】按钮。此时，用户查看添加的测试服务器，单击【保存】按钮，即可完成本地站点的建立。

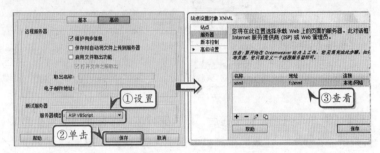

12.9 高手答疑

Q&A

问题 1：什么是域名？为什么要使用域名？

解答： 要了解域名，首先应了解 IP 地址。IP 地址是一种在 Internet 上的给主机编址的方式，也称为网际协议地址。

在互联网中，每一台主机都会被分配一个独立且唯一的 IP 地址。在 IPv4（当前最常用的 IP 地址编码规范）中，每个 IP 地址都是由 32 位二进制数字组成，例如，0111 1100 0001 0001 0001 1010 1111 0011 就是一个 IP 地址。为了便于记忆，IP 地址还允许写成由小数点分隔的 4 段十进制数字，例如，之前的二进制 IP 地址可以写成 124.17.26.243。

相比 32 位二进制地址而言，4 段十进制数字确实便于记忆。然而，即便只使用 4 段十进制数字，访问互联网中的主机仍然是一项很困难的工作，人们不得不记住大量的数字。

为了帮助人们更方便地访问互联网中的主机，1983 年，保罗·莫卡派乔斯（Paul Mockapetris）发明了 DNS（Domain Name System，域名系统），支持通过英文字母、数字与下划线的方式标识互联网中的主机。

全球有 13 台根 DNS 主机，可以接收用户对这些标识的解析请求，并将这些标识转换为 IP 地址。这种标识，就叫做域名。域名的出现，免去了记忆 IP 地址的麻烦，帮助人们更方便地访问互联网。

Q&A

问题 2：什么是绝对路径？什么是相对路径？

解答： 在使用网页浏览器或系统浏览器访问各种文件时，需要输入文件的路径。而根据路径的内容，可以将其划分为绝对路径和相对路径两种。

绝对路径是文件在本地操作系统或互联网中唯一的路径，必须由协议、主机名、路径、文件名组成。除非文件被移动，否则其绝对路径不会发生变化。

例如，存放于本地的某个网页文件，其本地绝对路径可以为 "F:\xnml\site\01\index.html"，而其在互联网中的路径可以为 "http://www.mysite.com/index.html"。

相对路径表示文件与某个目录或某个文件之间的路径关系，属于不完整的路径。在使用相对路径时，可酌情省略路径中的主机名称、详细的路径等。

与用文件做参照物的路径或文件不同，文件的相对路径也会不断地变化。例如，在本地的两个文件，绝对路径分别为 "F:\xnml\site\01\

index.html"和"F:\xnml\site\01\images\bg.jpg",如果以"index.html"文件作为参照物,则"bg.jpg"文件的相对路径应为"images/bg.jpg"。

由于绝对路径会根据文件的位置发生改变,因此,在制作网页时,使用相对路径有诸多的优点。

例如,在本地设计一个网站时,站点中的超链接全部使用绝对路径,则将网站上传到服务器之后,可能发生所有超链接失效的问题。

而相对路径由于仅表示文件之间的关系。因此,如果在同一目录下的网页使用以该目录为参照物的相对路径,则无论如何移动该目录,目录中文档的超链接都不会失效。

Q&A

问题 3:什么是 Web 2.0?

解答: Web 2.0 是互联网近年新兴的一种服务发展模式,是互联网正在进行的一场革新。在了解 Web 2.0 之前,首先应了解传统的互联网形式,即 Web 1.0。

传统的互联网是一种信息的散布渠道,由网站的所有者向网页的浏览者发布各种信息,而网页的浏览者则只是被动的接收这些信息。

典型的 Web 1.0 模式网站包括各种新闻网站(新华网)、网上商城(新蛋网)、个人主页网站(虎翼网)、在线视频点播网站(中央电视台)、在线音乐销售网站(苹果 iTunes)、在线图书网站(亦凡图书馆)、在线图片网站(桌面城市)、在线百科网站(不列颠百科全书)等。

在这些类型的网站中,信息的发布权限呈金字塔形式,即"阅读式的互联网",信息的来源是单一且单调的。信息传递也完全是单向的。

单向流动

Web 1.0 模式有助于保持信息的权威性和唯一性,但并不能调动用户的积极性,也不能促成用户与用户之间的交流。因此,这种模式随着时间的推移和互联网技术的发展逐渐无法满足用户的需求。用户的需求推动了网站开发理念的进步,Web 2.0 应运而生。

与传统的互联网不同,Web 2.0 比以往任何领域都更加强调用户体验、用户交互与用户参与。严格的说,Web 2.0 的核心并非网站,而是一种基于互联网的服务。在 Web 2.0 的体系中,所有的应用都由用户自发进行,所有的信息都具备开放性,允许用户参与发布、修改和维护,以提高用户的积极性。

典型的 Web 2.0 模式应用包括各种论坛(天涯论坛)、互动商城(淘宝网)、博客网站(博客中国)、互动视频网站(优酷)、互动音乐网站(翻唱网)、互动图书网站(起点)、互动相册网站(flickr)、互动百科网站(维基百科)等。

Web 2.0 模式的互联网,信息的发布权是对等的,任何用户都可以发布信息,也可以接收信息,属于"可写可读的互联网",信息的来源是多样化和个性化的。

双向流动

除此之外,Web 2.0 的服务还往往将客户的体验放在首位,尤其注重各种界面应用的人性化。随着 Web 2.0 模式的发展,目前,大多数 Web 2.0 服务已经完全取代了 Web 1.0 的传统服务。

Q&A

问题 4:什么是 URL?

解答:用户在访问某个计算机中的文件时,需要首先告诉计算机,这个文件所在的详细位置。然后,计算机才能根据这个位置读取文件,供用户使用。

URL（Uniform Resource Locator，统一资源定位符）是一种标准化的文件位置描述方式。通过 URL，任意一台计算机都可获取确实存在于某台可连接计算机中的文件。

URL 地址可以是本地计算机的磁盘，也可以是局域网上的某台计算机，更多的则是互联网中的站点。简单的说，URL 大致等同于网址。

URL 是统一的，采用相同的语法，因此才可以被所有计算机识别。一个典型的 URL 地址包括 7 个部分。

protocol://hostname[:port][/path/][;parameters][?query][#fragment]

其中，由中括号括住的为可选的参数。各参数的属性如下所示。

● **protocol**

protocol 表示 URL 的传输协议。目前正在使用的传输协议有许多种。在为软件选择网络通信的协议时，往往需要以软件使用的场合和实际的需求来决定。常用的传输协议如表所示。

协议名	用　　途	格式
file	本地磁盘的文件协议，可省略	file://
ftp	文件传输协议，用于网络数据传输	ftp://
http	超文本传输协议，访问大多数网页使用的协议	http://
https	安全的超文本传输协议，是 http 的改进与发展	https://
mailto	邮件地址协议，通过 SMTP 客户端发送电子邮件	mailto:
mms	微软的流媒体传输协议，可传输 Windows Media Player 可播放的各种流媒体	mms://
ed2k	一种点对点的文件共享协议，主要使用的软件是电驴	ed2k://
rstp	RealNetworks 公司的流媒体传输协议，可传输各种 Real 格式的流媒体	rstp://

其中，最常用的网页浏览协议就是 HTTP 协议，其被所有的网页浏览器所支持。

● **hostname**

主机名称，是存放文件的主机域名或 IP 地址。有时还需要在主机名称前添加访问主机所使用的用户名和密码，格式为 username@password。hostname 参数主要应用于各种需要用户名和密码登录的协议中，例如 FTP 协议等。

> **提示**
>
> 在一些特殊的、安全性较高的网页中，有时也会使用 HTTPS 协议以提高通信的安全性。

● **port**

主机的端口号。根据 TCP/IP 协议，每台计算机对外可以开放 65536 个端口，其端口号范围为 0 到 65535。每个传输协议都有默认的端口号。例如，HTTP 协议的默认端口号为 80。如果服务器端的端口号为默认端口，则访问此服务器时可将端口号省略。

● **path**

路径，由主机的目录及子目录组成。如访问主机中的默认文档(例如网站的 index.html)，则可省略。

● **parameters**

参数，用于指定特殊参数的可选项。例如，访问本地磁盘某个可执行程序，而该可执行程序允许添加 win 参数以实现窗口化，则可通过横线添加参数，如下所示。

```
file://d:\app.exe -win
```

● **query**

查询的值，用于给一些动态网页传递参数。一个 URL 地址可包含多个参数，但需要以逻辑与 "&" 符号连接。

● **fragment**

锚记符号，用于文件页面内的超链接跳转。使用该符号，浏览器可以直接跳转到某个文件的某一部分中。

> **提示**
>
> 当锚记符号为空时，浏览器会自动跳转到页面的顶端。

13 插入基本文本

文本是网页中的重要内容，是表述内容的最简单而最基本的载体。使用 Dreamweaver CS5，用户可以方便地为网页插入各种文本内容，并对文本进行排版设置。

本章将详细介绍网页的页面属性、插入文本、特殊符号、水平线、日期等文本对象的方法，以及对段落进行格式化设置等技巧。除此之外，还将介绍设置网页标题以及转换文本格式的方法。

13.1 设置页面属性

页面属性是网页文档的基本属性。Dreamweaver CS5 秉承了之前版本的特色，提供可视化的界面，帮助用户设置网页的基本属性，包括网页的整体外观、统一的超链接样式、标题样式等。

1. 页面属性对话框

在 Dreamweaver 中打开已创建的网页或新建空白网页，然后即可在空白处右击，执行【页面属性】命令，打开【页面属性】对话框。

该对话框中主要包含了 3 个部分，即【分类】的列表菜单、设置区域，以及下方的按钮组。

用户可在【分类】的列表菜单中选择相应的项目，然后根据右侧更新的设置区域，设置网页的全局属性。然后，即可单击下方的【应用】按钮，将更改的设置应用到网页中。用户也可单击【确定】按钮，在应用更改的同时关闭【页面属性】对话框。

> **提示**
>
> 如用户不希望将更改的设置应用到网页中，则可单击【取消】按钮，取消所有对页面属性的更改，恢复之前的状态。

2. 设置外观（CSS）属性

【外观（CSS）】属性的作用是通过可视化界面为网页创建 CSS 样式规则，定义网页中的文本、背景以及边距等基本属性。

在打开【页面属性】对话框后，默认显示的就是外观（CSS）属性的设置项目，其主要包括 12 种设置。

属 性 名	作 用
页面字体	在其右侧的下拉列表菜单中，用户可为网页中的基本文本选择字体类型
B	单击该按钮可设置网页中的基本文本为粗体
I	单击该按钮可设置网页中的基本文本为斜体
大小	在其右侧输入数值并选择单位，可设置网页中的基本文本字体的尺寸
文本颜色	通过颜色拾取器或输入颜色数值设置网页基本文本的前景色
背景颜色	通过颜色拾取器或输入颜色数值设置网页背景颜色
背景图像	单击【浏览】按钮，即可选择背景图像文件。直接输入图像文件的 URL 地址也可以设置背景图像文件
重复	如用户为网页设置了背景图像，则可在此设置背景图像小于网页时产生的重复显示
左边距	定义网页内容与左侧浏览器边框的距离
右边距	定义网页内容与右侧浏览器边框的距离
上边距	定义网页内容与顶部浏览器边框的距离
下边距	定义网页内容与底部浏览器边框的距离

在设置网页背景图像的重复显示时，用户可选择 4 种属性，如下。

属 性 名	作 用
no-repeat	禁止背景图像重复显示
repeat	允许背景图像重复显示
repeat-x	只允许背景图像在水平方向重复显示
repeat-y	只允许背景图像在垂直方向重复显示

3．设置外观（HTML）属性

【外观（HTML）】属性的作用是以 HTML 语言的属性来设置页面的外观。其中的一些项目功能与【外观（CSS）】属性相同，但实现的方法不同。

在【外观（HTML）】属性中，主要包括以下一些设置。

属 性 名	作 用
背景图像	定义网页背景图像的 URL 地址
背景	定义网页背景颜色
文本	定义普通网页文本的前景色
已访问链接	定义已访问的超链接文本的前景色
链接	定义普通链接文本的前景色
活动链接	定义鼠标单击链接文本时的前景色
左边距	定义网页内容与左侧浏览器边框的距离
上边距	定义网页内容与顶部浏览器边框的距离
边距宽度	翻译错误，应为右边距。定义网页内容与右侧浏览器边框的距离
边距高度	翻译错误，应为下边距。定义网页内容与底部浏览器边框的距离

4．设置链接属性

【链接（CSS）】属性的作用是用可视化的方式定义网页文档中超链接的样式，其属性设置如下。

属 性 名	作 用
链接字体	设置超链接文本的字体
B	选中该按钮，可为超链接文本应用粗体
I	选中该按钮，可为超链接文本应用斜体
大小	设置超链接文本的尺寸
链接颜色	设置普通超链接文本的前景色
变换图像链接	设置鼠标滑过超链接文本的前景色
已访问链接	设置已访问的超链接文本的前景色
活动链接	设置鼠标单击超链接文本时的前景色
下划线样式	设置超链接文本的其他样式

Dreamweaver CS5 根据 CSS 样式，定义了 4 种基本的下划线样式供用户选择，如下。

下划线样式	作 用
始终有下划线	为所有超链接文本添加始终显示的下划线
始终无下划线	始终隐藏所有超链接文本的下划线
仅在变换图像时显示下划线	定义只在鼠标滑过超链接文本时显示下划线
变换图像时隐藏下划线	定义只在鼠标滑过超链接文本时隐藏下划线

【链接（CSS）】属性所定义的超链接文本样式是全局样式。因此，除非用户为某一个超链接单独设置样式，否则所有超链接文本的样式都将遵从这一属性。

5．设置标题（CSS）属性

标题是标明文章、作品等内容的简短语句。在网页的各种文章中，标题是不可缺少的内容，是用于标识文章主要内容的重要文本。

在 XHTML 语言中，用户可定义 6 种级别的标题文本。【标题（CSS）】属性的作用就是设置这 6 级标题的样式，包括使用的字体、加粗、倾斜等样式，以及分级的标题尺寸、颜色等。

6．设置标题/编码属性

在使用浏览器打开网页文档时，浏览器的标题栏会显示网页文档的名称，这一名称就是网页的标题。【标题/编码】属性可以方便地设置这一标题内容。

除此之外，【标题/编码】属性还可以设置网页文档所使用的语言规范、字符编码等多种属性。

属　　性	作　　用
标题	定义浏览器标题栏中显示的文本内容
文档类型	定义网页文档所使用的结构语言
编码	定义文档中字符使用的编码
Unicode 标准化表单	当选择 utf-8 编码时，可选择编码的字符模型
包括 Unicode 签名	在文档中包含一个字节顺序标记
文件文件夹	显示文档所在的目录
站点文件夹	显示本地站点所在的目录

提示

【文档类型】属性定义的结构语言有许多种。关于这些结构语言，将在之后的章节中详细地介绍。

编码是网页所使用的语言编码。目前国内使用较广泛的编码主要包括以下几种。

编　码	说　明
Unicode (UTF-8)	使用最广泛的万国码，可以显示包括中文在内的多种语言
简体中文 (GB2312)	1981 年发布的汉字计算机编码
简体中文 (GB18030)	2000 年发布的汉字计算机编码

7．设置跟踪图像属性

在设计网页时，往往需要先使用 Photoshop 或 Fireworks 等图像设计软件制作一个网页的界面图，然后再使用 Dreamweaver 对网页进行制作。

【跟踪图像】属性的作用是将网页的界面图作为网页的半透明背景，插入到网页中。然后，用户在制作网页时即可根据界面图，决定网页对象的位置等。

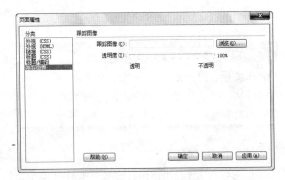

在【跟踪图像】属性中，主要包括两种属性设置，如下。

属　　性	作　　用
跟踪图像	单击【浏览】按钮，即可在弹出的对话框中选择跟踪图像的路径和文件名。除此之外，用户还可直接在其后的输入文本域中输入跟踪图像的 URL 地址
透明度	定义跟踪图像在网页中的透明度，取值范围是 0%~100%。当设置为 0% 时，跟踪图像完全透明，而当设置为 100% 时，跟踪图像完全不透明

13.2 插入文本

使用 Dreamweaver CS5，用户可以方便地为网页插入文本。Dreamweaver 提供了 3 种插入文本的方式，即直接输入、从外部文件中粘贴，以及从外部文件中导入。

1. 直接输入文本

直接输入是最常用的插入文本的方式。在 Dreamweaver 中创建一个网页文档，即可直接在设计视图中输入英文字母，或切换到中文输入法，输入中文字符。

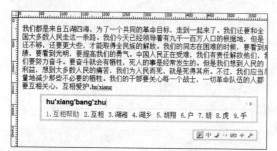

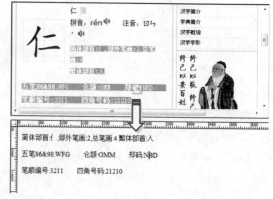

简体部首：亻，部外笔画：2，总笔画：4 繁体部首：人

五笔86&98:WFG　　仓颉:OMM　　郑码:NBD

笔顺编号:3211　　四角号码:21210

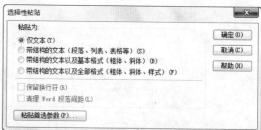

> **提示**
>
> 除此之外，用户也可以在代码视图中相关的 XHTML 标签中输入字符，同样可以将其添加到网页中。

2. 从外部文件中粘贴

除直接输入外，用户还可以从其他软件或文档中将文本复制到剪贴板中，然后再切换至 Dreamweaver，右击执行【粘贴】命令或按 Ctrl+V 组合键，将文本粘贴到网页文档中。

除了直接粘贴外，Dreamweaver CS5 还提供了选择性粘贴功能，允许用户在复制了富文本的情况下，选择性地粘贴文本中的某一个部分。

在复制内容后，用户可在 Dreamweaver 打开的网页文档中右击，执行【选择性粘贴】命令，打开【选择性粘贴】对话框。

在弹出的【选择性粘贴】对话框中，用户可对多种属性进行设置，如下。

属　　性	作　　用
仅文本	仅粘贴文本字符，不保留任何格式
带结构的文本	包含段落、列表和表格等结构的文本
带结构的文本以及基本格式	包含段落、列表、表格以及粗体和斜体的文本
待结构的文本以及全部格式	包含段落、列表、表格以及粗体、斜体和色彩等所有样式的文本
保留换行符	启用该复选框后，在粘贴文本时将自动添加换行符号
清理 Word 段落间距	启用该复选框后，在复制 Word 文本后将自动清除段落间距
粘贴首选参数	更改选择性粘贴的默认设置

3. 从外部文件中导入

Dreamweaver CS5 还允许用户从 Word 文档或

Excel 文档中导入文本内容。

在 Dreamweaver 中,将光标定位到导入文本的位置,然后执行【文件】|【导入】|【Word 文档】命令（或【文件】|【导入】|【Excel 文档】命令),选择要导入的 Word 文档或 Excel 文档,即可将文档中的内容导入到网页文档中。

13.3 插入特殊符号

符号也是文本的一个重要组成部分。使用 Dreamweaver CS5,用户除了可以插入键盘允许输入的符号外,还可以插入一些特殊的符号。

在 Dreamweaver 中,执行【插入】|【特殊字符】命令,即可在弹出的菜单中选择各种特殊符号。

或者在【插入】面板中,在列表菜单中选择【文本】,然后单击面板最下方的右侧箭头按钮,亦可在弹出的菜单中选择各种特殊符号。

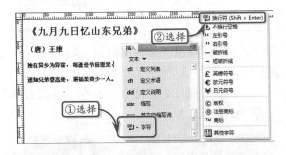

Dreamweaver 允许为网页文档插入 12 种基本的特殊符号,如表所示。

图 标	显 示
字符 : 换行符 (Shift + Enter)	两段间距较小的空格
字符 : 不换行空格	非间断性的空格
字符 : 左引号	左引号 "
字符 : 右引号	右引号 "
字符 : 破折线	破折线——
字符 : 短破折线	短破折线—

续表

图 标	显 示
£ 字符 : 英镑符号	英镑符号 £
€ 字符 : 欧元符号	欧元符号 €
¥ 字符 : 日元符号	日元符号 ¥
© 字符 : 版权	版权符号 ©
® 字符 : 注册商标	注册商标符号 ®
TM 字符 : 商标	商标符号 TM

除了以上 12 种符号以外,用户还可选择【其他字符】 字符 : 其他字符 ,在弹出的【插入其他字符】对话框中选择更多的字符。

> **提示**
>
> 在选中相关的特殊符号后,即可单击【确定】按钮,将这些特殊符号插入到网页中。

13.4 插入水平线和日期

水平线和日期是较为特殊的文本对象，Dreamweaver 允许用户方便地为网页文档插入这两种对象。

1. 插入水平线

很多网页都使用水平线以将不同类的内容隔开。在 Dreamweaver 中，用户也可方便地插入水平线。

执行【插入】|HTML|【水平线】命令，Dreamweaver 就会在光标所在的位置插入水平线。

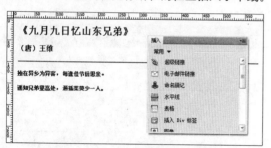

选择水平线后，即可在【属性】检查器中设置水平线的各种属性。

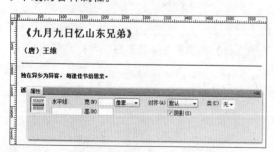

水平线的属性并不复杂，主要包括以下一些种类。

属 性 名	作 用
水平线	设置水平线的 ID
宽和高	设置水平线的宽度和高度，单位可以是像素或百分比
对齐	指定水平线的对齐方式，包括默认、左对齐、居中对齐和右对齐
阴影	可为水平线添加阴影

2. 插入日期

Dreamweaver 还支持为网页插入本地计算机当前的时间和日期。

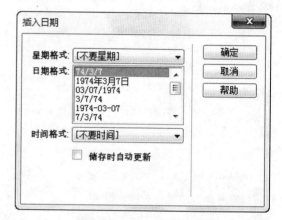

执行【插入】|【日期】命令，或在【插入】面板中，在列表菜单中选择【常用】，然后单击【日期】按钮，即可打开【插入日期】对话框。

在【插入日期】对话框中，允许用户设置各种格式，如表所示。

选 项 名 称	作 用
星期格式	在选项的下拉列表中可选择中文或英文的星期格式，也可选择不要星期
日期格式	在选项框中可选择要插入的日期格式
时间格式	在该项的下拉列表中可选择时间格式或者不要时间
储存时自动更新	如启用该复选框，则每次保存网页文档时都会自动更新插入的日期时间

13.5　段落格式化

段落是多个文本语句的集合。对于较多的文本内容，使用段落可以清晰地体现出文本的逻辑关系，使文本更加美观，也更易于阅读。

段落是指一段格式统一的文本。在网页文档的设计视图中，每输入一段文本，按 Enter 键后，Dreamweaver 会自动为文本插入段落。

Dreamweaver 允许用户使用【属性】检查器设置段落的格式。

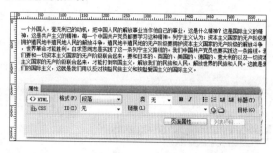

13.6　练习：设计招商信息网页

招商信息网页是介绍某些投资项目的详细情况，吸引外部投资的网页。本练习将通过运用插入时间、标题、标签以及特殊字符等文本对象，制作一个招商信息网页。

练习要点

- 插入时间
- 插入标题
- 插入标签
- 插入特殊字符
- 设置链接属性

提示

在【页面属性】对话框中，用户可以设置多种预设格式文本的样式，并将这些样式应用到网页的文本中。

操作步骤 ▷▷▷▷

STEP|01 打开素材页面"sucai.html"，在标题栏中输入"产品详细介绍"文本，然后单击【属性】检查器中的【页面属性】按钮 页面属性… ，在弹出的【页面属性】对话框中，设置文本的【大小】为"12px"。

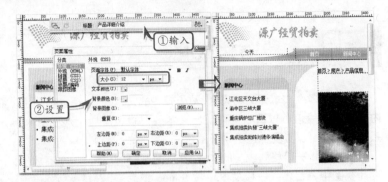

STEP|02 在 ID 为 time 的 Div 层中，在文本"今天"后执行【插入】|【日期】命令，插入一个日期文本对象。然后，在弹出的【插入日期】对话框中选择【日期格式】。

提示

执行插入日期命令有两种方法。一是在工具栏执行【插入】|【日期】命令，二是单击【插入】面板【常用】选项中的【日期】按钮。

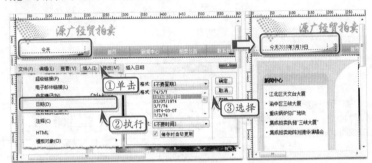

STEP|03 在 ID 为 daohang 的 Div 层中，选择文本"首页"，然后在【属性】检查器中设置【链接】为#。按照相同的方法设置文本"房产"。

提示

日期格式有多种，选择其中的"1974 年 3 月 7 日"这种样式，启用【储存时自动更新】复选框，会将插入的日期自动更新。

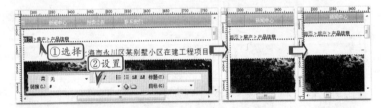

STEP|04 在"详细信息"栏目中，选择文本"上海市市永川区某别墅小区在建工程项目招商信息"，然后设置【属性】检查器中的【格式】为"标题 3"。

提示

链接时，在文本框中输入符号#，说明没有链接的页面，只是一个空链接；如果有跳转的页面，在文本框中输入路径就可以了。

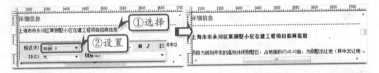

STEP|05 在"详细信息"栏目内容中，在第 2 段选择所有平方米文本中的 2，执行【插入】|【标签】命令，在弹出的【标签选择器】对话框中，选择【HTML 标签】文件夹，在右侧的文本域选择 sup 标签，单击【插入】按钮，弹出【标签选择器—sup】对话框，单击【确定】按钮，又返回到【标签选择器】对话框中，单击【关闭】按钮，插入

成功。

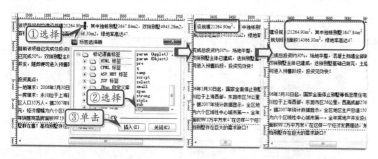

STEP|06 在 ID 为 footer 的 Div 层中，将光标置于文本 Copyright 与 2001 之间，然后执行【插入】|HTML|【特殊字符】|【版权】命令，插入一个版权符号。

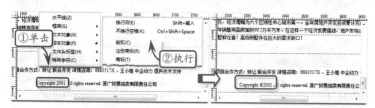

13.7 练习：制作企业介绍网页

企业介绍网页是介绍企业基本情况、展示企业文化、企业团队精神以及企业最新动态的网页。在设计企业介绍网页时，往往需要使用大量的文本来描述这些内容。本练习就将通过运用标题、段落、特殊字符等文本对象，实现企业内容的介绍。

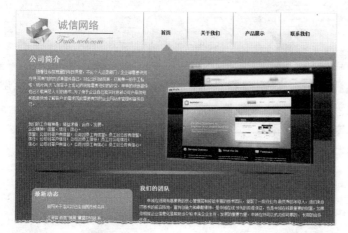

操作步骤 ▶▶▶▶

STEP|01 新建文档，在标题栏中输入"诚信网络"文本。单击【属性】检查器中的【页面属性】按钮，在弹出的【页面属性】对话框中

练习要点

- 输入文本
- 设置标题
- 设置段落
- 设置链接
- 插入特殊字符

提示

页面布局代码如下。

```
<div id=
"header">
</div><div
id="content">
<divid="top-
Home"></di v>
<div id="but-
tomHome"></div>
</div>
<div id=
"footer"></div>
```

设置其参数。然后单击【插入】面板【常用】选项中的【插入 Div 标签】按钮，创建 ID 为 header 的 Div 层，并设置其 CSS 样式属性。

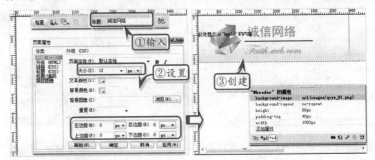

STEP|02 单击【插入 Div 标签】按钮，创建 ID 为 content 的 Div 层，并设置其 CSS 样式属性。按照相同的方法创建 ID 为 footer 的 Div 层，并设置其 CSS 样式属性。

STEP|03 将光标置于 ID 为 header 的 Div 层中，输入文本"首页"，单击【属性】检查器中的【项目列表】按钮，出现项目列表符号，然后按 Enter 键，出现下一个项目列表符号，然后再输入文本，依次类推。

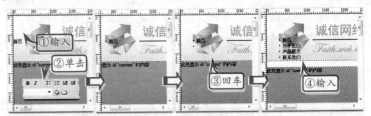

STEP|04 在标签栏选择 ul 标签，文本被选中，然后定义其列表类型、宽、左边距、填充、块元素的 CSS 样式属性。按照相同的方法，在标签栏选择 li 标签，定义其宽、高、浮动、边距、填充、块元素、文本居中的 CSS 样式属性。

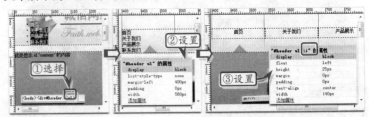

STEP|05 选择文本"首页"，在【属性】检查器中设置【链接】为

"javascript:void(null);"；【标题】中输入"首页"。然后在标签栏选择 a 标签，在 CSS 样式属性中设置其 CSS 样式属性。按照相同的方法依次在【属性】检查器中设置文本【链接】和【标题】。

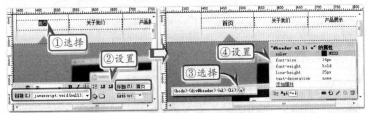

STEP|06 将光标置于 ID 为 content 的 Div 层中，分别创建 ID 为 topHome、buttomHome 的 Div 层，并设置其 CSS 样式属性。然后将光标置于 ID 为 topHome 的 Div 层中，创建 ID 为 gsjj 的 Div 层并设置其 CSS 样式属性。

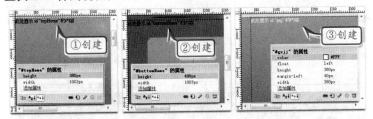

STEP|07 将光标置于 ID 为 gsjj 的 Div 层中，输入文本"公司简介"，在【属性】检查器中设置【格式】为"标题 1"。按 Enter 键，将自动编辑段落，然后输入文本。在标签栏选择 P 标签，并定义其行高、文本缩进的 CSS 样式属性。

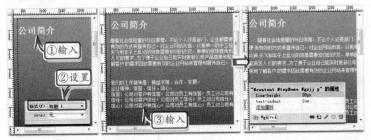

STEP|08 将光标置于 ID 为 buttomHome 的 Div 层中，分别创建 ID 为 leftmain、rightmain 的 Div 层，并设置其 CSS 样式属性。然后在 ID 为 leftmain 的 Div 层中输入文本"最新动态"，在【属性】检查器中设置【格式】为"标题 2"。

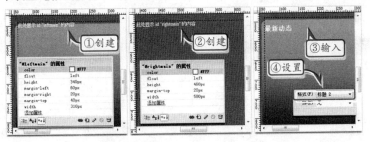

STEP|09 按 Enter 键，然后输入文本，依次类推。在标签栏选择 P 标签，然后定义其块元素、高、行高、左边距的 CSS 样式属性。选择每一个段落在【属性】检查器中设置【链接】为 "javascript:void(null);"；然后在标签栏选择 a 标签设置其 CSS 样式属性。

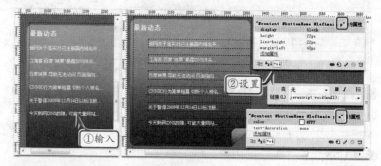

STEP|10 将光标置于 ID 为 rightmain 的 Div 层中，输入文本，设置文本"我们的团队"、"精英团队"的【格式】为"标题 2"。在标签栏选择 P 标签，设置其行高、文本缩进的 CSS 样式属性。

STEP|11 将光标置于 ID 为 footer 的 Div 层中输入文本并对文本进行换行。然后，将光标置于文本 Copyright 之后，执行【插入】|HTML|【特殊字符】|【版权】命令。

13.8 高手答疑

Q&A

问题 1：为什么我输入的文本在显示时不会自动换行？

解答：在 XHTML 中，普通的文本是无法自动换行的。如需要文本自动换行，需要将文本添加到段落中。

Q&A

问题 2：如何在网页文档中输入空格？为什么输入了多个空格却只显示 1 个？

解答：在 XHTML 中，两个字符之间只会显示 1 个半角的空格（英文输入法下的普通空格）。

如需要显示多个空格，可以输入全角空格（以中文输入法中设置为全角，然后再输入空格）。

另外，还可以按 Ctrl+Shift+Space 组合键，直接插入特殊符号中的空格。

Q&A

问题 3：如何设置网页的关键字？

解答：随着搜索引擎的普及，很多网站都会设置一些关键字，使搜索引擎能够方便地获取网站中各页面的信息。

Dreamweaver 允许用户以可视化的方式设置网页的关键字。执行【插入】|HTML|【文件头标签】|【关键字】命令，即可在弹出的【关键字】对话框中设置网页的关键字。如果有多个关键字，则可以用英文的分号";"将其隔开。

Q&A

问题 4：如何为文本添加工具提示？

解答：在网页中，可以为一些特定的文本添加工具提示，这样，当鼠标滑过这些文本时，会显示黄色的工具提示信息。

在 Dreamweaver 的设计视图中，选中要添加工具提示的文本，执行【插入】|HTML|【文本对象】|【缩写】命令，即可打开【缩写】对话框。

在弹出的【缩写】对话框中，即可设置文本的工具提示信息。在设置完成工具提示信息后，还可以设置提示文本所属的语言，例如，英文是 en，法文是 fr 等。

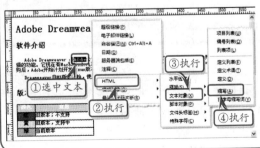

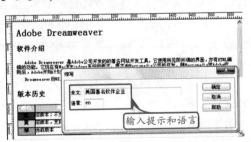

Q&A

问题 5：如何使段落居中对齐或右对齐？

解答： 早期的 Dreamweaver 版本允许在【属性】检查器中设置文本的对齐方式。在 Dreamweaver CS4 及之后的 Dreamweaver CS5 中，需要创建 CSS 样式才能继续使用这一功能。

对于一些简单的段落文本，用户可右击，执行【对齐】|【居中对齐】命令，或执行【对齐】|【右对齐】命令，实现段落的居中对齐或右对齐。

Q&A

问题 6：如何设置 Dreamweaver 默认粘贴文本时的格式？

解答： 在之前的小节中已介绍了如何在粘贴时使用选择性粘贴技术，选择文本中指定的内容进行粘贴。

在 Dreamweaver 中，用户也可以直接设置粘贴的默认参数。然后，在进行任何粘贴时，都将按照这一默认参数进行粘贴。

在 Dreamweaver 中执行【编辑】|【首选参数】命令，在弹出的【首选参数】对话框中单击左侧的【复制/粘贴】列表项目，然后即可在更新的对话框中设置粘贴的具体参数。

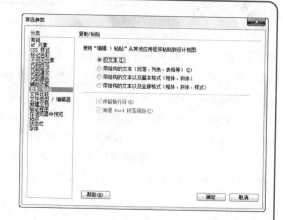

在设置完成粘贴的参数之后，Dreamweaver 就会按照这一设置粘贴从外部复制的内容了。

Q&A

问题 7：使用 UTF-8 编码有何优点？

解答： 由于计算机技术的限制，早期的计算机使用的是由美国英语通信所设计的 ASCII 编码。这种编码包含了大小写英文字母、阿拉伯数字以及标点符号和一些简单的非打印字符等。

在英语国家，使用 ASCII 编码已可以满足日常的计算机应用。早期的计算机软件往往就是用 ASCII 编码。

然而对于一些非英语国家而言，ASCII 编码并不能满足计算机应用的需要。以我国为例，我国使用的现代汉字包含 6763 个基本汉字以及众多的扩展汉字。因此，在 20 世纪 80

年代初，国家标准总局规范和发布了 GB2312 编码，共收入 6763 个标准汉字以及 682 个非汉字图形符号。

> **提示**
>
> 2000 年，国家信息产业部公布的 GB18030 是最新的现代汉字中国标准。

与此同时，世界上的其他各国、各地区也推出了诸多的编码，例如日本推出了 EUC 编码和 Shift-JIS 编码，新加坡推出了 HZ 编码。我国的台湾地区也推出了基于繁体中文字的 Big5 编码等。

众多编码的并行往往造成计算机文档代码的混乱。例如，只安装了 GB2312 编码的计算机，在打开由 Big5 编码编写的文档时将显示为乱码，根本无法浏览。

基于各国各行其是的编码造成的混乱，国际互联网工程工作组与各国政府协商，共同编制了包含目前世界上绝大多数语言的 unicode 字符集，即万国码字符集。

其中主要包括 8 位的 utf-8、16 位的 utf-16 以及 32 位的 utf-32 三种编码。

utf-8 作为目前最主要的编码方式，采用 8 位的二进制数字为编码码元，成为目前国际上通行的编码方式。几乎所有的操作系统、互联网应用程序都以这一编码为基础。

使用 utf-8 编码后，位于不同国家、地区的用户在编写各种文档后无需转换编码，即可将文档发布到互联网中。而任何一个采用了 utf-8 编码的读者都可以方便地阅读这些文档，不会出现乱码的情况。

国内目前以 gb2312 编码和 utf-8 编码混合使用。但使用 utf-8 编码的网页文档逐渐增多，

越来越多的网站开发者都以 utf-8 编码来编写网页文档。

在 Dreamweaver CS5 中，用户可以将 utf-8 编码设置为新建网页的默认编码。执行【编辑】|【首选参数】命令。

打开【首选参数】对话框后，用户即可单击左侧的【新建文档】列表项目，在更新的对话框中设置【默认编码】为"Unicode(UTF-8)"之后，使用 Dreamweaver 创建的任何网页文档都会默认使用 utf-8 编码。

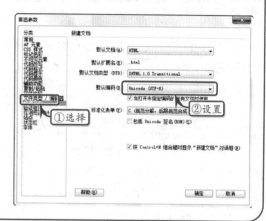

14

添加网页图像元素

随着网页技术的发展以及计算机技术的进步,越来越多的网页开始依靠大量的图形图像元素丰富网页的内容,使网页的界面更加美观。使用 Dreamweaver CS5,用户可方便地为网页添加各种各样的图形图像元素,美化网页界面。本章将详细介绍为网页添加图形图像元素的方法,包括插入普通图像、网页背景图像、鼠标经过图像、Fireworks HTML 和 Photoshop 智能对象等。

14.1 插入图像

使用 Dreamweaver,可以方便地为网页直接插入各种图像,也可以插入图像占位符。

1. 插入普通图像

在 Dreamweaver 中,将光标放置到文档的空白位置,即可插入图像。插入图像有两种方式。

一种是通过命令插入图像。执行【插入】|【图像】命令,或按 Ctrl+Alt+I 组合键,然后,即可在弹出的【选择图像源文件】对话框中,选择图像,单击【确定】按钮插入到网页文档中。

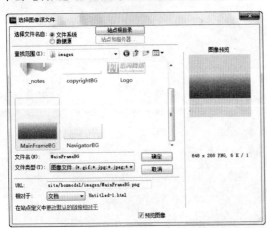

另一种则是通过【插入】面板插入图像。在【插入】面板中选择【常用】项目,然后即可单击【图像】按钮

,在弹出的【选择图像源文件】对话

框中选择图像,将其插入到网页中。

> **提示**
>
> 如果在插入图像之前未将文档保存到站点中,则 Dreamweaver 会生成一个对图像文件的 file:// 绝对路径引用,而非相对路径。只有将文档保存到站点中,Dreamweaver 才会将该绝对路径转换为相对路径。

2. 插入图像占位符

在设计网页过程中,并非总能找到合适的图像素材。因此,Dreamweaver 允许用户先插入一个空的图像,等找到合适的图像素材后再将其改为真正的图像,这样的空图像叫做图像占位符。

插入图像占位符的方式与插入普通图像类似,用户可执行【插入】|【图像对象】|【图像占位符】命令,在弹出的【图像占位符】对话框中设置各种属性,然后单击【确定】按钮。

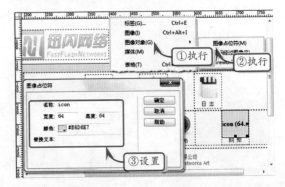

使用图像占位符,可以帮助用户在没有图像素材之前先为网页布局。

在【图像占位符】对话框中有多种选项,如表所示。

选 项 名 称	作　用
名称	设置图像占位符的名称
宽度	设置图像占位符的宽度,单位为像素
高度	设置图像占位符的高度,单位为像素

续表

选 项 名 称	作　用
颜色	设置图像占位符的颜色,默认为灰色(#d6d6d6)
替换文本	设置图像占位符在网页浏览器中显示的文本

在插入图像占位符后,用户随时可在 Dreamweaver 中单击图像占位符,在弹出的【选择图像源文件】对话框中选择图像,将其替换。

虽然插入的图像占位符可以在网页中显示,但为保持网页美观,在发布网页之前,应将所有图像占位符替换为图像。

14.2　插入鼠标经过图像

鼠标经过图像是一种在浏览器中查看并可在鼠标经过时发生变化的图像。Dreamweaver 可以通过可视化的方式插入鼠标经过图像。

在 Dreamweaver 中,执行【插入】|【图像对象】|【鼠标经过图像】命令,即可打开【插入鼠标经过图像】对话框。

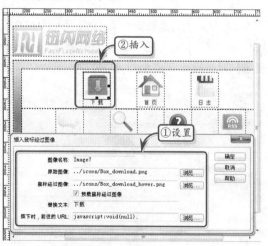

在该对话框中,包含多种选项,可设置鼠标经过图像的各种属性。

选 项 名 称	作　用
图像名称	鼠标经过图像的名称,可由用户自定义,但不能与同页面其他网页对象的名称相同
原始图像	页面加载时显示的图像
鼠标经过图像	鼠标经过时显示的图像
预载鼠标经过图像	启用该复选框后,浏览网页时原始图像和鼠标经过图像都将被显示出来
替换文本	当图像无法正常显示或鼠标经过图像时出现的文本注释
按下时,前往的 URL	鼠标单击该图像后转向的目标

提示

虽然在 Dreamweaver 中,并未将【按下时,前往的 URL】选项设置为必须的选项,但如用户不设置该选项,Dreamweaver 将自动将该选项设置为井号"#"。

14.3　插入 Fireworks HTML

Fireworks 是除 Photoshop 之外的另一种图像处理软件,主要用于处理各种 Web、RIA 应用程序中的图像,以及生成各种简单的网页脚本。

在 Fireworks 中,可执行【导出】命令,将生成的网页脚本及优化后的图像保存为网页。

Dreamweaver 提供了简单的功能，允许用户直接将 Fireworks 生成的 HTML 代码和 JavaScript 脚本插入到网页中，增强了两个软件之间的契合度。

在 Dreamweaver 中，执行【插入】|【图像对象】|Fireworks HTML 命令，即可在弹出的【插入 Fireworks HTML】对话框中单击【浏览】按钮，在弹出的对话框中选择 Fireworks 导出的文件。

提示

如用户不需要再使用这些 Fireworks HTML 文件，可在【Fireworks HTML 文件】下方启用【插入后删除文件】复选框，则在插入 Fireworks HTML 文件后，Dreamweaver 将自动删除这些文件。

单击【确定】按钮之后，即可将在 Fireworks 中制作的各种网页图像插入到网页中，同时应用一些 Fireworks 生成的脚本。

提示

除此之外，Dreamweaver 还允许用户直接复制 Fireworks 生成的各种脚本代码以及 CSS 样式，将其粘贴到网页文档中。

14.4 插入 Photoshop 对象

除了 Fireworks 外，Dreamweaver 还可以跟 Photoshop 进行紧密地结合，直接为网页插入 PSD 格式的文档。同时，还能动态监控 PSD 文档的更新状态。

Photoshop 智能对象是 Dreamweaver CS4 加入的功能。

在以往的 Dreamweaver 版本中，也可插入 Photoshop 图像，但是需要将其转换为可用于网页的各种图像，例如，JPEG、JPG、GIF 和 PNG 等。

已插入网页的各种图像将与源 PSD 图像完全断开联系。修改源 PSD 图像后，用户还需要将 PSD 图像转换为 JPEG、JPG、GIF 或 PNG 图像，并重新替换网页中的图像。

在 Dreamweaver CS4 及之后的版本中，借鉴了 Photoshop 中的智能对象概念，即允许用户插入智能的 PSD 图像，并维护网页图像与其源 PSD 图像之间的实时连接。

在 Dreamweaver 中，执行【插入】|【图像】

命令，在弹出的【选择图像源文件】对话框中选择 PSD 源文件，即可单击【确定】按钮，打开【图像预览】对话框。

在【图像预览】对话框的【选项】选项卡中，可设置图像的压缩处理属性，包括设置压缩图像的

格式、品质等。

在【图像预览】对话框的【文件】选项卡中，可设置图像的缩放比例、宽度、高度，和选择导出图像的区域等属性。

在完成各项设置后，即可单击【确定】按钮，将临时产生的镜像图像保存，并插入到网页中。此时，网页中的图像将显示出智能对象的标志 。

提示

在 Photoshop CS5 和 Dreamweaver CS5 中，已禁止用户复制选区和切片等 Photoshop 对象。

14.5 设置网页图像属性

插入网页中的图像，在默认状态下通常会使用原图像的大小、颜色等属性。Dreamweaver 允许用户根据不同网页的要求，对这些图像的属性进行简单的修改。

的面板之一。选中不同的网页对象，【属性】检查器会自动改换为该网页对象的参数。例如，选中普通的网页图像，【属性】检查器就将改换为图像的各属性参数。

1．设置图像的基本属性

在 Dreamweaver 中，【属性】检查器是最重要

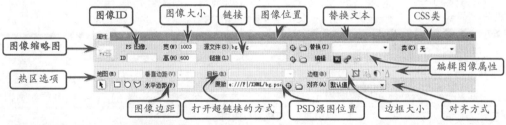

关于【属性】检查器中的各种图像属性，如下。

续表

属 性 名	作 用
ID	图像的名称，用于 Dreamweaver 行为或 JavaScript 脚本的引用
宽和高	图像在网页中的宽度和高度
源文件	图像的 URL 位置
对齐	图像在其所属网页容器中的对齐方式
链接	图像上超链接的 URL 地址

属 性 名	作 用
替换	当鼠标滑过图像时显示的文本
类	图像所使用的 CSS 类
地图	图像上的热点区域绘制工具
垂直边距	图像距离其所属容器顶部的距离
水平边距	图像距离其所属容器左侧的距离
目标	图像超链接的打开方式
原始	图像的源 PSD 图像的 URL 地址
边框	图像的边框大小

2．拖动图像尺寸

在图像插入网页后，显示的尺寸默认为图像的原始尺寸。用户除了可以在【属性】检查器中设置图像的尺寸外，还可以通过拖动的方式设置图像的尺寸。

单击选择图像，然后通过拖动图像右侧、下方以及右下方的 3 个控制点调节图像的尺寸。在拖动控制点时，用户不仅可以拖动某一个控制点，只以垂直或水平方向缩放图像，还可按住 Shift 键锁定图像宽和高的比例关系，成比例地缩放图像。

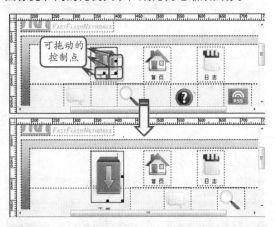

提示

通过拖动改变图像的大小并不能改变图像占用磁盘空间的大小，只能改变其在网页中显示的大小，因此，也不会改变其在网页中下载的时间长短。

3．设置图像对齐方式

在网页中，经常需要将图像和文本混排，以节省网页空间。Dreamweaver 可以帮助用户设置网页图像在容器中的对齐方式，共 10 种设置，如表所示。

设置类型	作　　用
默认值	将图像放置于容器基线和底部
基线	将文本或同一段落的其他内容基线与选定的图像底部对齐
顶端	将图像的顶端与当前容器最高项的顶端对齐
居中	将图像的中部与当前容器中文本的中部对齐

续表

设置类型	作　　用
底部	将图像的底部与当前行的底部对齐
文本上方	将图像的顶端与文本的最高字符顶端对齐
绝对居中	将图像的中部与当前容器的中部对齐
绝对底部	将图像的底部与当前容器的底部对齐
左对齐	将图像的左侧与容器的左侧对齐
右对齐	将图像的右侧与容器的右侧对齐

为图像应用对齐方式，可以使图像与文本更加紧密结合，实现文本与图像的环绕效果。例如，将文本左对齐等。

提示

在设置图像的对齐方式时需要注意，一些较新的网页浏览器往往不再支持这一功能，而用 CSS 样式表来取代。

4．设置图像边距

当图像与文本混合排列时，默认情况下图像与文本之间是没有空隙的，这将使页面显得十分拥挤。

Dreamweaver 可以帮助用户设置图像与文本之间的距离。在【属性】检查器中，设置【垂直边距】与【水平边距】，可以方便地增加图像与文本之间的距离。

注意

与设置图像对齐方式类似，这种设置图像边距的方式并不符合 Web 标准化的规范，因此并不能得到所有网页浏览器的支持。

设置图像边距

14.6 练习：制作图像导航条

使用 Dreamweaver CS5，用户可方便地制作出精美的网页图像导航条。在制作图像导航条时，需要使用到 Dreamweaver CS5 的插入鼠标经过图像功能，依次将导航条各按钮的各种状态图像插入到相应的位置。

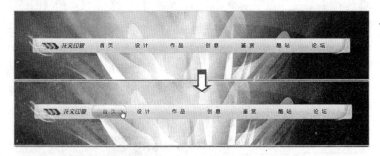

操作步骤 ▶▶▶▶

STEP|01 新建文档，在标题栏中输入"龙文印象"的文本，然后在【属性】检查器中单击【页面属性】按钮，在弹出的【页面属性】对话框中设置背景图像、重复、4 个边距。

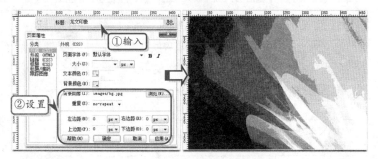

STEP|02 单击【插入】面板【布局】选项中的【插入 Div 标签】按钮，创建 ID 为 nav 的 Div 层，并在弹出的【#nav 的 CSS 规则定义】对话框中设置其 CSS 样式属性。

练习要点

- 插入背景图像
- 插入图像
- 插入鼠标经过图像

提示

在【重复】下拉菜单中，"no-repeat"表示图像不重复，repeat 表示图像重复（系统默认），"repeat-x"表示图像沿 X 轴横向重复，"repeat-y"表示图像沿 Y 轴纵向重复。

提示

在 Margin 设置中，有一个复选框，如果启用 ☑全部相同(F)，则只用设置 Top 的值一个即可；如果取消启用，则一一设置值。如 Margin- Top: 125px 表示上边距为 125 像素，Margin-Right:auto 表示右边距随着窗口左右自由变换，具体像素值不确定。

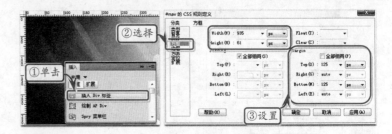

STEP|03 将光标置于 ID 为 nav 的 Div 层中，执行【插入】|【图像】命令，在弹出的【选择图像源文件】对话框中，选择图像"nav_22"，单击【确定】按钮。

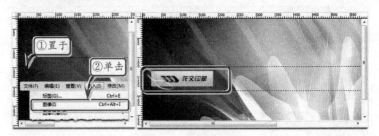

STEP|04 将光标置于图像后，然后单击【插入】面板中的【图像：鼠标经过图像】按钮，在弹出的【插入鼠标经过图像】对话框中，设置【原始图像】、【鼠标经过图像】、【替换文本】、【按下时，前往的URL】等属性。用同样的方式，为导航条中其他 6 个同类的按钮添加按钮的基本图像，并添加鼠标经过按钮时显示的【鼠标经过图像】等几种属性。

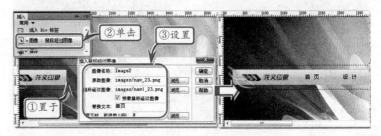

STEP|05 在为所有导航条按钮添加原始图像、鼠标经过图像，并设置替换文本之后，即可完成整个图像导航条的制作。使用网页浏览器浏览图像导航条所在的页面，用户可以使用鼠标滑过导航条中各个按钮，查看鼠标滑过时的效果。

14.7 练习：制作图片新闻网页

图片新闻网页是一种常见的网页类型。在图片新闻网页中，通常提供新闻事件的各种照片、分析图像等，作为吸引读者阅读新闻内

提示

执行【插入】|【图像】命令，有两种方法，一是在工具栏执行【插入】|【图像】命令，二是在【插入】面板【常用】选项中，单击【图像】按钮。

提示

插入鼠标经过图像时，在弹出的【插入鼠标经过图像】对话框中，【原始图像】是指当前页面显示的图像，【鼠标经过图像】，则是显示的效果图像。

容的媒介。使用 Dreamweaver CS5 的插入图像以及编辑图像功能，可以方便地制作出精美的图片新闻网页。

操作步骤 ▶▶▶▶

STEP|01 打开素材页面 "sucai.html"，选择大图像，单击【属性】检查器中的【亮度和对比度】按钮 ◐ ，在弹出的【亮度/对比度】对话框中，设置【亮度】值为 "34"，【对比度】值为 "29"。

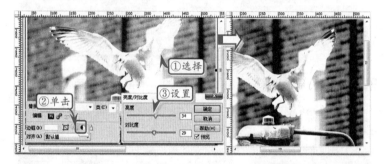

STEP|02 选择右侧小图像，单击【属性】检查器中的【裁剪】按钮 ☐ ，将鼠标移上图像时，图像显示编辑区域，然后双击鼠标，图像裁剪完成。

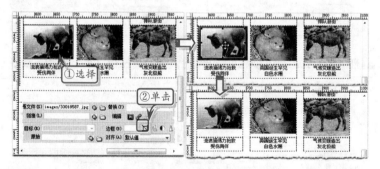

STEP|03 将鼠标置于 "每月精选" 标题栏目内容中，单击【插入】面板【布局】选项中的【插入 Div 标签】按钮，在弹出的【插入 Div 标签】对话框中，输入【类】名称为 mPic，单击【新建 CSS 规则】按钮，弹出【新建 CSS 规则】对话框，显示【选择器类型】和【选

提示

执行【插入Div标签】命令，可以在【插入】面板【常用】选项中单击按钮，也可以在【插入】面板【布局】选项中单击按钮。

提示

在【插入Div标签】对话框中有【类】、【ID】两种可以识别。

提示

在一个Div层中再创建另一个Div层，叫做嵌套Div层。

提示

先将Div层中的文本删除，再依次插入图像及输入文本。

注意

只有将光标置于该层中时，才可以执行【插入】|【图像】命令。

择器名称】与输入的类名称相照应，单击【确定】按钮即可。

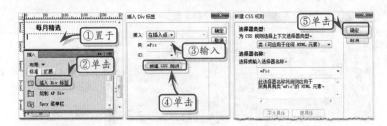

STEP|04 在【.mPic 的 CSS 规则定义】对话框中，选择【分类】列表中的【方框】，在方框中，设置 Width 为 "130px"，Height 为 "130px"，Float 为 left，【Margin-Top】和【Margin-Bottom】为 5，【Margin-Right】和【Margin-Left】为 18。

STEP|05 将光标置于类名称为 mPic 的 Div 层中，然后分别创建类名称为 smPic、mpicText 的 Div 层，并设置其 CSS 样式属性。选择类名称为 mPic 的 Div 层，复制 6 次。

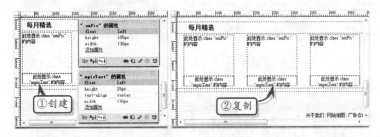

STEP|06 分别在类名称为 smPic 的 Div 层中执行【插入】|【图像】命令，在类名称为 mpicText 的 Div 层中输入文本。

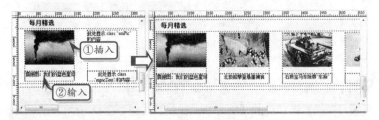

STEP|07 在完成网页中所有模块的设计后，即可保存网页，通过网页浏览器查看效果。

14.8 练习：制作相册展示网页

相册展示网页也是一种互联网中常见的网页类型。在这种网页中，往往展示了个人或一些专业摄影师拍摄的各种照片，很多摄影师都使用这种网页来宣传自我的形象。本练习通过运用插入图像、插入背景图像、插入 Photoshop 图像等功能，制作一个婚纱摄影师的相册网页。

提示

在布局页面时，主要分为 header、content、footer 层，在 header 层中嵌套 logo、banner 层，在 content 层中嵌套 leftmain、rightmain 层。

提示

在【页面属性】对话框中，最常用的是【外观 (CSS)】分类。其中【页面字体】默认字体为"宋体"，【大小】默认为"14px"，【文本颜色】默认为"黑色"，【背景颜色】默认为"白色"，【背景图像】默认为"无"，【上边距】默认为"15px"，【左边距】默认为"10px"。

操作步骤 ▶▶▶▶

STEP|01 新建文档，在标题栏中的输入"婚纱相册"。单击【属性】检查器中的【页面属性】按钮，在弹出的【页面属性】对话框中设置其参数。然后单击【插入】面板【布局】选项中的【插入 Div 标签】按钮，创建 ID 为 header 的 Div 层，并设置其 CSS 样式属性。

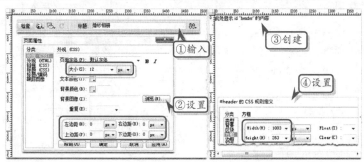

STEP|02 在 ID 为 header 的 Div 层中，分别嵌套 ID 为 logo、banner 的 Div 层，并设置其 CSS 样式属性。然后将光标置于 ID 为 logo 的 Div 层中，单击【插入】面板中的【图像】按钮。

STEP|03 在弹出的【选择图像源文件】对话框中，选择图像 "logo.psd"，单击【确定】按钮后，弹出【图像预览】对话框，图像格式转换为 ".jpg"，单击【确定】按钮，弹出【保存 Web 图像】对话框，进行保存。按照相同的方法，在 ID 为 banner 的 Div 层中，插入图像 "banner.psd"。

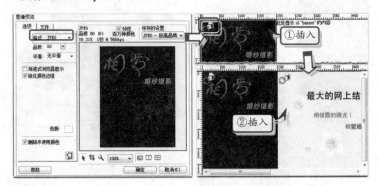

STEP|04 单击【插入 Div 标签】按钮，创建 ID 为 content 的 Div 层，并设置其 CSS 样式属性。然后在该 Div 层中分别嵌套 ID 为 leftmain、rightmaim 的 Div 层，并设置其 CSS 样式属性。

STEP|05 将光标置于 ID 为 leftmain 的 Div 层中，单击【插入】面板中的【表格】按钮，在弹出的【表格】对话框中设置【行数】为 8，【列数】为 1，【表格宽度】为 "140 像素"，【边框粗细】为 "0 像素"，【单元格边距】和【单元格间距】为 0。

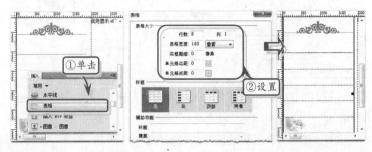

STEP|06 选择表格，单击【属性】检查器中【对齐】方式为 "右对齐"，设置第 1 行~第 5 行单元格的【水平】对齐方式为 "左对齐"，【垂直】对齐方式为 "底部"；设置第 6 行~第 8 行的【水平】对齐方式为 "居中对齐"，并在每个单元格中输入相应的文本。

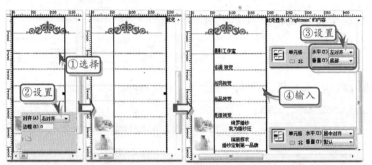

STEP|07 将光标置于 ID 为 rightmain 的 Div 层中，分别嵌套 ID 为 bigPic、smallPic 的 Div 层，设置其 CSS 样式属性。按照相同的方法，将光标置于 ID 为 bigPic 的 Div 层中，分别嵌套 ID 为 bigTitle、bPic 的 Div 层，并设置其 CSS 样式属性。

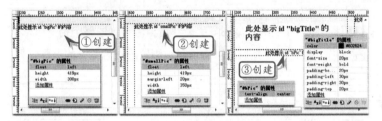

STEP|08 将光标置于 ID 为 bigTitle 的 Div 层中，输入文本 "婚纱摄影"。在 ID 为 bPic 的 Div 层中，插入图像 "person1.psd"。在 ID 为 smallPic 的 Div 层中，插入一个 3 行×1 列、【宽】为 "350 像素" 的表格，并在【属性】检查器中进行设置。

STEP|09 在第 1、3 行输入文本，第 2 行嵌套一个 2 行×2 列、【宽】为 "350 像素" 的表格。然后在【属性】检查器中，设置第 1 行单元格【水平】对齐方式为 "右对齐"，【高】为 50；第 3 行【格式】为 "标题 4"，【水平】对齐方式为 "居中对齐"，【高】为 40；第 2 行插

提示

选择单元格，在【属性】检查器中设置单元格的【背景颜色】为"灰色"（#e7e6e3）。

入的表格【填充】为 4，【间距】为 10，【边框】为 0。

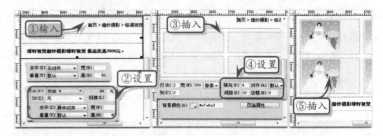

STEP|10 在文档最底部，创建 ID 为 footer 的 Div 标签，并设置其 CSS 样式属性。然后，将鼠标光标置于 footer 的 Div 标签中，输入版权信息内容的文本，完成版尾部分内容的制作过程。

提示

在 CSS 代码中设置的 line-heigh:20px 表示行距为 20px，background：url(images/footer.jpg) 表示背景图像。

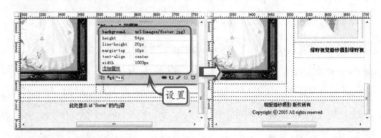

STEP|11 在制作完成版尾部分的内容后，即可完成整个相册展示网页的制作。保存网页，然后即可使用网页浏览器查看最终的页面效果。

14.9 高手答疑

Q&A

问题 1：为何有时网页浏览器会为透明的 PNG 图像添加一个灰色的背景？

解答：早期的网页浏览器（例如 Internet Explorer 6.0 之前的 IE 浏览器等）受限于技术条件和用户计算机的处理能力，只能支持 GIF、JPEG 以及 8 位的 PNG 图像。

对于图像的色彩位数超过 8 位的 PNG 图像，往往使用 JPEG 格式的解压算法来实现显示。然而，JPEG 格式的解压算法不支持 Alpha 通道（透明的色彩通道），因此无法显示透明内容。

为了解决这一问题，这些浏览器的开发者编写了一段简单的代码，为所有 Alpha 通道的内容填充浅灰色的色块。因此，在 Internet Explorer 6.0 等早期网页浏览器中，会为透明的 PNG 图像添加一个灰色的背景。

随着技术的进步，在 Internet Explorer 7.0 及之后版本的网页浏览器中，已经可以支持带有透明通道的 16 位 PNG 图像，也就不会再为透明的 PNG 图像添加灰色背景了。

Q&A

问题2：为什么有的网页图像是逐行显示而有的网页图像是由模糊到清晰的方式显示？

解答：网页中最常见的图像就是 GIF 图像和 JPG 图像。这两种图像都是压缩图像，其压缩方式完全不同。

JPG 图像采用的是逐行压缩，因此在网页浏览器显示这种图像（解压）时，会将其逐行显示。

而 GIF 图像则可采用两种压缩方式。一种是普通压缩方式，与 JPG 图像一样是逐行显示的，另一种是整体压缩，因此在网页浏览器显示这种图像（解压）时，是先显示模糊的轮廓，然后再逐渐解压，将其清晰化的。

Q&A

问题3：如何在调整图像大小后消除图像的锯齿？

解答：位图的分辨率是固定的，放大或缩小位图，通常会给位图造成锯齿，影响图像的美观。Dreamweaver 提供了图像优化工具，可帮助用户在调整图像大小后进行简单优化，降低锯齿的出现机率。

在 Dreamweaver 中，选中插入的图像，即可右击，执行【优化】命令。

在弹出的【图像预览】对话框中，选择【文件】选项卡，设置优化后图像的【宽】和【高】。

然后即可单击【确定】按钮，完成图像的优化工作。此时，将自动对图像中的颜色进行优化设置，消除图像中的各种锯齿。

Q&A

问题4：如何将图像优化至指定的大小？

解答：对于网页图像传输而言，每张图片的大小有严格的限制。只有体积小的图片，才能以最快的方式被浏览器打开。

为方便用户处理网页图片，Dreamweaver 提供了【优化到指定大小】对话框，可帮助用户通过可视化的方式处理网页图像，减小图像体积，提高图像的传输速度。

在 Dreamweaver 中，选中图像，执行【优化】命令，在弹出的【图像预览】对话框中单击【优化到指定大小向导】按钮，打开【优化到指定大小】对话框。

在该对话框中，用户可设置优化的目标大

小，通常目标大小要小于图像源文件本身的 大小。

在设置完【目标大小】后，Dreamweaver 会自动设置 JPEG 格式的品质，从而控制图像 所占用的存储空间。

提示

用户也可自行根据输出的文件大小，调节 图像的品质。

Q&A

问题 5：如何使用 Dreamweaver 实现网页图 像模糊？

解答：Dreamweaver 本身并没有提供使图像模 糊化的处理方法。不过通过【图像预览】对话 框的简单设置，可以实现类似的效果。

首先选中图像，在【属性】面板中单击【编 辑图像设置】按钮 ，打开【图像预览】对 话框。

在【图像预览】对话框中，用户可直接设 置图像的【平滑】属性，通过该属性控制图像

的模糊程度。

Q&A

问题 6：如何调用外部图像处理软件，直接编 辑网页中的图像？

解答：Adobe Dreamweaver CS5 与 Adobe 公司 开发的各种图像处理软件有完美的结合。在 Dreamweaver CS5 中，用户可以方便地调用 Adobe Photoshop CS5 或 Adobe Fireworks CS5 等图像处理软件对网页中的图像进行编辑。

如本地计算机已安装 Adobe Photoshop CS5 软件，则在 Dreamweaver 中选中图像，即

可在【属性】检查器中单击【编辑】按钮 ，打开 Photoshop，对图像进行编辑。

15 网页中的链接

在网页中，超链接可以帮助用户从一个页面跳转到另一个页面，也可以帮助用户跳转到当前页面的某个指定位置。换句话说，超链接是连接网站中所有内容的桥梁，是网页最重要的组成部分。Dreamweaver CS5 提供了多种创建和编辑超链接的方法，设计者可以通过可视化界面为网页添加各种类型的超链接。

本章将向读者介绍插入文本链接、图像链接、电子邮件链接和锚记链接的方法，以及如何在图像中绘制和编辑热点区域，使读者可以在网页中添加所需的链接。

15.1 插入文本链接

创建文本链接时，首先应选择文本，然后在【插入】面板的【常用】选项卡中，单击【超级链接】按钮 ，打开【超级链接】对话框。

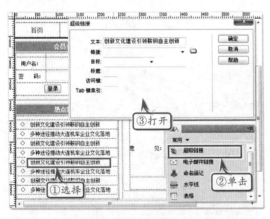

在【超级链接】对话框中，共包含有 6 种参数设置，其作用如下表所示。

参 数 名	作　　用
文本	显示在设置超链接时选择的文本，是要设置的超链接文本内容
链接	显示链接的文件路径，单击后面的【文件】图标按钮，可以从打开的对话框中选择要链接的文件
目标	单击其后面的下三角按钮，在弹出的下拉菜单中可以选择链接到的目标框架

续表

参 数 名	作　　用
_blank	将链接文件载入到新的未命名浏览器中
_parent	将链接文件载入到父框架集或包含该链接的框架窗口中。如果包含该链接的框架不是嵌套的，则链接文件将载入到整个浏览器窗口中
_self	将链接文件作为链接载入同一框架或窗口中。本目标是默认的，所以通常无须指定
_top	将链接文件载入到整个浏览器窗口并删除所有框架
标题	显示鼠标经过链接文本所显示的文字信息
访问键	在其中设置键盘快捷键以便在浏览器中选择该超级链接
Tab 键索引	设置 Tab 键顺序的编号

在【超级链接】对话框中，根据需求进行相关的参数设置，然后单击右侧的【确定】按钮即可。此时，被选中的文本将变成带下划线的蓝色文字。

除此之外，用户在 Dreamweaver 中执行【插入】|【超级链接】命令，也可以打开【超级链接】对话框，为文本添加超级链接。

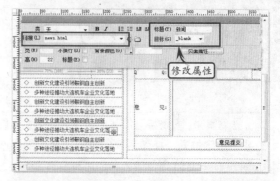

在为文本添加超级链接后，用户还可以在【属性】检查器的 HTML 选项卡 <> HTML 中，修改链接的地址、标题、目标等属性。

单击【属性】检查器的【页面属性】按钮，在弹出的对话框中可以修改网页中超级链接的样式。

15.2 插入图像链接

在 Dreamweaver 中，除了可以为文本添加超级链接外，还可以为图像添加超级链接。首先选中图像，然后在【属性】检查器中【链接】右侧的文本框中输入超链接的地址。

的【边框】文本框中输入 0，以消除该边框。

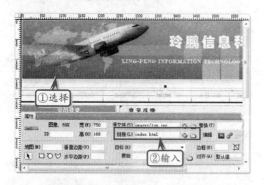

在为图像添加超级链接后，图像的四周带有一条蓝色的边框。此时，用户可以在【属性】检查器

15.3 插入电子邮件链接

电子邮件链接也是超链接的一种形式。与普通的超链接相比，当用户单击电子邮件链接后，打开

链接的并非网页浏览器，而是本地计算机的邮件收发软件。

选中需要插入电子邮件地址的文本，然后，在【插入】面板中单击【电子邮件链接】按钮 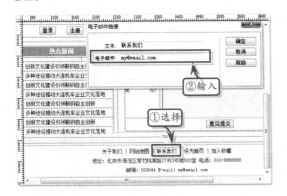，打开【电子邮件链接】对话框。然后，在【电子邮件】右侧的文本框中输入电子邮件地址。

与插入其他类型的链接类似，用户也可以执行【插入】|【电子邮件链接】命令，打开【电子邮件链接】对话框，进行相关的设置。

15.4 插入锚记链接

锚记链接是网页中一种特殊的超链接形式。普通的超链接只能链接到互联网或本地计算机中的某一个文件。而锚记链接则常常被用来实现到特定的主题或者文档顶部的跳转链接。

创建锚记链接时，首先需要在文档中创建一个命名锚记，作为超链接的目标。将光标放置在网页文档的选定位置，单击【插入】面板的【命名锚记】按钮，在打开的【命名锚记】对话框中输入锚记的名称。

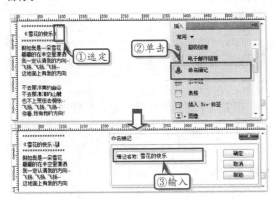

在创建命名锚记之后，即可为网页文档添加锚记链接。添加锚记链接的方式与插入文本链接相同，执行【插入】|【超级链接】命令，在打开的【超级链接】对话框中输入以井号 "#" 开头的锚记名称。

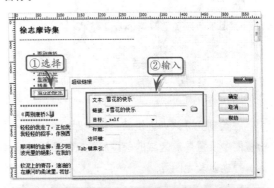

由于创建的锚记链接属于当前文档的内部，因此可以将链接的目标设置为 "_self"。

15.5 绘制热点区域

热点链接是一种特殊的超链接形式，又被称作热区链接、图像地图，其作用是为图像的某一部分添加超链接，实现一个图像多个链接的效果。

1. 矩形热点链接

矩形热点链接是最常见的热点链接。在文档中选择图像，单击【属性】检查器中的【矩形热点工具】按钮□，当鼠标光标变为十字形"十"之后，即可在图像上绘制热点区域。

在绘制完成热点区域后，用户即可在【属性】检查器中设置热点区域的各种属性，包括链接、目标、替换以及地图等。

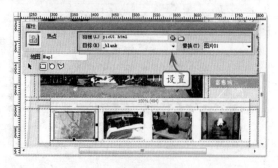

其中，【地图】参数的作用是为热点区域设置一个唯一的 ID，以供脚本调用。

2. 圆形热点链接

Dreamweaver 允许用户为网页中的图像绘制圆形热点链接。

在文档中选择图像，然后在【属性】检查器中单击【圆形热点工具】按钮○，当鼠标光标转变为十字形"十"后，即可绘制圆形热点链接。

与矩形热点链接类似，用户也可在【属性】检查器中对圆形热点链接进行编辑。

3. 多边形热点链接

对于一些复杂的图形，Dreamweaver 提供了多边形热点链接，帮助用户绘制不规则的热点链接区域。

在文档中选择图像，然后在【属性】检查器中单击【多边形热点工具】按钮♡，当鼠标光标变为十字形"十"后，即可在图像上绘制不规则形状的热点链接。

其绘制方法类似一些矢量图像绘制软件（例如 Flash 等）中的钢笔工具。首先单击鼠标，在图像中绘制第一个调节点。

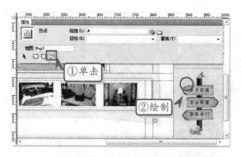

然后，继续在图像上绘制第 2 个、第 3 个调节点，Dreamweaver 会自动将这些调节点连接成一个闭合的图形。

当不再需要绘制调节点时，右击鼠标，退出多边形热点绘制状态。此时，鼠标光标将变回普通的样式。

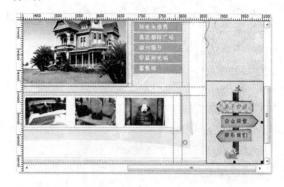

用户也可以在【属性】检查器中单击【指针热点工具】按钮，同样可以退出多边形热点区域的绘制。

15.6　编辑热点区域

在绘制热点区域之后，用户可以对其进行编辑，Dreamweaver 提供了多种编辑热点区域的方式。

1．移动热点区域位置

图像中的热点区域，其位置并非固定不可变的，用户可以对其进行更改。

在文档中选择图像后，单击【属性】检查器中的【指针热点工具】按钮，使用鼠标拖动热点区域即可。

或者在选中热点区域后，按键盘上的方向键　，同样可以改变其位置。

> **注意**
>
> 热点区域是图像的一种标签，因此，其只能存在于网页图像之上。无论如何拖动热点区域的位置，都不能将其拖动到图像范围之外。

2．对齐热点区域

Dreamweaver 提供了一些简单的命令，可以对齐图像中两个或更多的热点区域。

在文档中选择图像，单击【属性】检查器中的【指针热点工具】按钮，按住 Shift 键后连续选择图像中的多个热点区域。然后右击图像，在弹出的菜单中可执行 4 种对齐命令。

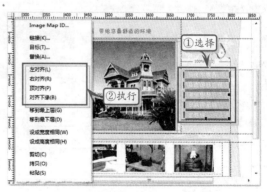

这 4 种对齐命令的作用如下表所示。

命 令	作 用
左对齐	将两个或更多的热区以最左侧的调节点为准，进行对齐
右对齐	将两个或更多的热区以最右侧的调节点为准，进行对齐
顶对齐	将两个或更多的热区以最顶部的调节点为准，进行对齐
对齐下缘	将两个或更多的热区以最底部的调节点为准，进行对齐

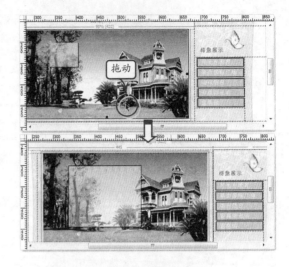

3．调节热点区域大小

Dreamweaver 提供了便捷的工具，允许用户调节热点区域的大小。

在文档中选择图像，单击【属性】检查器中的【指针热点工具】按钮，将鼠标光标放在热点区域的调节点上方，当转换为黑色时，按住鼠标左键，对调节点进行拖动，即可改变热点区域的大小。

当图像中有两个或两个以上的热点区域时，Dreamweaver 允许用户在选中这些热点区域后，右击执行【设成宽度相同】或【设成高度相同】命令，将其宽度或高度设置为相同大小。

4．设置重叠热点区域层次

在同一个图像中，经常会遇到重叠的热点区域，Dreamweaver 允许用户为重叠的热点区域设置简单的层次。

选择文档中的图像，单击【属性】检查器中的【指针热点工具】按钮，然后右击热点区域，执行【移到最上层】或【移到最下层】等命令，即可修改热点区域的层次。

15.7 练习：制作木森壁纸酷网站

练习要点
- 插入文本链接
- 插入图像
- 插入图像链接

壁纸网站中包含有大量的图片和文字信息。用户通过单击其中的小图像可以链接到新的网页，以查看大图像。本练习运用插入文本链接、图像链接制作木森壁纸酷网站。

操作步骤 >>>>

STEP|01 新建文档，在标题栏中输入"木森壁纸酷"。单击【属性】检查器中的【页面属性】按钮，在弹出的【页面属性】对话框中设置其参数。然后单击【插入】面板【布局】选项中的【插入 Div 标签】按钮，创建 ID 为 header 的 Div 层，并设置其 CSS 样式属性。

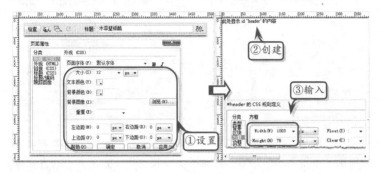

STEP|02 将光标置于 ID 为 header 的 Div 层中，单击【插入】面板中的【图像】按钮 ⬛·图像：图像，在弹出的【选择图像源文件】对话框中，选择图像"one_01.png"。

STEP|03 按照相同的方法，单击【插入 Div 标签】按钮，创建 ID 为 banner 的 Div 层并设置 CSS 样式属性。然后，单击【插入】面板中的【图像】按钮，在 Div 层中插入"one_02.png"素材图像。

STEP|04 单击【插入 Div 标签】按钮，创建 ID 为 content 的 Div 层，并设置 CSS 样式属性。然后，分别嵌套 ID 为 leftmain、rightmain 的 Div 层，并设置其 CSS 样式属性。

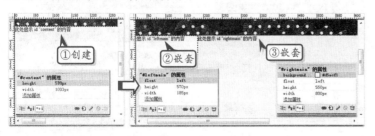

提示

打开【插入 Div 标签】对话框后，在 ID 文本框中输入 header，然后单击【新建 CSS 规则】按钮，设置 CSS 样式属性。

提示

图像也可以通过 CSS 样式将其设置为背景图像。

提示

通过 CSS 样式定义 ID 为 banner 的 Div 层的宽度为 1003px，高度为 188px。

提示

创建类的方法与创建 ID 的方法是一样的。

STEP|05 在 ID 为 leftmain 的 Div 层中，嵌套类名称为 title 的 Div 层，并设置其 CSS 样式属性。然后，创建 ID 为 fenbianlv 的 Div 层，并设置其 CSS 样式属性。将光标置于类名称为 title 的 Div 层中，重新输入文本。

STEP|06 在 ID 为 fenbianlv 的 Div 层中输入文本，并单击【属性】检查器中的【项目列表】按钮，然后按 Enter 键，出现项目列表符号。继续输入文本，依次类推。选择文本，在【属性】检查器中【链接】右侧的文本框中输入链接地址。

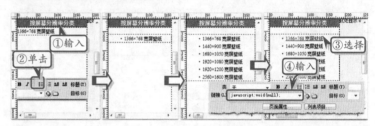

STEP|07 单击【插入 Div 标签】按钮，在弹出的【插入 Div 标签】对话框中，选择【类】名称为 title，单击【确定】按钮。然后，创建 ID 为 neirong 的 Div 层，并设置其 CSS 样式属性。分别在层中输入文本，并设置文本链接。

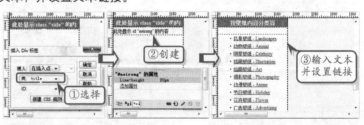

STEP|08 在 ID 为 rightmain 的 Div 层中，嵌套类名称为 rows 的 Div 层并设置其 CSS 样式属性。然后，在 rows 的 Div 层中，分别嵌套类名称为 pic、recommend 的 Div 层，并设置其 CSS 样式属性。

STEP|09 将光标置于类名称为 pic 的 Div 层中，插入图像 "small1.jpg"；在 ID 为 recommend 的 Div 层中输入文本。然后选择图像，在【属性】检查器中设置【链接】为 "1.jpg"，【边框】为 0；设置文本【链接】为 "javascript:void(null);"。

STEP|10 按照相同的方法，创建类名称为 rows 的 Div 层，并在 rows 类中嵌套类名称为 pic、recommend 的 Div 层，在其中分别插入图像及输入文本，并进行图像链接和文本链接。

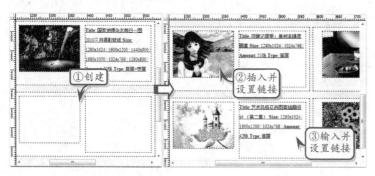

STEP|11 将光标置于文档底部，单击【插入 Div 标签】按钮，创建 ID 为 footer 的 Div 层，并设置其 CSS 样式属性，然后输入文本。

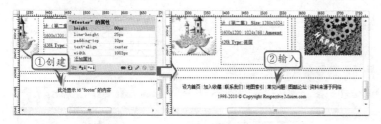

15.8 练习：制作软件下载页

在网站中下载软件时，通常会看过软件的介绍后才决定是否要下载该软件。单击下载按钮，将会弹出一个对话框，提示下载的文件名称及可执行的操作。本练习通过插入文本链接和电子邮件链接制作软件下载页。

Logo	SmallNav
	search
Nav	
leftmain	rightmain
footer	

操作步骤

STEP|01 打开素材页面"index.html"，将光标置于该 rightmain 层并删除其中的文本。然后，单击【插入】面板中的【插入 Div 标签】按钮，创建 ID 为 xiangdao 的 Div 层，并设置其 CSS 样式属性。

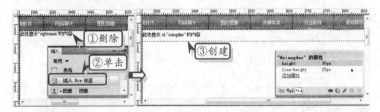

STEP|02 在 ID 为 xiangdao 的 Div 层中输入文本，并分别选择其中的"首页"、"系统工具"、"系统其他"文本，在【属性】检查器中设置文本【链接】值为"javascript:void(null);"。

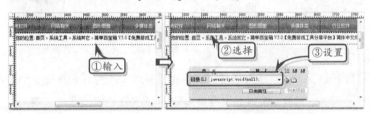

STEP|03 单击【插入 Div 标签】按钮，创建 ID 为 bigTitle 的 Div 层，并定义背景颜色、文本颜色、文本大小及该层的宽、高等 CSS 样式属性。然后输入文本。

STEP|04 单击【插入 Div 标签】按钮，创建 ID 为 goto 的 Div 层。然后插入图像，单击【属性】检查器中的【项目列表】按钮，图像前显示项目列表符号，按 Enter 键，出现下一个项目列表符号，再插入图像，依次类推。

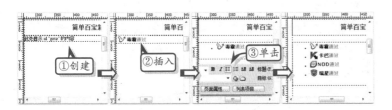

STEP|05 在标签栏选择 ul 标签，定义其列表样式、宽、高、填充、边距等 CSS 样式属性。然后，在标签栏选择 li 标签，定义其浮动方式、宽、对齐方式等 CSS 样式属性。

STEP|06 单击【插入 Div 标签】按钮，创建 ID 为 detail 的 Div 层，并设置其 CSS 样式属性。将光标置于该层中，输入文本。单击【属性】检查器中的【项目列表】按钮，出现项目列表符号。然后按 Enter 键，显示下一个项目列表符号，并输入文本，依次类推。

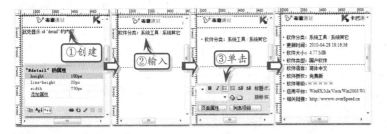

STEP|07 在标签栏选择 ul 标签，定义其列表样式、宽、填充、边距等 CSS 样式属性。然后，在标签栏选择 li 标签，定义其浮动方式、宽、左边距填充等 CSS 样式属性。

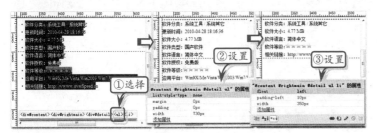

STEP|08 单击【插入 Div 标签】按钮，创建类名称为 samllTitle 的 Div 层，并设置【背景颜色】为 "蓝色" （#e7f2fd），文本【颜色】为 "深蓝色" （#054881），【大小】为 "16px"，字体加粗，及该层的【宽】

提示

项目列表不仅可以在文本中使用，同样也可以在图像中使用。在 CSS 样式的作用下，项目列表达到如同在表格中的效果。

提示

在标签栏选择 ul 标签，在设计视图中 ul 标签项就呈现选中状态。

提示

ul 标签，li 标签默认情况下会有间距，所以在 CSS 样式属性中设置 margin 、 padding 为 "0px"。

提示

在 CSS 样式属性中设置 li 标签 float:left 表示，文本将水平排列。

为 "730px"，【高】为 "30px"，【行高】为 "25px"，【左边距】填充
为 "20px"，【上边距】填充为 "10px" 等 CSS 样式属性，然后输入
文本。

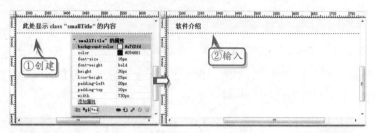

STEP|09 单击【插入 Div 标签】按钮，新建 ID 为 jieshao 的 Div 层，
并设置 CSS 样式属性。在该层中输入文本并分成 3 个段落，在标签
栏选择 P 标签，定义行高、边距、文本首行缩进等 CSS 样式属性。

STEP|10 单击【插入 Div 标签】按钮，在弹出的【插入 Div 标签】
对话框中，选择【类】为 smallTitle。创建类名称为 smallTitle 的 Div
层并输入文本。然后，创建类名称为 lines 的 Div 层，并设置其 CSS
样式属性。

STEP|11 在类名称为 lines 的 Div 层中，嵌套类名称为 listTitle 的 Div
层，定义背景图像、文本颜色及该层的宽、高等 CSS 样式属性并输
入文本。在层的下方插入图像和文本，并将文本转换为项目列表。

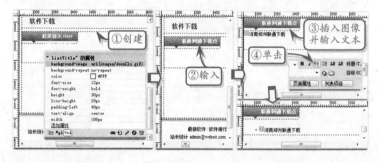

STEP|12 选择文本，在【属性】检查器中设置文本链接。按 Enter 键，显示下一个项目列表符号，并插入图像及输入文本，依次类推。在标签栏选择 ul 标签，并设置标签的 CSS 样式属性。

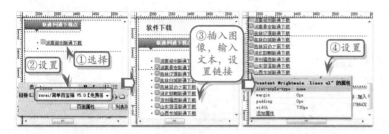

STEP|13 在标签栏选择 li 标签，并设置其 CSS 样式属性，然后按照相同的方法，创建类名称为 lines 的 Div 层，并在层中嵌套类名称为 listTitle 的 Div 层。以项目列表的形式插入图像并输入文本，并对文本设置链接。

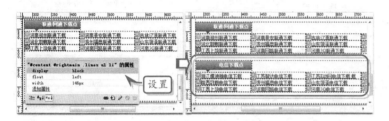

STEP|14 在标签栏选择 a 标签，在 CSS 样式中定义 text-decoration 为 none，margin-left 为 "5px"。

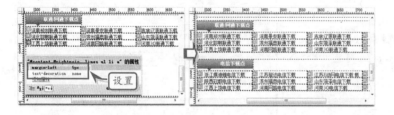

STEP|15 在 ID 为 footer 的 Div 层中，选择文本"admin@websit.com"，在【属性】检查器中设置文本链接，在链接的文本框中输入电子邮件链接 mailto:admin@websit.com。

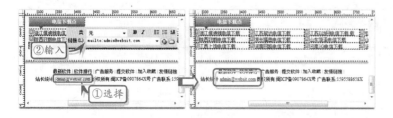

15.9 高手答疑

Q&A

问题 1：在制作网页时，通常需要预先添加一些空链接，那么用什么方法可以添加空链接？

解答：在制作网页时，有时需要创建一些空的超链接。这时，可以使用 Dreamweaver 插入空的锚记链接。

例如为文本插入超链接，可在 Dreamweaver 中选中文本，然后执行【插入】|【超级链接】命令，在【超级链接】对话框的【链接】文本框中输入符号"#"，并保持【目标】为空。

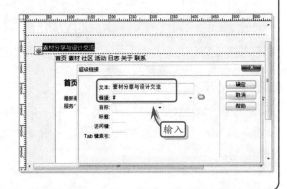

Q&A

问题 2：如何去掉整个网页中超链接的下划线？

解答：在默认状态下，所有的超链接都会被浏览器添加一条下划线。在多数情况下，下划线可以为网页浏览者提供提示，表示这里是超链接。

然而在某些情况下，下划线会影响到网页的美观，这时，就需要去除这些下划线。

首先，用 Dreamweaver 打开网页文档，单击【属性】面板中的【页面属性】按钮，在弹出的【页面属性】对话框【分类】列表菜单中，选择【链接】选项。

然后，在【下划线样式】下拉列表菜单中选择"始终无下划线"选项，即可去除网页中所有的下划线。

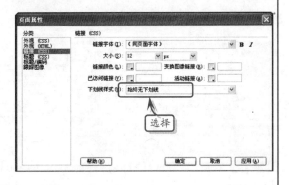

Q&A

问题3： 当单击网页中的空链接后,页面会自动跳转到顶端,那么如何可以避免这类事件的发生?

解答： 在创建空锚记链接之后,如果页面高度未超过一屏的高度（即显示器中可显示的网页高度）,则用户单击空锚记链接后不会起任何作用。

而如果页面高度较大,出现了垂直滚动条,且空锚记链接又在页面较下方的位置,则用户单击该空锚记链接后,页面会返回顶端,这样大大影响用户阅读。

此时,可以使用另一种方法创建空锚记链接,无论该超链接的位置在哪里,都不会再跳回页面顶端了。

在 Dreamweaver 中选择锚记链接,在【属性】检查器的【链接】文本框中添加如下代码即可。

```
javascript:void(null);
```

Q&A

问题4： 为什么单击某些超链接会打开新窗口,而单击另外一些超链接则需要下载?

解答： 在 Windows 系统中,包含许多种文件类型,每一个类型的文件都需要有专门的软件打开。

其中,网页浏览器可以打开相当多类型的文件,例如网页文档（扩展名为 html、htm、asp、php、jsp 等）、图像（jpeg、jpe、gif、jpg、bmp、png 等）。

在网页中,超链接可以链接任何类型的文件,包括网页浏览器无法直接打开的文件。当用户单击超链接时,网页浏览器将先对文件的类型进行简单的判断。

如果网页浏览器可以打开这种类型的文件,那么将直接打开该文件,例如,打开各种网页文档和图像等。

否则,网页浏览器将弹出一个【文件下载】对话框,允许用户选择运行、下载还是取消。

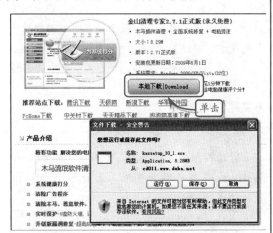

无论网页浏览器是否可以直接打开某类文件,在 Dreamweaver 中,其添加超链接的方式都是一样的,区别只是超链接的链接文件类型有所不同。

Q&A

问题 5：如何制作关闭当前窗口的超链接？

解答：在很多网页中，都会提供关闭当前窗口的超链接。在 Dreamweaver 中，无法使用可视化的操作实现此功能，需要编写一些简单的代码。

在网页中，选中链接文本，为其添加一个空链接，然后切换到代码视图，将看到如下代码。

```
<a href="#">关闭窗口</a>
```

将光标插入到 a 标签中，为 a 标签添加一个属性 onclick，并输入关闭当前窗口的 JavaScript 代码，即可实现超链接的功能。

```
<a href="#" onclick="javascript:
window.close();">关闭窗口</a>
```

在上面的代码中，window.close();表示关闭当前的浏览器窗口。

Q&A

问题 6：在网页中经常可以看到"设为首页"的超链接，当单击该链接时即会弹出一个对话框，询问是否将该网页设置为浏览器的默认首页，那么该功能如何实现？

解答：在互联网中，并非每个用户都会修改网页浏览器的首页。因此，在制作网页时可以提供一个超链接，帮助用户将当前网页设置为首页。

在 Dreamweaver 中选择文本，并为其创建一个空链接。然后，切换到代码视图，即可查看空链接的代码。

```
<a href="#">设为首页</a>
```

将光标移到 a 标签中，为标签添加 onclick 属性，响应鼠标单击事件，并编写 JavaScript 代码的属性值。

```
<a href="#" onclick="this.set-
HomePage('http://www.123.com');
return(false);" style="behavior:
url(#default#homepage)">设为首页
</a>
```

其中，"http://www.123.com"就是要设置首页的 URL 地址。将该段代码添加到网页中后，当用户单击超链接时，即可弹出设为首页的对话框。

Q&A

问题 7：在网页中单击"加入收藏"的超链接，将会弹出一个对话框，询问是否将当前页面添加到浏览器的收藏夹中，那么这个功能如何实现？

解答：在很多网页中，都会为用户提供加入收藏的功能，将该功能集成到一个超级链接中。这样，当用户单击该超级链接时，即可打开【添加收藏】对话框，将某个地址添加到浏览器的收藏夹。

在 Dreamweaver 中，打开网页文档，然后选中链接文本，切换到代码视图，即可看到超链接的代码。

```
<a href="#">加入收藏</a>
```

在 a 标签中添加 onclick 属性，然后即可在属性值中编写 JavaScript 代码，实现添加收藏的功能。

```
<a href="#" onclick="javascript:
window.external.addFavorite('htt
p://123.com','abc');">加入收藏
</a>
```

其中，"123.com"是要收藏的超链接地址，"abc"则是该地址所属网站的名称。

16 设计多媒体网页

　　随着网页技术的发展，很多网站为了使内容更加丰富和具有动感，开始为网页插入一些多媒体内容，包括插入视频和动画等资源。作为功能最强大的网页设计软件，Dreamweaver CS5 提供了多种可视化地插入这些多媒体资源的方法，允许用户制作多媒体网页。

　　本章将介绍视频、动画等素材资源在网页中的应用，以及使用 Dreamweaver 制作包含这两类多媒体内容的网页的方法。

16.1 插入 Flash 动画

　　在之前的章节中，已介绍了使用 Adobe Flash CS5 设计和制作各种与网页相关的动画的方法。使用 Dreamweaver CS5，可以方便地将这些动画插入到网页中。

1．插入普通 Flash 动画

　　对于普通的 Flash 动画，用户可以非常方便地将其插入到网页中。

　　将光标置于需要插入 Flash 动画的位置，单击【插入】面板【常用】选项卡中的【媒体：SWF】按钮 ，在弹出的对话框中选择 Flash 文件。

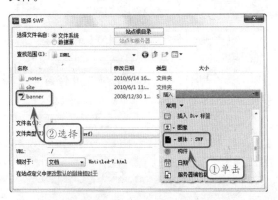

　　单击【确定】按钮后，即可在弹出的【对象标签辅助功能属性】对话框中设置 Flash 动画的【标题】等属性，单击【确定】按钮为文档插入 Flash 动画。此时，文档中将显示一个灰色的方框，其中包含有 Flash 标志。

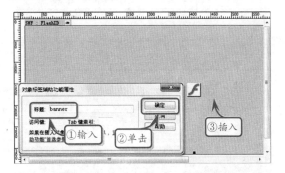

　　在文档中选择该 Flash 文件，【属性】检查器中将显示该文件的各个参数，如大小、路径、品质等。

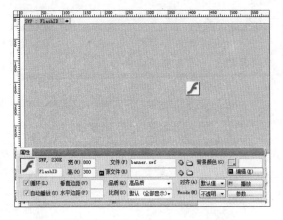

　　SWF【属性】检查器中各个选项及作用的详细介绍如下。

续表

名　称	功能描述
ID	为 SWF 文件指定唯一的 ID
宽和高	以像素为单位指定影片的高度和宽度
文件	指定 SWF 或 Shockwave 文件的路径
背景颜色	指定影片区域的背景颜色
编辑	启动 Flash 以及更新 FLA 文件
循环	使影片连续播放
自动播放	在加载页面时自动播放影片
垂直边距	指定影片上、下空白的像素数
水平边距	指定影片左、右空白的像素数
品质	在影片播放期间控制抗失真，分为低品质、自动低品质、自动高品质和高品质
比例	确定影片如何适合在宽度和高度文本框中设置的尺寸。默认为显示整个影片

名　称	功能描述
对齐	确定影片在页面中的对齐方式
Wmode	为 SWF 文件设置 Wmode 参数以避免与 DHTML 元素（例如 Spry 构件）相冲突。默认值为不透明
播放	在【文档】窗口中播放影片
参数	打开一个对话框，可在其中输入传递给影片的附加参数

2．设置 Flash 动画背景透明

网页的 Flash 播放器允许用户设置一种简单的属性，清除 Flash 动画的单色背景，使之以透明背景的方式进行播放。

在文档中插入一个没有背景的 Flash 动画，方法与插入普通 Flash 动画相同。然后，单击【属性】检查器中的【播放】按钮 ▶ 播放 ，然后预览效果，可发现该 Flash 动画并未显示为透明动画。

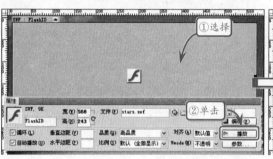

停止动画预览后，在【属性】检查器中选择 Wmode 选项为"透明"。然后保存文档后预览网页，可以发现该 Flash 动画中的黑色背景被隐藏，网页的背景图像完全显示。

提示

为了使透明动画效果更加明显，在插入Flash动画之前，首先为文档插入了背景图像。

16.2 插入 FLV 视频

FLV 是 Adobe 公司发布的一种高压缩比、可调节清晰度的流媒体视频格式,由于其基于 Flash 技术,因此又被称作 Flash 视频。

使用 Dreamweaver CS5,用户可以方便地将 FLV 格式的视频插入到网页中。

1. 插入累进式下载视频

累进式下载视频即允许用户下载到本地计算机中播放的视频。相比传统的视频,Flash 允许用户在下载的过程中播放视频已下载的部分。

在 Dreamweaver 中创建空白网页,然后即可单击【插入】面板中的【媒体:FLV】按钮 ，在弹出的【插入 FLV】对话框中选择 FLV 视频文件,并设置播放器的外观、视频显示的尺寸等参数。

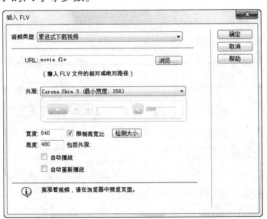

"累进式下载视频"类型的各个选项名称及作用详细介绍如下。

选 项 名 称	作 用
URL	指定 FLV 文件的相对路径或绝对路径
外观	指定视频组件的外观

续表

选 项 名 称	作 用
宽度	以像素为单位指定 FLV 文件的宽度
高度	以像素为单位指定 FLV 文件的高度
限制高宽比	保持视频组件的宽度和高度之间的比例不变
自动播放	指定在 Web 页面打开时是否播放视频
自动重新播放	指定播放控件在视频播放完之后是否返回起始位置

在完成设置后,文档中将会出现一个带有 Flash Video 图标的灰色方框,该方框的位置,就是插入的 FLV 视频位置。

选中该视频,即可在【属性】检查器中重新设置 FLV 视频的尺寸、文件 URL 地址、外观等参数。

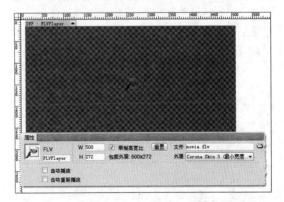

保存该文档并预览效果,可以发现一个生动的多媒体视频显示在网页中。当鼠标经过该视频时,将显示播放控制条;反之,离开该视频,则隐藏播放控制条。

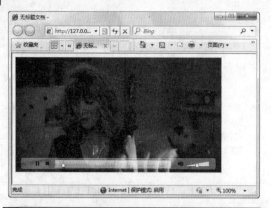

提示

与常规 Flash 文件一样，在插入 FLV 文件时，Dreamweaver 将插入检测用户是否拥有可查看视频的正确 Flash Player 版本的代码。如果用户没有正确的版本，则页面将显示替代内容，提示用户下载最新版本的 Flash Player。

2. 插入流视频

流视频是比累进式下载视频安全性更好，更适合版权管理的一种视频发布方式。相比累进式下载视频，流视频的用户无法通过完成下载，将视频保存到本地计算机中。然而使用流视频需要建立相应的流视频服务器，通过特殊的协议提供视频来源。

使用 Dreamweaver CS5，用户也可以方便地插入流视频。单击【插入】面板|【常用】选项卡中的【媒体：FLV】按钮，在弹出的【插入 FLV】对话框中选择【视频类型】为"流视频"，然后在该对话框的下面将显示相应的选项。

"流视频"类型的各个选项名称及作用详细介绍如下。

选项名称	作　　用
服务器 URI	指定服务器名称、应用程序名称和实例名称
流名称	指定想要播放的 FLV 文件的名称。扩展名.flv 是可选的
外观	指定视频组件的外观。所选外观的预览会显示在【外观】弹出菜单的下方
宽度	以像素为单位指定 FLV 文件的宽度
高度	以像素为单位指定 FLV 文件的高度
限制高宽比	保持视频组件的宽度和高度之间的比例不变。默认情况下会启用此复选框
实时视频输入	指定视频内容是否是实时的
自动播放	指定在 Web 页面打开时是否播放视频
自动重新播放	指定播放控件在视频播放完之后是否返回起始位置
缓冲时间	指定在视频开始播放之前进行缓冲处理所需的时间（以秒为单位）

提示

如果启用了【实时视频输入】复选框，组件的外观上只会显示音量控件，因此用户无法操纵实时视频。此外，【自动播放】和【自动重新播放】选项也不起作用。

设置完成后，文档中同样会出现一个带有 Flash Video 图标的灰色方框，此时还可以在【属性】检查器中重新设置 FLV 视频的尺寸、服务器 URI、外观等参数。

流视频插入的视频，其属性与累进式下载视频类似，在此将不再赘述。

16.3　插入 Shockwave 多媒体控件

Shockwave 是 Adobe（原 Macromedia）公司开发的一种多媒体技术，其可应用于视频、音频、动画甚至是交互性的程序。使用 Dreamweaver CS5，用户可以方便地插入这种多媒体控件。

将光标置于要插入 Shockwave 影片的位置，单击【媒体：Shockwave】按钮 ，在弹出的【选择文件】对话框中选择要播放的视频文件，即可在文档中插入一个带有 Shockwave 图标的灰色方框。

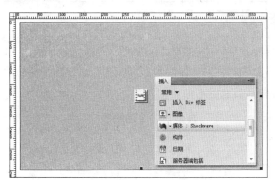

选择文档中的 Shockwave 文件，在【属性】检查器中可以设置视频文件的尺寸、垂直边距、水平边距和对齐方式等参数。

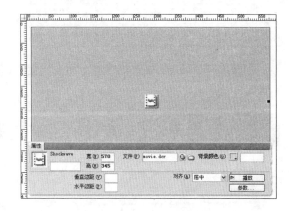

Shockwave 格式文件的各种属性设置与 Flash 动画十分类似，在此将不再赘述。

16.4　插入其他媒体内容

网页浏览器作为一种综合的多媒体播放平台，可以播放多种类型的多媒体文档，包括音频、视频、动画等。使用 Dreamweaver CS5，用户可以方便地将这些媒体类型插入到网页文档中。

将光标置于要插入影片的位置，单击【媒体：插件】按钮 ，在弹出的对话框中选择 WMV 视频文件，此时文档中将插入一个带有插件图标的灰色方框。选择该方框，可以在【属性】检查器中设置其尺寸、源文件和插件的 URL 等参数。

插件【属性】检查器中各个选项及作用详细介绍如下。

选项名称	作　　用
名称	指定用来标识插件以撰写脚本的名称
宽和高	以像素为单位指定在页面上分配给对象的宽度和高度
源文件	指定源数据文件。单击文件夹图标以浏览到某一文件，或者输入文件名

续表

选项名称	作　用
插件 URL	指定 pluginspace 属性的 URL
对齐	确定对象在页面上的对齐方式
垂直边距	以像素为单位指定插件上、下的空白量
水平边距	以像素为单位指定插件左、右的空白量
边框	指定环绕插件四周的边框的宽度
参数	打开一个用于输入要传递给 Netscape Navigator 插件的其他参数的对话框

以微软的 Internet Explorer 为例，其可以播放

的多媒体文档类型如下。

文档格式	说　明
MP3	互联网中最流行的音频格式
MIDI	数字乐谱格式
AVI	音频视频交互格式的视频，是最常见的视频封装模式
WAV	Windows 波形声音
MPEG	移动图像专家组标准视频
WMV	Windows 媒体视频
WMA	Windows 媒体音频

16.5　练习：制作 Flash 游戏页

练习要点

- 创建 Div 层
- 插入 Flash 动画

提示

页面布局代码如下。

```
<div id="header">
  <div id="logo">
  </div>
  <div id="nav">
  </div>
</div>
<div id="search">
</div>
<div id="content">
  <div id="games">
  </div>
  <div id="detai l">
  </div>
</div>
<div id="footer">
</div>
```

Flash 游戏在互联网中已成为不可或缺的元素，在很多视频、教程、休闲和娱乐的网站中都包含有 Flash 视频。本练习将在单机游戏页面中插入 Flash 游戏，以实现网页在线游戏的播放功能。

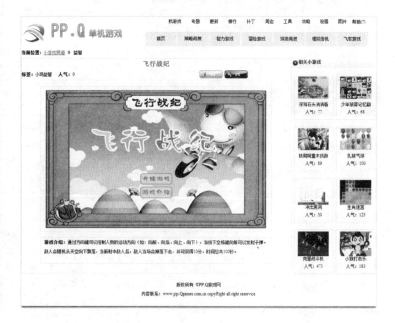

操作步骤 ▶▶▶▶

STEP|01 打开素材页面"index.html"，将光标置于文档空白处，单击【插入 Div 标签】按钮，创建 ID 为 gTop 的 Div 层，并设置其 CSS 样式属性。然后再嵌套 ID 为 title 的 Div 层，并设置其 CSS 样式属性。

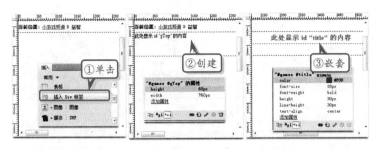

STEP|02 在 ID 为 title 的 Div 层中输入文本。单击【插入 Div 标签】按钮，在 ID 为 title 的 Div 层下分别嵌套 ID 为 name、fenshu 的 Div 层，并设置其 CSS 样式属性。

STEP|03 在 ID 为 name 的 Div 层中输入文本，在 ID 为 fenshu 的 Div 层中插入图像。单击【插入 Div 标签】按钮，在 ID 为 gTop 的 Div 层下创建 ID 为 flyGame 的 Div 层，并设置其 CSS 样式属性。

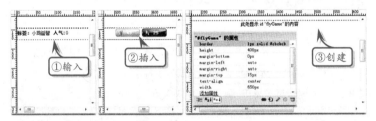

STEP|04 将光标置于 ID 为 flyGame 的 Div 层中，删除文本，然后，单击【插入】面板中的【媒体：SWF】按钮 ，将弹出【选择 SWF】对话框，在对话框中选择"飞行游戏.SWF"。

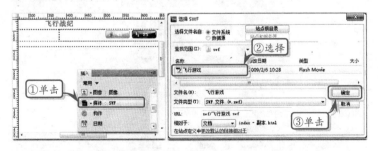

STEP|05 单击【确定】按钮，将弹出【对象标签辅助功能属性】对话框，在对话框中输入【标题】为"飞行战纪"，单击【确定】按钮即可。页面将显示 SWF 插件。选择插入的 SWF 插件，在【属性】检查器中设置【宽】为 620，【高】为 380，【垂直边距】为 10。

提示

在 ID 为 games 的 Div 层中，布局代码如下。

```
<div id="gTop">
  <div id="title">
  </div>
  <div id="name">
  </div>
  <di vid="fenshu">
  </div>
</div>
<di vid="flyGame">
</div>
<div id="jieshao">
</div>
```

提示

在 CSS 样式属性中设置边框，其中的复合属性样式、宽度、颜色一块设置。如 border:1px solid #cbcbcb 表示 4 个边框分别设置是像素为 1、实线、灰色。

提示

插入 Flash 动画有两种方法，一是在工具栏执行【插入】|【媒体】|【SWF】命令，二是单击【插入】面板【常用】选项中的【媒体】按钮中的小三角按钮，在弹出的下拉菜单中选择 SWF。

提示

插入的 SWF 插件在屏幕中默认是全屏显示，所以设置大小时应先选择插件，然后在【属性】检查器中设置【宽】和【高】，还可以设置【播放】为循环播放、自动播放两种方式。

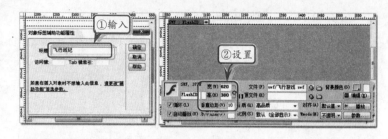

STEP|06 单击【插入 Div 标签】按钮，创建 ID 为 jieshao 的 Div 层，并定义边框、高、行高、宽、边距、填充等 CSS 样式属性，然后输入文本，并设置文本"游戏介绍"为粗体。

提示

设置好 SWF 插件后，单击【属性】检查器中的【播放】按钮，即可在设计视图中测试播放效果。

16.6 练习：制作音乐网页

练习要点

- 创建 Div 层
- 插入插件
- 插入图像

在线音乐网页是提供音频试听、歌词欣赏和歌手介绍等内容的网页，使用 Dreamweaver CS5 的插入插件功能，用户可以方便地为网页插入各种音频文档，制作在线音乐网页。

提示

页面布局代码如下。

```
<div id="header">
  <div id="logo">
  </div>
  <div id="nav">
  </div>
</div>
<div id="search">
</div>
<div id="content">
  <div id="leftma-
  in"></div>
  <div id="rightm-
  ain"></div>
</div>
<div id="footer">
</div>
```

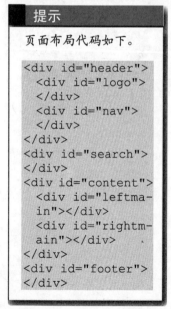

操作步骤 》》》》

STEP|01 打开素材页面〝index.html〞，将光标置于 ID 为 rightmain 的 Div 层的空白处，单击【插入 Div 标签】按钮，创建 ID 为 mTitle 的 Div 层，并设置其 CSS 样式属性，然后输入文本。

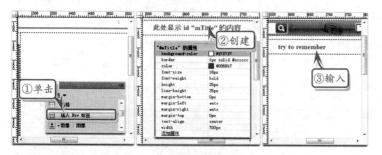

STEP|02 单击【插入 Div 标签】按钮，创建 ID 为 mPlayer 的 Div 层，并设置其 CSS 样式属性。然后在 ID 为 mPlayer 的 Div 层中嵌套 ID 为 music、jieshao 的 Div 层并设置其 CSS 样式属性。

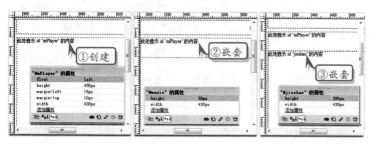

STEP|03 将光标置于 ID 为 mPlayer 的 Div 层中，单击【插入】面板【常用】选项中的【媒体：插件】按钮，在弹出的【选择文件】对话框中，选择素材〝trytoremember.mp3〞文件。

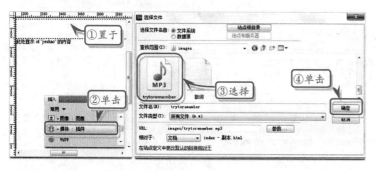

STEP|04 单击【确定】按钮后，文本显示插件图像，选择该插件，在【属性】检查器中设置【宽】为 430，【高】为 50。然后，将光标置于 ID 为 jieshao 的 Div 层中，单击【插入】面板【常用】选项中的【图像】按钮，在弹出的【选择图像源文件】对话框中，选择图像〝four.png〞。

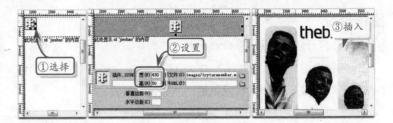

STEP|05 单击【插入 Div 标签】按钮，创建 ID 为 mText 的 Div 层，并设置其 CSS 样式属性。然后在该层中输入文本，其中设置文本"歌词欣赏"为"标题 2"，并设置三个段落。

STEP|06 将光标置于 ID 为 mPlayer 的 Div 层的最后，单击【插入 Div 标签】按钮，创建 ID 为 zjjs 的 Div 层，并设置其 CSS 样式属性。然后在该层中输入文本，设置为段落。在标签栏选择 P 标签，定义文本缩进，行高等 CSS 样式属性。

16.7 练习：制作视频网页

随着网络宽带技术的发展，人们已能通过网页浏览各种视频，各种在线电影网站逐渐风行。使用 Dreamweaver CS5 的插入累进式下载的 FLV 视频技术，可以方便地为页面插入 Flash 视频文档，制作在线电影的网页。

操作步骤 >>>>

STEP|01 打开素材页面"index.html"，将光标置于 ID 为 leftmain 的 Div 层中，单击【插入 Div 标签】按钮，创建 ID 为 daohang 的 Div 层，并设置 CSS 样式属性，及输入文本。

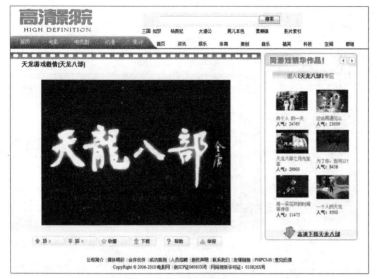

提示

页面布局代码如下。

```
<div id="header">
 <div id="logo">
 </div>
 <div id="search">
 </div>
</div>
<div id="nav">
 <div id="navLeft">
 </div>
 <div id="navRig-
 ht"></div>
</div>
<div id="content">
 <div id="leftma-
in"></div>
 <div id="rightm-
ain"></div>
</div>
<div id="footer">
</div>
```

STEP|02 单击【插入 Div 标签】按钮，创建 ID 为 player 的 Div 层，并定义背景颜色、填充、边距等 CSS 样式属性。然后，单击【插入】面板【常用】选项中的【媒体：FLV】按钮。

提示

在 ID 为 leftmain 的 Div 层中，布局代码如下。

```
<div id="daohang">
</div>
<div id="player">
</div>
<div id="pinglun">
</div>
```

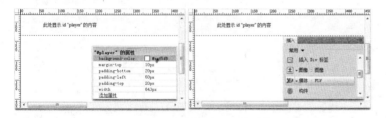

STEP|03 在弹出的【插入 FLV】对话框中，单击 URL 文本框右侧的【浏览】按钮，弹出【选择 FLV】对话框，选择文档"天龙八部_1.flv"。设置【宽】为 583；【高】为 400；自动播放；自动重新播放。

提示

插入 FLV 视频有两种方法，一是在工具栏执行【插入】|【媒体】|【FLV】命令，二是单击【插入】面板【常用】选项中的【媒体】按钮中的小三角按钮，在弹出的下拉菜单中选择 FLV。

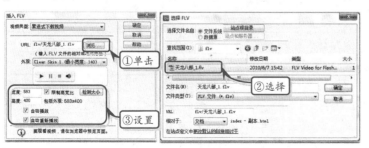

STEP|04 单击【确定】按钮后，页面显示 FLV 插件，然后单击【插入 Div 标签】按钮，创建 ID 为 pinglun 的 Div 层，并定义宽、高、左边距、上边距等 CSS 样式属性。

提示

修改外观、【宽度】、【高度】、【播放】类型，可以在文档页面中的【属性】检查器中进行修改。

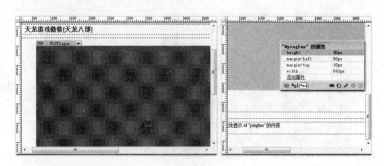

STEP|05 将光标置于 ID 为 pinglun 的 Div 层中，单击【插入】面板【常用】选项中的【图像】按钮，选择图像 "03_15.png"。然后，单击【属性】检查器中的【项目列表】按钮。

提示

灵活运用项目列表将图像垂直排列。通过设置 CSS 样式使图像水平排列。

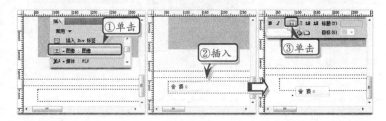

STEP|06 按 Enter 键，出现下一个项目列表符号，然后在项目列表符号后插入图像。在标签栏选择 ul 标签，定义边距、填充等 CSS 样式属性。然后，在标签栏选择 li 标签，并定义其属性，完成导航条的制作。

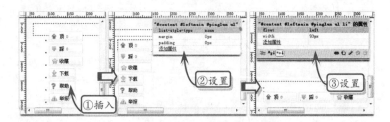

16.8 高手答疑

Q&A

问题 1：如何为网页文档添加背景音乐？

解答： 使用 Dreamweaver CS5，用户可以通过两种方法为网页中插入背景音乐。

第一种方法为可视化的操作。在文档中，单击【插入】面板中的【媒体：插件】按钮，在弹出的【选择文件】对话框中选择音频文件，此时文档中出现带有插件图标的灰色方框。

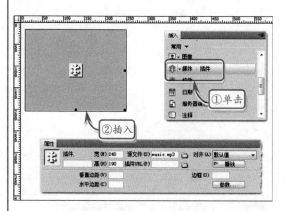

单击【属性】检查器中的【参数】按钮 [参数...] ，在弹出的【参数】对话框中添加 loop、autostart、mastersound 和 hidden 参数，并为每一个参数设置相应的值。

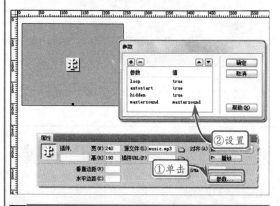

提示

hidden 参数指定插件是否隐藏；autostart 参数指定是否自动播放音频文件；loop 参数指定是否循环播放音频文件；mastersound 参数指定背景音乐的播放优先级。

除了通过可视化的方式外，用户还可以为网页编写代码，同样可实现背景音乐的播放。

将<bgsound>标签添加到网页文档的<head></head>标签之间，然后设置 src、autostart、loop 等属性即可，如下。

```
<head>
  <bgsound src="music.mp3" loop=
  "-1" />
</head>
```

<bgsound>标签的作用就是为网页添加一个隐含的背景音乐模块。用户可以通过以下 5 种属性设置背景音乐。

属　　性	作　　用
id	背景音乐标签的 ID，用于提供脚本的引用
src	定义背景音乐文件的路径
balance	定义背景音乐播放时的左右声道偏移
loop	定义背景音乐是否循环和循环次数
volume	定义背景音乐的音量

其中，balance 属性的值为-10000～+10000 之间，表示从左声道到右声道的转换；loop 的值可以是所有正整数或-1 和单词 infinity，分别表示循环播放的次数或无限循环播放；volume 属性的值最大值为 0，最小值为-10000。

提示

<bgsound>标签嵌入的背景音乐在网页中是不可见的，用户在浏览网页时是不能控制背景音乐播放的。

Q&A

问题 2：如何以代码的方式为网页文档插入视频？

解答：用户可以使用代码的方式插入各种视频文件，其需要使用<embed>标签。

<embed>标签的作用是为网页嵌入各种外部的文档，与<bgsound>标签不同，<embed>嵌入的各种外部文档是可见的，也可让用户在浏览网页文档时对其进行控制。

例如，嵌入一个简单的 wmv 格式视频，其代码如下。

```
<embed src="movie.wmv"></embed>
```

使用<embed>标签的属性，用户可以设置嵌入外部文档的样式，如下。

属 性	作 用
autostart	定义文档自动播放
height	定义文档的高度
hidden	定义文档自动隐藏
src	定义文档的 URL 地址
width	定义文档的宽度

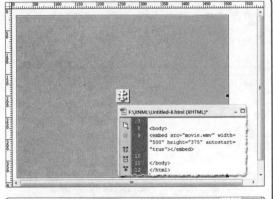

其中，autostart 属性的值为 true 或 false，表示文档自动播放或用户手动控制播放；height 和 width 属性的值为整数，单位为像素；hidden 属性的值也为 true 或 false，表示隐藏或显示嵌入的文档。在设置了视频的高度和宽度后，可发现其结果与使用可视化的插入插件方式相同。

保存网页文档后，即可通过网页浏览器浏览网页，查看视频播放的效果。

Q&A

问题 3：如何以代码的方式隐藏 Windows Media Player 播放插件的播放进度条等工具条？

解答： 在默认情况下，将 wmv、wma 以及 avi 和 mpeg 等格式的视频、音频文档插入到网页中时，会自动调用 Windows Media Player 播放插件进行播放。此时，将在音频或视频的控件下方显示出 Windows Media Player 播放器的播放进度条等工具条。

用户可以将一些与 Windows Media Player 接口相关的参数应用到<embed>标签上，以控制这些工具条的显示和隐藏。

常用的与工具条相关的 Windows Media Player 参数主要包括以下几种。

参 数	作 用
ShowControls	定义所有工具条的显示/隐藏
ShowAudioControls	定义音量控制的显示/隐藏
ShowDisplay	定义播放列表的显示/隐藏
ShowTracker	定义进度条的显示/隐藏
ShowPositionControls	定义快进等按钮的显示/隐藏
ShowStatusBar	定义状态栏的显示/隐藏

为参数赋予 true 或 false 的值即可控制该工具条的显示和隐藏。例如，定义隐藏所有工具条的播放代码，如下。

```
<embed src="movie.wmv" width=
"500" height="300" ShowControls=
"false"></embed>
```

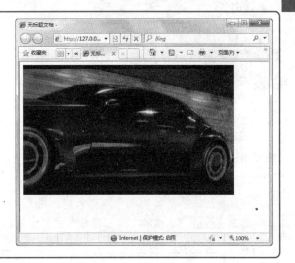

保存网页文档后，即可通过网页浏览器浏览该文档，查看视频播放的效果。

17 设计数据表格

将文本与图像插入页面后，就形成了最简单的网页。但在浏览网页时可以发现，文本或者图像会随着 IE 窗口的放大或者缩小而发生变化，这使得网页处于不稳定的状态。要想改变这种情况，最简单的方法就是使用表格。表格不仅能够控制网页在 IE 窗口中的位置，还可以控制网页元素在网页中的显示位置，这样无论 IE 窗口如何变化，其中的网页都会保持默认的状态。

本章主要介绍表格的创建和操作方法，以及如何编辑表格中的单元格，使读者在 Dreamweaver 中能够进行简单的页面布局。

17.1 创建表格

表格用于在 HTML 页面上显示表格式数据，是布局文本和图像的强有力工具。通过表格可以将网页元素放置在指定的位置。

1. 插入表格

在插入表格之前，首先将鼠标光标置于要插入表格的位置。在新建的空白网页中，鼠标光标默认在文档的左上角。

在【插入】面板中，单击【常用】或【布局】选项卡中的【表格】按钮 ▦ 表格 ，在弹出的对话框中设置行数、列、表格宽度等参数，即可在文档中插入一个表格。

> **提示**
>
> 在【插入】面板中默认显示为【常用】选项卡。如果想要切换到其他选项卡，可以单击【插入】面板左上角的选项按钮，在弹出的菜单中执行相应的命令，即切换至指定的选项卡。

在【表格】对话框中，各个选项的名称及作用介绍如下。

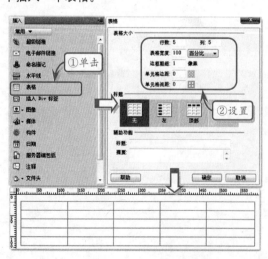

选 项		作 用
行数		指定表格行的数目
列		指定表格列的数目
表格宽度		以像素或百分比为单位指定表格的宽度
边框粗细		以像素为单位指定表格边框的宽度
单元格边距		指定单元格边框与单元格内容之间的像素值
单元格间距		指定相邻单元格之间的像素值
标题	无	对表格不启用行或列标题
	左	可以将表格的第一列作为标题列，以便可为表格中的每一行输入一个标题

续表

选　项		作　用
标题	顶部	可以将表格的第一行作为标题行，以便可为表格中的每一列输入一个标题
	两者	可以在表格中输入列标题和行标题
标题		提供一个显示在表格外的表格标题
摘要		用于输入表格的说明

提示

当表格宽度的单位为百分比时，表格宽度会随着浏览器窗口的改变而变化；当表格宽度的单位设置为像素时，表格宽度是固定的，不会随着浏览器窗口的改变而变化。

2. 插入嵌套表格

嵌套表格是在一个表格的单元格中插入的表格，其属性设置的方法与任何其他表格相同。

将光标置于表格中的任意一个单元格，单击

【插入】面板中的【表格】按钮，在弹出的对话框中设置行数、列等参数，即可在该表格中插入一个嵌套表格。

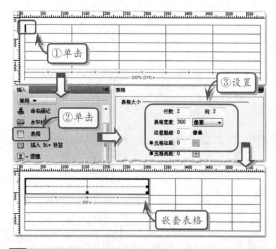

注意

父表格的宽度通常使用像素值。为了使嵌套表格的宽度不与父表格发生冲突，嵌套表格通常使用百分比设置宽度。

17.2 选择表格元素

在编辑整个表格、行、列或单元格时，首先需要选择指定的对象。可以一次选择整个表格、行或列，也可以选择一个或多个单独的单元格。

1. 选择整个表格

将鼠标移动到表格的左上角、上边框或者下边框的任意位置，或者行和列的边框，当光标变成表格网格图标时（行和列的边框除外），单击即可选择整个表格。

提示

如果将鼠标光标定位到表格边框上，然后按 Ctrl 键，则将高亮显示该表格的整个表格结构（即表格中的所有单元格）。

将光标置于表格中的任意一个单元格中，单击

状态栏中标签选择器上的<table>标签，也可以选择整个表格。

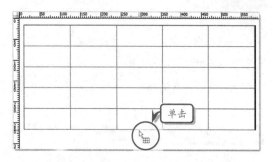

2. 选择行或列

选择表格中的行或列，就是选择行中所有连续单元格或者列中所有连续单元格。将鼠标移动到行的最左端或者列的最上端，当光标变成选择箭头 → ↓ 时，单击即可选择单个行或列。

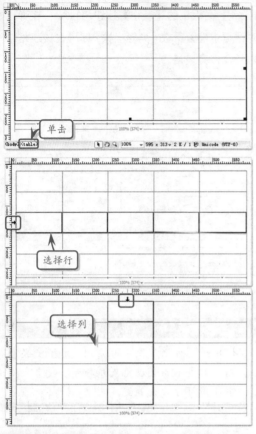

提示

选择单个行或列后，如果按住鼠标不放并拖动，则可以选择多个连续的行或列。

3．选择单元格

将鼠标光标置于表格中的某个单元格，即可选择该单元格。如果想要选择多个连续的单元格，将光标置于单元格中，沿任意方向拖动鼠标即可选择。

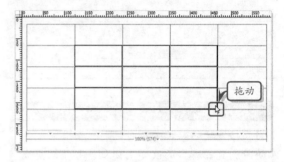

将鼠标光标置于任意单元格中，按住 Ctrl 键并同时单击其他单元格，即可以选择多个不连续的单元格。

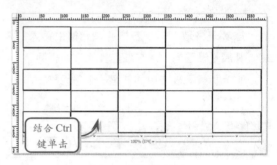

17.3 调整表格大小

当选择整个表格后，在表格的右边框、下边框和右下角将会出现 3 个控制点。通过鼠标拖动这些控制点，可以使表格横向、纵向或者整体放大或者缩小。

提示

当调整整个表格的大小时，表格中的所有单元格按比例更改大小。如果表格的单元格指定了明确的宽度或高度，则调整表格大小将更改文档窗口中单元格的可视大小，但不更改这些单元格的指定宽度和高度。

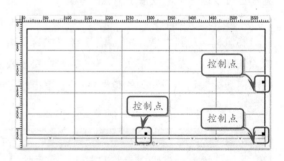

除了可以在【属性】检查器中调整行或列的大小外，还可以通过拖动的方式来调整其大小。

将鼠标移动到单元格的边框上，当光标变成左右箭头 ↔ 或者上下箭头 ↕ 时，单击并横向或纵向拖动鼠标即可改变行或列的大小。

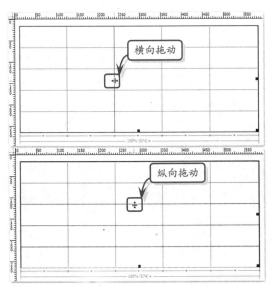

17.4 添加表格行与列

想要在某行的上面或者下面添加一行，首先将光标置于该行的某个单元格中，单击【插入】面板【布局】选项卡中的【在上面插入行】按钮 在上面插入行 或【在下面插入行】按钮 在下面插入行，即可在该行的上面或下面插入一行。

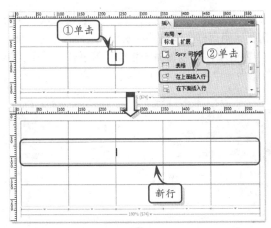

想要在某列的左侧或右侧添加一列，首先将光标置于该列的某个单元格中，单击【布局】选项卡中的【在左边插入列】按钮 在左边插入列 或【在右边

插入列】按钮 在右边插入列，即可在该列的左侧或右侧插入一列。

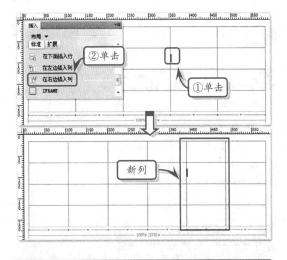

17.5 删除表格行与列

如果想要删除表格中的某行，而不影响其他行中的单元格，可以将光标置于该行的某个单元格中，然后执行【修改】|【表格】|【删除行】命令即可。

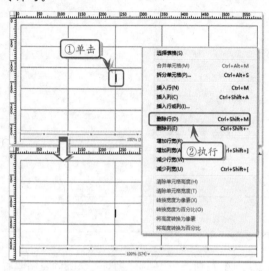

将光标置于列的某个单元格中，执行【修改】|【表格】|【删除列】命令可以删除光标所在的列。

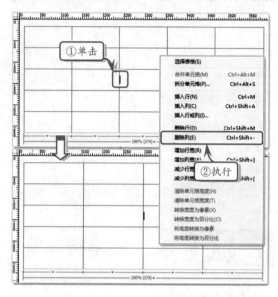

17.6 练习：制作个人简历页

练习要点

● 插入表格
● 合并单元格
● 设置表格属性
● 设置单元格属性

表格在网页中是用来定位和排版的，有时一个表格无法满足所有的需要，这时就需要运用到嵌套表格。本练习通过插入表格、合并与拆分单元格、设置表格属性、设置单元格属性等制作一个个人简历页。

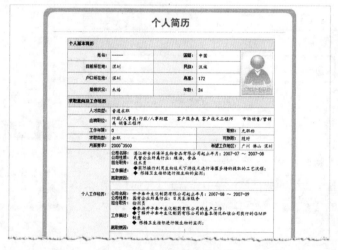

提示

在设计个人简历页面时，页面使用了 3 种颜色，但它们之间不能相差太大。

操作步骤 >>>>

STEP|01 新建文档，在标题栏中输入"个人简历"。单击【属性】检查器中的【页面属性】按钮，在弹出的【页面属性】对话框中设置其参数。然后单击【插入】面板【布局】选项中的【插入 Div 标签】按钮，创建 ID 为 tb 的 Div 层，并设置其 CSS 样式属性。

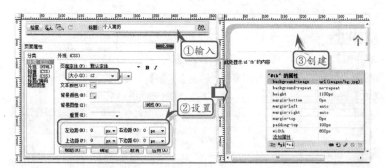

提示

创建 ID 为 tb 的 Div 层目的是能够使背景图像居中显示。如果直接在【页面属性】对话框中设置【背景图像】，则无法使图像居中显示。

STEP|02 将光标置于 ID 为 tb 的 Div 层中，单击【插入】面板【常用】选项中的【表格】按钮，在弹出的【表格】对话框中设置【行数】为 25，【列】为 5，【表格宽度】为"645 像素"。

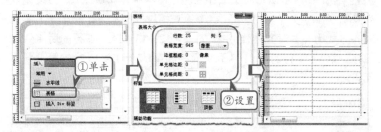

提示

设置表格属性时，既可以在弹出的【表格】对话框中设置，也可以在【属性】检查器中设置【边距】、【间距】、【边框粗细】等。

STEP|03 选择表格，在【属性】检查器中设置【填充】为 4，【间距】为 1，【对齐】方式为"居中对齐"。然后在标签栏选择 table 标签，通过 CSS 样式定义表格的【背景颜色】为"橙色"（#f79646）。

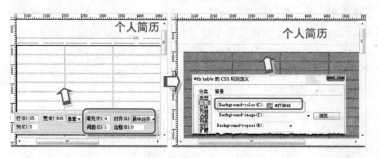

提示

给 table 添加 CSS 样式时，先在标签栏选择 table 标签，然后单击【CSS 样式】面板中的【创建 CSS 规则】按钮，在弹出的【#tb table 的 CSS 规则定义】对话框中选择【背景】项，进行设置。

STEP|04 选择所有单元格，在【属性】检查器中设置【背景颜色】为"白色"（#ffffff）。分别选择第 1、6、16、22、24 行的所有单元格，单击【属性】检查器中的【合并单元格】按钮，然后分别设置合并的单元格的颜色为"橙色"（#fde4d0），【高】为 25。

在选择连续的单元格的时候，先将光标置于第 1 个单元格中，按住 Shift 键，再将光标置于最后 1 个单元格中即可选择。选择不连续的单元格时，按住 Ctrl 键，使用鼠标单击要选择的单元格。

合并单元格时，只能水平合并或垂直合并单元格。

拆分单元格时，将光标置于单元格中，单击【拆分单元格】按钮，将弹出【拆分单元格】对话框，在对话框中，可以选择【把单元格拆分】为"行"或"列"，并设置数量。

插入图像时，将光标置于单元格中，然后在【属性】检查器中设置单元格【垂直】对齐方式为"顶部"。

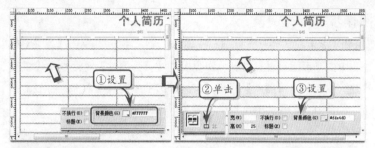

STEP|05 分别在第 1、6、16、22、24 行的单元格中输入相应的文本并设置文本为"粗体"。在"个人基本简历"版块中，将第 2~5 行的第 1 列和第 3 列输入文本并设置【水平】对齐方式为"右对齐"，【宽】为 137。合并第 2 行~第 5 行的第 5 列单元格。

STEP|06 在"求职意向及工作经历"版块中，在第 7~12 行的第 1 列及第 9~11 行的第 4 列单元格中输入相应的文本，并设置【水平】对齐方式为"右对齐"。合并第 7、8、12、13、14、15 行的后 4 列单元格、第 9~11 行的第 2、3 列单元格和第 12 行~第 15 行的第 1 列单元格。

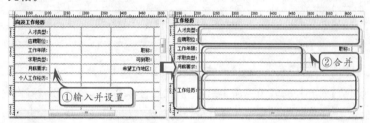

STEP|07 在"教育背景"版块中，在第 17~20 行的第 1 列单元格、第 18~19 行的第 4 列单元格中输入相应的文本，并设置文本【水平】对齐方式为"右对齐"；在第 20 行的第 2~5 列单元格中输入相应文本并设置【水平】对齐方式为"居中对齐"。合并第 20 行~第 21 行的第 1 列单元格。

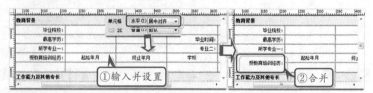

STEP|08 在"工作能力及其他专长"、"详细个人自传"栏目版块中，合并第 23、25 行的后 4 列单元格。将光标置于右上角的"个人基本简历"版块中的最后一列，插入图像"head.png"。

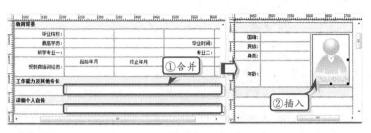

STEP|09 选择每个版块中的项目标题，在【属性】检查器中设置其【背景颜色】为"橙色"（#fbf1e9）。然后，在对应的版块中输入相应的文本，设置文本为"楷体"，【大小】为"14px"。

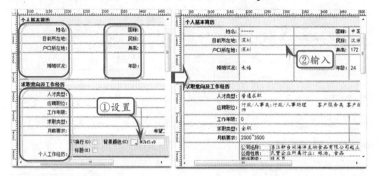

17.7 练习：制作购物车页

在网络商城购物时，当选择某一商品后，该商品将会自动放在购物车中，然后用户可以继续购物。当选择完所有所需的商品后，网站将会通过一个表格将这些商品逐个列举出来。本练习将使用表格制作购物车页面。

练习要点
● 插入表格
● 设置表格属性
● 设置单元格属性
● 嵌套表格
● 设置文本属性

提示
表格的单位分为"像素"和"百分比"。可以对整个选定表格的列宽度值从百分比转换为像素。

操作步骤 >>>>

STEP|01 打开素材页面 "index.html"，将光标置于 ID 为 carList 的 Div 层中，单击【插入】面板【常用】选项中的【表格】按钮，创建一个 10 行×7 列、【宽】为 "880 像素" 的表格，并在【属性】检查器中设置【填充】为 4，【间距】为 1，【对齐】方式为 "居中对齐"。

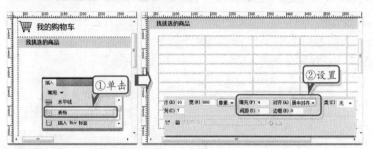

STEP|02 在标签栏选择 table 标签，在 CSS 样式中设置表格【背景颜色】为 "蓝色"（#aacded）；然后选择所有单元格，在【属性】检查器中设置【背景颜色】为 "白色"（#ffffff）。

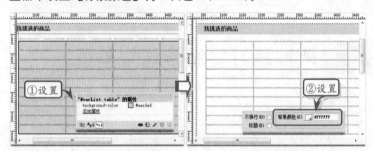

STEP|03 选择第 1 行和最后 1 行的所有单元格，在【属性】检查器中设置【背景颜色】为 "蓝色"（#ebf4fb），第 1 行单元格的【高】为 35，最后 1 行单元格的【高】为 40，并在第 1 行输入文本设置【水平】对齐方式为 "居中对齐"。

STEP|04 合并最后 1 行单元格，然后分别在单元格中输入相应的文本，在【属性】检查器中设置第 2~9 行的第 3~7 列单元格【水平】对齐方式为 "居中对齐"，【高】为 30；最后 1 行单元格的【水平】对齐方式为 "右对齐"。

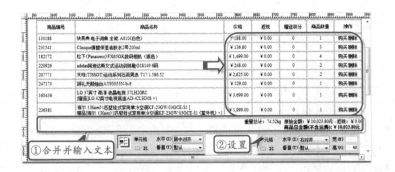

STEP|05 在 CSS 样式属性中,分别创建类名称为 font3、font4、font5 的文本样式。然后选择第 1 行的所有单元格在【属性】检查器中设置【类】为"font3",选择第 2~9 行的第 2 列单元格设置【类】为"font5",第 3 列单元格设置【类】为"font4"。

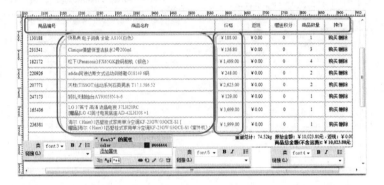

STEP|06 将光标置于表格外部,单击【插入】面板中的【表格】按钮,创建一个 2 行×1 列、【宽】为"870 像素"的表格。然后在【属性】检查器中设置表格的【水平】对齐方式为"居中对齐",【填充】为 4,【间距】为 1,单元格的【背景颜色】为"白色"(#ffffff) 及第 1 行单元格的【高】为 30。

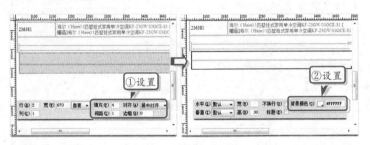

STEP|07 在 CSS 样式属性中添加 ID 为 table2 的样式,选择表格,在【属性】检查器中设置【类】为"table2"。然后,在第一行插入图像并输入文本,在 CSS 样式属性中添加类名称为 font6 的样式,并选择文本添加。

STEP|08 将光标置于第 2 行的单元格中，单击【插入】面板中的【表格】按钮，创建一个 1 行×8 列、【宽】为"860 像素"的表格，并在【属性】检查器中设置【水平】对齐方式为"居中对齐"，并设置每个单元格的【背景颜色】为"白色"。然后在单元格中插入图像，并输入文本。

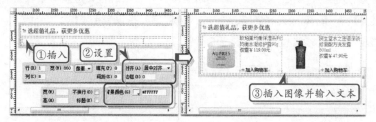

17.8 高手答疑

Q&A

问题 1：在 Dreamweaver 中，默认创建的表格十分规则，但在实际应用中，经常需要设计不规则的数据排列，那么如何使表格可以非常合适地填充这些内容？

解答：对于不规则的数据排列，可以通过合并或拆分表格中的单元格来满足不同的需求。

1．合并单元格

合并单元格可以将同行或同列中的多个连续单元格合并为一个单元格。

选择两个或两个以上连续的单元格，单击【属性】检查器中的【合并单元格】按钮，或者执行【修改】|【表格】|【合并单元格】命令，即可将所选的多个单元格合并为一个单元格。

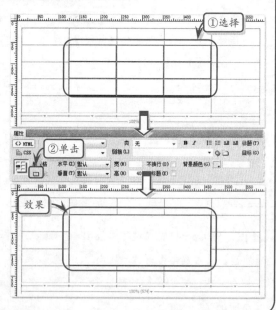

2. 拆分单元格

拆分单元格可以将一个单元格以行或列的形式拆分为多个单元格。

将光标置于要拆分的单元格中，单击【属性】检查器中的【拆分单元格】按钮，或者执行【修改】|【表格】|【拆分单元格】命令，在弹出的对话框中启用【行】或【列】单选按钮，并设置行数或列数。

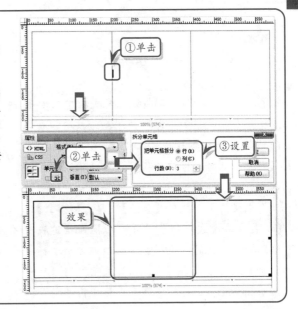

Q&A

问题 2：在对表格数据进行操作时，为了方便是否可以复制其中某行或某列的数据？

解答：与网页中的元素相同，表格中的单元格也可以复制与粘贴，并且可以在保留单元格设置的情况下，复制及粘贴多个单元格。

选择要复制的一个或多个单元格，执行【编辑】|【拷贝】命令，或者按 Ctrl+C 组合键，即可复制所选的单元格及其内容。

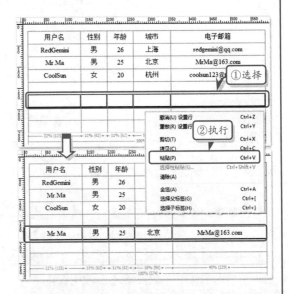

选择要粘贴单元格的位置，执行【编辑】|【粘贴】命令，或者按 Ctrl+V 组合键，即可将源单元格的设置及内容粘贴到所选的位置。

提示

用户可以在插入点粘贴选择的单元格或通过粘贴替换现有表格中的所选部分。如果要粘贴多个表格单元格，剪贴板的内容必须和表格的结构或表格中将粘贴这些单元格的所选部分兼容。

Q&A

问题 3：在【扩展表格】模式中编辑表格具有什么优势？

解答：【扩展表格】模式临时向文档中的所有表格添加单元格的边距和间距，并且增加表格的边框以使编辑操作更加容易。利用这种模式，可以选择表格中的项目或者精确地放置插入点。

在文档中，执行【查看】|【表格模式】|【扩展表格模式】命令，即可切换到【扩展表格】模式。此时，文档窗口的顶部会出现标有"扩展表格模式"的条，并为文档中的所有表格添加单元格边距、间距和表格边框。

如果要退出【扩展表格】模式，可以单击文档窗口顶部"扩展表格模式"条右侧的"退出"文本。此时，文档将切换为【标准】模式，表格也将还原为切换前的样式。

Q&A

问题 4：如何删除单元格中的内容，但使单元格的样式保持不变？

解答：选择一个或多个单元格，但确保所选部分不是由完整的行或列组成的。然后，执行【编辑】|【清除】命令或按 Delete 键，即可删除单元格中的内容，并不改变单元格的样式。

提示

如果在执行【编辑】|【清除】命令或按 Delete 键时选择了完整的行或列，则将从表格中删除整个行或列，而不仅仅是它们的内容。

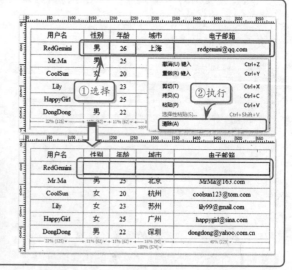

Q&A

问题 5：如何将外部的数据导入到表格中，以及如何导出表格中的数据？

解答：选择文档中的表格，执行【文件】|【导出】|【表格】命令，在弹出的【导出表格】对话框中选择【定界符】和【换行符】，然后单击【导出】按钮即可将表格中的数据导出。

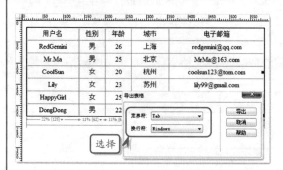

如果要导入外部的表格式数据，单击【插入】面板【数据】选项卡中的【导入表格式数据】按钮 导入表格式数据 ，在弹出的对话框中选择

数据文件，并设置【定界符】及表格的相关参数即可。

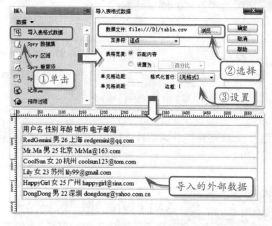

注意

在导入外部的数据之前，首先应该确保页面的文档编码为 GB2312，否则导入的文本数据将呈现乱码。

18 XHTML 标记语言

在之前的章节中，已介绍了使用 Dreamweaver CS5 的各种可视化操作制作网页文档的方法。Dreamweaver CS5 不仅是一个优秀的可视化网页编辑工具，还是一种强大的网页代码开发平台。对于熟练用户而言，使用代码编写网页文档更高效，更便捷。在编写网页代码时，首先需要了解的就是网页的标准化结构语言——XHTML 语言。

本章将详细介绍 XHTML 语言的语法、结构等基础知识，并介绍 XHTML 语言中标签的 3 种主要类型，以及这些类型的典型标签。

18.1 XHTML 基本语法

相比传统的 HTML 4.0 语言，XHTML 语言的语法更加严谨和规范，更易于各种程序解析和判读。

1．XHTML 文档结构

作为一种有序的结构性文档，XHTML 文档需要遵循指定的文档结构。一个 XHTML 文档应包含两个部分，即文档类型声明和 XHTML 根元素部分。

在根元素"<html>"中，还应包含 XHTML 的头部元素"<head>"与主体元素"<body>"。

在 XHTML 文档中，内容主要分为 3 级，即标签、属性和属性值。

● 标签

标签是 XHTML 文档中的元素，其作用是为文档添加指定的各种内容。例如，输入一个文本段落，可使用段落标签"<p>"等。XHTML 文档的根元素"<html>"、头部元素"<head>"和主体元素"<body>"等都是特殊的标签。

● 属性

属性是标签的定义，其可以为标签添加某个功能。几乎所有的标签都可添加各种属性。例如，为某个标签添加 CSS 样式，可为标签添加 style 属性。

● 属性值

属性值是属性的表述，用于为标签的定义设置具体的数值或内容程度。例如，为图像标签"<img>"设置图像的 URL 地址，就可以将 URL 地址作为属性值，添加到 src 属性中。

2．XHTML 文档类型声明

文档类型声明是 XHTML 语言的基本声明，其作用是说明当前文档的类型以及文档标签、属性等的使用范本。

文档类型声明的代码应放置在 XHTML 文档的最前端，XHTML 语言的文档类型声明主要包括 3 种，即过渡型、严格型和框架型。

● 过渡型声明

过渡型的 XHTML 文档在语法规则上最为宽松，允许用户使用部分描述性的标签和属性。其声明的代码如下。

```
<!DOCTYPE html PUBLIC "-//W3C//DTD
XHTML 1.0 Transitional//EN" "http:
//www.w3.org/TR/xhtml1/DTD/xhtml
1-transitional.dtdî>
```

> **提示**
>
> 由于过渡型的 XHTML 文档允许使用描述性的标签和属性，因此其语法更接近于 HTML 4.0 文档，目前互联网中绝大多数的网页都采用这一声明方式。

● 严格型声明

严格型的 XHTML 文档在语法规则上最为严格，其不允许用户使用任何描述性的标签和属性。其声明的代码如下。

```
<!DOCTYPE html PUBLIC "-//W3C//DTD
XHTML 1.0 Strict//EN" "http://www.
w3.org/TR/xhtml1/DTD/xhtml1-stri
ct.dtd">
```

● 框架型声明

框架的功能是将多个 XHTML 文档嵌入到一个 XHTML 文档中，并根据超链接确定文档打开的框架位置。框架型的 XHTML 文档具有独特的文档类型声明，如下。

```
<!DOCTYPE html PUBLIC "-//W3C//DTD
XHTML 1.0 Frameset//EN" "http://
www.w3.org/TR/xhtml1/DTD/xhtml1-
frameset.dtd">
```

3. XHTML 语法规范

XHTML 是根据 XML 语法简化而成的，因此它遵循 XML 的文档规范。虽然某些浏览器（例如 Internet Explorer）可以正常解析一些错误的代码，但仍然推荐使用规范的语法编写 XHTML 文档。因此，在编写 XHTML 文档时应该遵循以下几点。

● 声明命名空间

在 XHTML 文档的根元素"<html>"中应该定义命名空间，即设置其 xmlns 属性，将 XHTML 各种标签的规范文档的 URL 地址作为 xmlns 属性的值。

● 闭合所有标签

在 HTML 中，通常习惯使用一些独立的标签，例如"<p>"、"<li>"等，而不会使用相对应的"</p>"和"</li>"标签对其进行闭合。在 XHTML 文档中，这样做是不符合语法规范的。

如果是单独不成对的标签，应该在标签的最后加一个"/"对其进行闭合，例如"
"、"<img/>"。

● 所有元素和属性必须小写

与 HTML 不同，XHTML 对大小写十分敏感，

所有的元素和属性必须是小写的英文字母。例如，"<html>"和"<HTML>"表示不同的标签。

● 所有属性值必须用引号括起来

在 HTML 中，可以不需要为属性值加引号，但是在 XHTML 中则必须加引号，例如"<table width = "120"></table>"。

另外，在某些特殊情况下（例如，引号的嵌套），可以在属性值中使用双引号"""或单引号"'"。

● 合理嵌套标签

XHTML 要求具有严谨的文档结构，因此所有的嵌套标签都应该按顺序。也就是说，元素严格按照对称的原则一层一层地嵌套在一起。

下面所示为错误嵌套。

```
<div><span></div></span>
```

下面所示为正确嵌套。

```
<div><span></span></div>
```

在 XHTML 的语法规范中，还有一些严格的嵌套要求。例如，某些标签中严禁嵌套一些类型的标签，如下。

标签名	禁止嵌套的标签
a	a
pre	object、big、img、small、sub、sup
button	input、textarea、label、select、button、form、iframe、fieldset、isindex
label	label
form	form

● 所有属性都必须被赋值

在 HTML 中，允许没有属性值的属性存在，例如"<td nowrop>"。但在 XHTML 中，这种情况是不允许的。如果属性没有值，则需要使用自身来赋值。

```
<td nowrop = "nowrop">
```

● 所有特殊符号用编码表示

在 XHTML 中，必须使用编码来表示特殊符号。例如，小于号"<"不是元素的一部分，必须

被编码为 "<"；大于号 ">" 也不是元素的一部分，必须被编码为 ">"。

● **不要在注释内容中使用 "--"**

"--" 只能出现在 XHTML 注释的开头和结束，也就是说，在内容中它们不再有效。

下面所示为错误写法。

```
<!ó注释--------------------注释-->
```

下面所示为正确写法。

```
<!ó注释——————————注释-->
```

● **使用 id 属性作为统一的名称**

XHTML 规范废除了 name 属性，而使用 id 属性作为统一的名称。在 IE 4.0 及以下版本中应该保留 name 属性，使用时可以同时使用 name 和 id 属性。

4．XHTML 标准属性

标准属性是绝大多数 XHTML 标签可使用的属性。在 XHTML 的语法规范中，有 3 类标准属性，即核心属性、语言属性和键盘属性。

● **核心属性**

核心属性的作用是为 XHTML 标签提供样式或提示的信息，其主要包括以下 4 种。

属性名	作　　用
class	为 XHTML 标签添加类，供脚本或 CSS 样式引用
id	为 XHTML 标签添加编号名，供脚本或 CSS 样式引用
style	为 XHTML 标签编写内联的 CSS 样式表代码
title	为 XHTML 标签提供工具提示信息文本

在上面的 4 种属性中，class 属性的值为以字母和下划线开头的字母、下划线与数字的集合；id 属性的值与 class 属性类似，但其在同一 XHTML 文档中是唯一的，不允许重复使用；syle 属性的值为 CSS 代码。

提示

核心属性与 JavaScript 脚本、CSS 样式结合相当紧密。关于核心属性的使用，请参考之后相关的章节。

注意

以下几种 XHTML 标签无法使用核心属性。base、head、html、meta、param、script、style、noscript 以及 title。

● **语言属性**

XHTML 语言的语言属性主要包括两种，即 dir 属性和 lang 属性。

dir 属性的作用是设置标签中文本的方向，其属性值主要包括 ltr（自左至右）和 rtl（自右至左）两种。

lang 属性的作用是设置标签所使用的自然语言，其属性值包括 "en-us"（美国英语）、"zh-cn"（标准中文）和 "zh-tw"（繁体中文）等多种。

注意

以下几种 XHTML 标签无法使用语言属性。base、br、frame、frameset、hr、iframe、param、noscript 以及 script。

● **键盘属性**

XHTML 语言的键盘属性主要用于为 XHTML 标签定义响应键盘按键的各种参数。其同样包括两种，即 accesskey 和 tabindex。

其中，accesskey 属性的作用是设置访问 XHTML 标签所使用的快捷键，tabindex 属性的作用则是设置用户在访问 XHTML 文档时使用 Tab 键的顺序。

注意

键盘属性同样有使用范围的限制，通常只有在浏览器中可见的网页标签可以使用键盘属性。

18.2　块状标签

块状标签，顾名思义，就是以块的方式（即矩形的方式）显示的标签。在默认情况下，块状标签占据一行的位置。相邻的两个块状标签无法显示于同一行中。

块状标签在 XHTML 文档中的主要用途是作为网页各种内容的容器标签，为这些内容规范位置和尺寸。基于块状标签的用途，人们又将块状标签称作容器标签或布局标签，常见的块状标签主要包括以下几种。

1．div

div 是英文字母"division"的缩写，其本意为区划、分割区域。在网页文档中，"<div>"标签的作用就是将 XHTML 文档划分为若干区域，使文档的结构更加有条理。

绝大多数基于 Web 标准化规范的网页文档都使用"<div>"标签为网页进行布局。例如，为一个普通的 XHTML 文档进行布局，代码如下。

```
<div><!--[版头区域]-->
<div><!--[Logo]--></div>
    <div><!--[导航]--></div>
    ...
</div>
<div><!--[主体区域]-->
<div><!--[模块1]--></div>
    <div><!--[模块2]--></div>
    ...
</div>
<div>
<!--[版尾区域]-->
</div>
```

2．ul、ol、li

在之前的章节中，已介绍了项目列表、编号列表的使用方法。"<ul>"标签用于定义项目列表；"<ol>"标签用于定义编号列表；"<li>"标签则用于定义这些列表的列表项。

各种列表可以组织同一类别的内容，将其按照指定的顺序和方式排列。在各种导航菜单、文章目录中，使用列表可以使内容更加有序。典型的项目列表和编号列表如下。

- 项目列表

```
<ul>
  <li>项目</li>
  <li>项目</li>
  <li>项目</li>
  Ö
</ul>
```

- 编号列表

```
<ol>
  <li>项目</li>
  <li>项目</li>
  <li>项目</li>
  Ö
</ol>
```

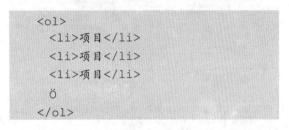

3．dl、dt、dd

在之前的章节中，也介绍过定义列表的使用方法。"<dl>"标签用于定义列表，"<dt>"标签用于定义列表的定义术语部分，"<dd>"标签用于定义列表的定义部分。

定义列表在网页中主要有两种作用，一种是为网页添加由标题-内容组

成的主副结构内容，另一种则是实现各种文章列表的布局。典型的定义列表如下。

```
<dl>
    <dt>标题列表项</dt>
    <dd>标题说明</dd>
    <dt>标题列表项</dt>
    <dd>标题说明</dd>
    ...
</dl>
```

4. p

网页中的文本，绝大多数都是以段落的方式显示的。在为网页添加段落文本时，即可使用段落文本标签"<p>"，如下。

```
<p>关于"香港"地名的由来，有两种流传较广的说法。</p>
<p>说法一：香港的得名与香料有关。……，被人们称为"香港"。</p>
<p>说法二：……，也就开始被称为"香港"。</p>
```

效果如下。

```
关于"香港"地名的由来，有两种流传较广的说法。

说法一：香港的得名与香料有关。从明朝开始，香港岛南部的一个小港湾，为转运南粤香料的集散港，因转运产在广东东莞的香料而出名，被人们称为"香港"。

说法二：香港是一个天然的港湾，附近有溪水甘香可口，海上往来的水手经常到这里来取水饮用，久而久之，甘香的溪水出了名，这条小溪也就被称为"香江"，而香江入海冲积成的小港湾，也就开始被称为"香港"。
```

段落文本标签"<p>"除了显示段落文本外，也可以实现类似"<div>"标签的功能。

5. h1、h2、h3、h4、h5、h6

从"<h1>"到"<h6>"6 个标签的作用是作为网页中的标题内容，着重显示这些文本。在绝大多数网页浏览器中，都预置了这 6 个标签的样式，包括字号以及字体加粗等。使用 CSS 样式表，用户可以方便地对这些样式进行重定义。

例如，使用"<h2>"标题定义一首古诗，如下。

```
<div align="center">
    <h2>静夜思 </h2>
    <p>床 前 明 月 光,
        疑 是 地 上 霜。</p>
    <p> 举 头 望 明 月,
        低 头 思 故 乡。</p>
</div>
```

效果如下。

6. table、tr、th、td

"<table>"标签用于定义网页中的表格内容；"<tr>"标签用于定义表格的行；"<th>"标签用于定义网页的标题单元格；"<td>"标签用于定义表格的普通单元格。

例如，使用"<table>"标签定义一个班级评分表，代码如下。

```
<table width="580">
    <tr>
        <td> </td>
        <td >一班</td>
        <td >二班</td>
        <td >三班</td>
        <td >四班</td>
        <td >五班</td>
    </tr>
    <tr>
        <td >评分</td>
        <td >A</td>
        <td >C</td>
        <td >B</td>
        <td >E</td>
        <td >D</td>
    </tr>
</table>
```

效果如下。

	一班	二班	三班	四班	五班
评分	A	C	B	E	D

创建表格

18.3 内联标签

内联标签通常用于定义"语义级"的网页内容，其特性表现为没有固定的形状，没有预置的宽度和高度等。

内联标签通常处于行内布局的形式，相邻的多个内联标签可显示于同一行内。常用的内联标签主要包括以下几种。

1．a

"<a>"标签的作用是为网页的文本、图像等媒体内容添加超级链接。作为一种典型的内联标签，"<a>"标签没有固定的形状，也没有固定的大小。在行内，"<a>"标签根据内容扩展尺寸。

2．br

"<br />"标签的作用是为网页的内容添加一个换行元素，扩展到下一行。

3．img

"<img />"标签的作用是为网页文档嵌入外部的图像、图像占位符等内容。例如，显示一个图像，代码如下。

```
<img src="beike.jpg" width="500"
height="198" />
<br />
<p>在海边，我捡起一枚小小的贝壳。……，
是舍不得拿去和别人交换的宝贝啊!</p>
```

效果如下。

4．span

"<span>"标签是一种通用的内联标签，其通常用于表现指定范围内的内容。在网页设计中，为网页的内联内容添加 CSS 样式，就经常需要使用"<span>"标签。

在海边，我捡起一枚小小的贝壳。贝壳很小，却非常坚硬和精致。回旋的花纹中间有着色泽或深或浅的小点，如果仔细观察的话，在每个小点周围又有自成一圈的复杂图样。怪不得古时候的人要用贝壳来做钱币，在我心里躺着实在是一件艺术品，是舍不得拿去和别人交换的宝贝啊!

"<span>"标签可以方便地被嵌套到绝大多数 XHTML 标签中，如下。

```
<div>
<span><!--设置字体大小-->
<span title="标题">带标题的文本
</span>
<span><strong>加粗显示</strong>
</span>
<span><em>斜体显示</em></span>
</span>
</div>
```

效果如下。

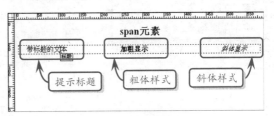

18.4 可变标签

可变标签是一种特殊的标签，在某些情况下可以是块状标签，也可以是内联标签，其形状往往会根据上下文的标签类型随时发生改变。常见的可变标签有以下几种。

1. button

"<button>"标签是一种特殊的网页标签。用户既可以在"<button>"标签中输入文本，制作文本按钮，也可以在其中插入图像，制成图像按钮。

当"<button>"标签中为文本时，该标签为内联标签；而当"<button>"标签中为图像时，该标签为图像标签。因此，"<button>"标签是一种典型的可变标签。

制作文本按钮和图像按钮的方法如下所示。

```
<!--文本按钮-->
<button name="btn" type="submit">
提交</button>
<!--图像按钮-->
<button name="btn" type="submit">
  <img src="image.jpg" />
</button>
```

效果如下。

2. iframe

iframe 标签也是一种特殊的网页标签，其作用是为网页文档嵌入外部的网页文档，从而实现内嵌的框架。使用 iframe 标签嵌入百度搜索引擎的代码如下。

```
<iframe width="550"height="300"
src="http://www.bing.com"></iframe>
```

18.5 练习：制作健康网页页眉

练习要点

- 块状标签
- 内联标签
- 项目列表

使用块状标签，用户可以方便地为网页布局。除此之外，块状标签还可以作为网页内容的容器，辅助这些内容更好地排列。

在实际的网页设计工作中，用户可以方便地使用块状标签制作各种网页的图像导航条、文本导航条等。本节将使用 XHTML 块状标签，设计和制作健康网页的页眉部分，通过项目列表，为网页的导航条布局。

操作步骤 >>>>

STEP|01 新建文档，在标题栏中输入"爱民医网"。单击【属性】检查器中的【页面属性】按钮，在弹出的【页面属性】对话框中设置其参数。然后单击【插入】面板【常用】选项中的【插入 Div 标签】按钮，创建 ID 为 header 的 Div 层，并设置其 CSS 样式属性。

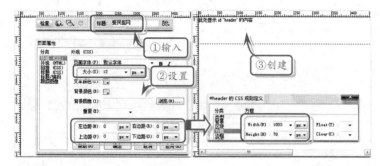

STEP|02 将光标置于 ID 为 header 的 Div 层中，分别嵌套 ID 为 logo、headerRight 的 Div 层，并设置其 CSS 样式属性。然后，将光标置于 ID 为 logo 的 Div 层中，插入图像"logo.png"。

STEP|03 将光标置于 ID 为 headerRight 的 Div 层中，分别嵌套 ID 为 pic、picText 的 Div 层，并设置其 CSS 样式属性。将光标置于 ID 为 pic 的 Div 层中，插入图像"jbdq.jpg"。然后单击【属性】检查器中的【项目列表】按钮，显示出项目列表符号。

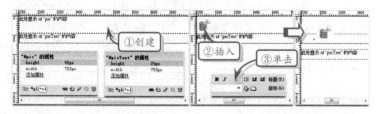

STEP|04 按 Enter 键，出现下一个项目列表符号，在项目列表符号后再插入图像，依次类推。然后，在标签栏选择 ul 标签，图像全部被选择。在 CSS 样式属性中设置 ul 的样式，然后在标签栏选择 li 标签，并设置其 CSS 样式属性。

STEP|05 将光标置于 ID 为 picText 的 Div 层中，对照 ID 为 pic 的 Div 层中的图像，先输入文本"疾病大全"，单击【属性】检查器中的【项目列表】按钮，出现项目列表符号，按 Enter 键，出现下一个项目列表符号，在项目列表符号后再输入文本，依次类推。

提示

页面布局代码如下。

```
<div id="header">
</div>
<div id="nav">
</div>
<div id="case">
</div>
<div id="content">
</div>
<div id="footer">
</div>
```

提示

页眉布局代码如下

```
<div id="header">
  <div id="logo">
  </div>
  <div id="header
  Right">
    <div id="pic">
    </div>
    <div id="pic
    Text"></div>
  </div>
</div>
<div
id="nav"></div>
<div id="case">
  <div> id="case-
  Pic"></div>
  <div id="case
  Text"></div>
</div>
```

提示

在谈论 CSS 布局时，用户需要提前知道一些东西。对于 html 的各种标签/元素，可以从块的层面做一个分类，一是 block（块元素），二是 inline（内联元素）。

250

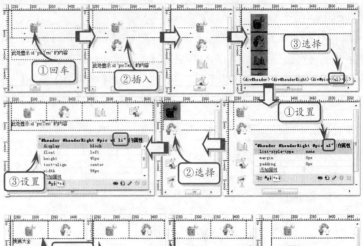

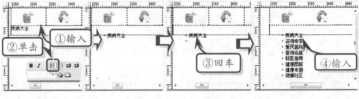

提示

在一个 Div 层中如果要嵌套两个 Div 层，这两个层一定都要设置为浮动。

提示

block 元素的特点如下。

1. 总是另起开始；

2. 高度，行高以及顶、底边距都可控制；

3. 宽度缺省是它所在容器的 100%，除非设定一个宽度。

提示

设置图像链接，选择图像，在【属性】检查器中设置【链接】为"javascript:void(null);"，这时出现蓝色边框，设置【边框】为 0，边框就没有了。

提示

设置文本链接后，文本变成蓝色并带有下划线，在 CSS 样式属性中，去掉下划线的代码如下。

```
text-decoration:
none;
```

文本颜色如果还希望是原来的颜色，那么需要设置如下。

```
    color: #000;
```

STEP|06 在标签栏选择 ul 标签，并设置其 CSS 样式属性，然后，在标签栏选择 li 标签并设置其 CSS 样式属性。选择文本，在【属性】检查器中设置【链接】为 "javascript:void(null);"，并在标签栏选择 a 标签，设置其 CSS 样式属性。

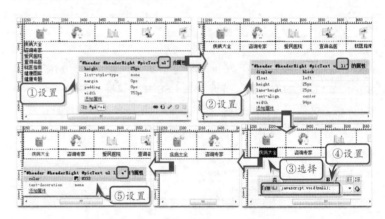

STEP|07 单击【插入 Div 标签】按钮，创建 ID 为 nav 的 Div 层，并设置其 CSS 样式属性。按照相同的方法创建 ID 为 case 的 Div 层，并设置其 CSS 样式属性。然后，将光标置于 ID 为 nav 的 Div 层中，输入文本"首页"，单击【属性】检查器中的【项目列表】按钮，出现项目列表符号。

STEP|08 按 Enter 键，出现下一个项目列表符号，然后在项目列表符号后输入文本，依次类推。在标签栏选择 ul 标签，并设置其 CSS 样式属性。

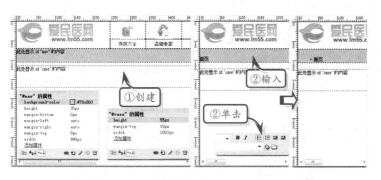

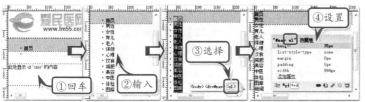

STEP|09 在标签栏选择 li 标签，并设置其 CSS 样式属性；选择文本"首页"，在【属性】检查器中设置【链接】、【标题】；然后在标签栏选择 a 标签，设置其 CSS 样式属性。

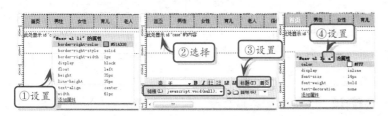

STEP|10 按照相同的方法选择文本后，在【属性】检查器中设置【链接】、【标题】。将光标置于 ID 为 case 的 Div 层中，分别创建 ID 为 casePic、caseText 的 Div 层，并设置其 CSS 样式属性。

STEP|11 将光标置于 ID 为 casePic 的 Div 层中，插入图像"nk.jpg"，然后单击【属性】检查器中的【项目列表】按钮，出现项目列表符号，按 Enter 键，出现下一个项目列表符号。

STEP|12 在项目列表符号后再插入图像，依次类推。然后，在标签栏选择 ul 标签，图像全部被选择。在 CSS 样式属性中设置 ul 的样式，然后，在标签栏选择 li 标签，并设置其 CSS 样式属性。

在 CSS 样式属性中的 #nav ul li a 代码后，再添加一段代码，设置鼠标划过时文本的显示效果，代码如下。

```
#nav ul li a:hover
{
    color: #ff0;
    text-decoratio
n: underline;
}
```

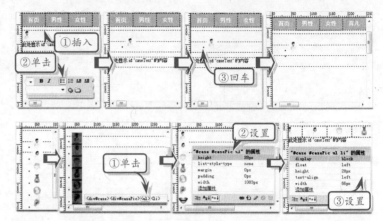

STEP|13 将光标置于 ID 为 caseText 的 Div 层中，对照 ID 为 casePic 的 Div 层中的图像，先输入文本"男科"，单击【属性】检查器中的【项目列表】按钮，出现项目列表符号，按 Enter 键，出现下一个项目列表符号，在项目列表符号后再输入文本，依次类推。

inline 元素的特点如下。

1．和其他元素都在一行上；

2．高度，行高以及顶、底边距不可改变；

3．宽度就是它所容纳的文字或图片的宽度，不可改变。

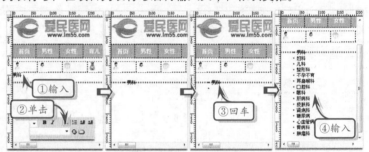

STEP|14 在标签栏选择 ul 标签，并设置其 CSS 样式属性，然后，在标签栏选择 li 标签并设置其 CSS 样式属性。选择文本，在【属性】检查器中设置【链接】为"javascript:void(null);"，【标题】为"男科"，并在标签栏选择 a 标签，设置其 CSS 样式属性。

在 CSS 样式属性中的 #case #caseText ul li a 代码后，再添加一段代码，设置鼠标划过时文本的显示效果，代码如下。

```
#case #caseText ul
li a:hover {
    color: #f60;
    text-decoratio
n: underline;
}
```

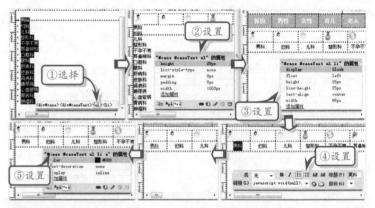

STEP|15 按照相同的方法依次选择导航条中的文本，然后，在【属性】检查器中设置各种图像链接以及导航条按钮的样式，即可完成健康页面页眉部分的制作。

18.6 练习：制作健康网页内容

块状标签不仅可以为网页布局，还可以归纳网页的各种内容，使网页的内容更加有条理。除了块状标签外，用户还可以使用内联标签，创建网页的具体内容，例如图像等。本节将使用 XHTML 的块状标签和内联标签，设计和制作健康网页的内容部分。

操作步骤 ＞＞＞＞

STEP|01 单击【插入 Div 标签】按钮，创建 ID 为 content 的 Div 层，并设置其 CSS 样式属性。然后将光标置于该 Div 层中，嵌套类名称为 leftmain 的 Div 层，并设置其 CSS 样式属性。

STEP|02 将光标置于类名称为 leftmain 的 Div 层中，创建类名称为 title 的 Div 层，设置其 CSS 样式属性，并在该层中输入文本"保健养生"。然后，单击【插入 Div 标签】按钮，创建类名称为 rows 的 Div 层，并设置其 CSS 样式属性。

STEP|03 将光标置于类名称为 rows 的 Div 层中，创建类名称为 bjPic 的 Div 层，并设置其 CSS 样式属性；然后再单击【插入 Div 标签】按钮，创建类名称为 bjText 的 Div 层，并设置其 CSS 样式属性。然后将光标置于类名称为 bjPic 的 Div 层中，分别嵌套类名称为 pic、bjpicText 的 Div 层，并设置其 CSS 样式属性。

练习要点

● 块状标签
● 内联标签

提示

内容页面的布局代码如下。

```
<div id="content">
<div class="left-
main">
 <div class=
 "title"></div>
 <div class=
 "rows">
  <div class=
  "bjPic">
   <div class=
   "pic"></div>
   <div class="bjp-
icText"></div>
  </div>
 </div>
</div>
<div class=
"bjText">
 <div class=
 "bigTitle">
 </div>
 <div class=
 "Listmain">
 </div>
</div>
</div>
```

提示

Div 是常用块元素，也是 css layout 的主要标签。块元素会顺序以每次另起一行的方式往下排，而通过 CSS 控制其样式，我们可以改变这种默认布局模式，把块元素摆放到你想要的位置上去。

提示

设置一个层的 CSS 样式属性时，也可以设置文本样式属性，只是将两种样式重合在了一起。

提示

在一个 Div 层中，如果嵌套另一个 Div 层，且该层不设置宽度，那么默认大小是与被嵌套的 Div 层一样的宽度，而高必须设置。

提示

在 CSS 样式中设置 li 标签的宽度，决定了每一行排列几个文本。在 li 标签中，默认的对齐方式是"左对齐"。

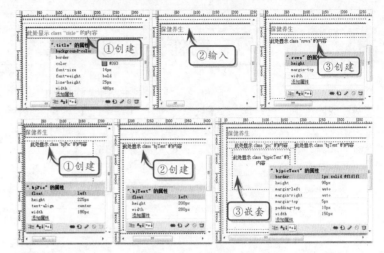

STEP|04 将光标置于类名称为 pic 的 Div 层中，插入图像"bjys.jpg"。将光标置于类名称为 bjpicText 的 Div 层中，输入文本，单击【属性】检查器中的【项目列表】按钮，出现项目列表符号，按 Enter 键，出现下一个项目列表符号。

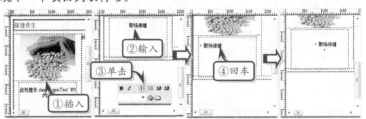

STEP|05 在项目列表符号后再输入文本，依次类推。在标签栏选择 ul 标签，并设置其 CSS 样式属性，然后，在标签栏选择 li 标签并设置其 CSS 样式属性。

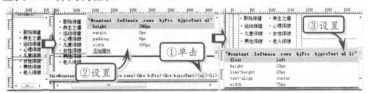

STEP|06 将光标置于类名称为 bjText 的 Div 层中，单击【插入 Div 标签】按钮，分别创建类名称为 bigTitle、Listmain 的 Div 层，并设置其 CSS 样式属性。然后将光标置于类名称为 bigTitle 的 Div 层中，输入文本。

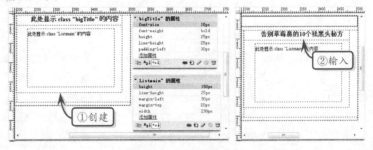

STEP|07 将光标置于类名称为 Listmain 的 Div 层中，输入文本，单击【属性】检查器中的【项目列表】按钮，出现项目列表符号，按 `Enter` 键，出现下一个项目列表符号，在项目列表符号后再输入文本，依次类推。

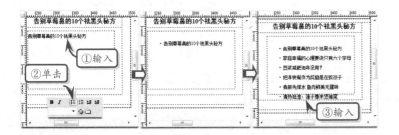

STEP|08 在标签栏选择 ul 标签，并设置其 CSS 样式属性。选择文本，在【属性】检查器中设置【链接】为"javascript:void(null);"，并在标签栏选择 a 标签，设置其 CSS 样式属性。按照相同的方法选择其他的文本，设置文本的链接属性。

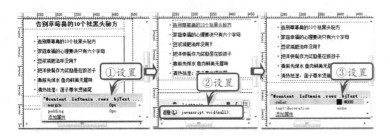

STEP|09 在"减肥频道"、"饮食健康"、"老年健康"版块中，设计版块基本相同可以使用相同的类的 Div 层，只需要更换图像和文本即可。然后，在标签栏选择 a 标签，创建复合属性 a:hover 的 CSS 样式，并设置其属性。

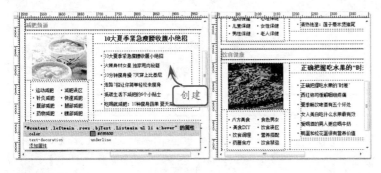

STEP|10 将光标置于文档底部，单击【插入 Div 标签】按钮，创建ID 为 footer 的 Div 层，并设置其 CSS 样式属性，然后，输入文本，设置部分文本为粗体。

提示

选择类名称为 bigTitle 层中的文本，在【属性】检查器中设置【链接】为"javascript:void(null);"。然后，在标签栏选择 a 标签，设置其CSS 样式属性，代码如下。

```
#content.leftmai
n.rows.bjText.big
Titlea{
color: #000;
text-decoration:
none;
}
```

然后再添加一段鼠标经过时文本显示效果的代码。

```
#content.leftmain
.rows.bjText.bigT
itle a:hover {
    color: #ff6600;
    text-decorat-
ion: underline;
}
```

提示

在 CSS 样式属性中的 #content .leftmain .rows .bjText dl dd ul li a 代码后，再添加一段代码，设置鼠标划过时文本的显示效果，代码如下。

```
#content.leftmain
.rows.bjText dl dd
ul lia:hover {
    color: #f60;
    text-deratio
n: underline;
}
```

18.7 高手答疑

Q&A

问题 1：如何使用 Dreamweaver 视图？

解答：Dreamweaver CS5 提供了 4 种主要的视图供用户选择，分别是代码视图、设计视图、拆分代码视图及代码和设计视图。

在使用 Dreamweaver 的可视化工具时，可使用设计视图随时查看可视化操作的结果。在使用 Dreamweaver 编写网页代码时，则可使用代码视图。

如果用户需要根据另一个文档的代码编写新的代码，可以使用拆分代码视图，实现两个文档的代码比较。代码和设计视图的作用是同时显示代码以及预览效果，便于用户根据即时的预览效果编写代码。

在 Dreamweaver 中，用户可以执行【查看】|【代码】命令，切换到【代码】视图。同理，也可执行【查看】|【设计】命令，切换到【设计】视图。如果需要切换到拆分代码视图或代码和设计视图，可分别执行【查看】|【拆分代码】或【查看】|【代码和设计】命令。

在使用拆分代码或代码和设计视图时，用户还可以更改视图拆分的拆分方式。例如，在默认情况下，拆分代码或代码和设计两个视图都采用了左右分栏的方式显示。用户可执行【查看】|【垂直拆分】命令，取消【垂直拆分】状态。此时，Dreamweaver CS5 将以水平拆分的方式显示这两种视图。

Q&A

问题 2：Dreamweaver CS5 允许使用可视化的方式为网页文档插入标签么？

解答：Dreamweaver CS5 提供了标签选择器和标签编辑器等功能，允许用户使用可视化的列表插入 XHTML 标签。

在 Dreamweaver 的代码视图中，将光标置于插入代码的位置，然后即可执行【插入】|【标签】命令，在弹出的【标签选择器】对话框中单击左侧的【HTML 标签】树形列表，在更新的树形列表目录中选择标签的分类，然后，在右侧选择相关的标签，单击【插入】按钮。

在单击【插入】按钮之后，将弹出【标签

编辑器-div】对话框，帮助用户定义标签的各种属性。

　　在完成标签的属性设置之后，用户即可单击【确定】按钮，关闭【标签编辑器-div】和【标签选择器】对话框，将相应的标签插入到网页代码中。

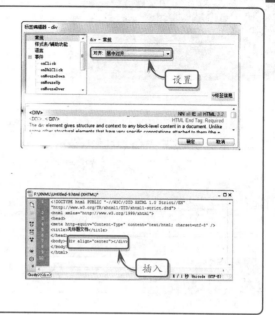

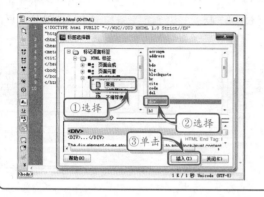

Q&A

问题3：如何使用 XHTML 标签定义文本样式？

解答： 在【代码】视图中，为要定义样式的文字添加<font>标签。选择该标签，并执行【修改】|【编辑标签】命令打开【标签编辑器-font】对话框。

　　在该对话框中，可以设置文字的字体、大小和颜色。设置完成后，单击【确定】按钮后即会在<font>标签中添加相应的属性和属性值。

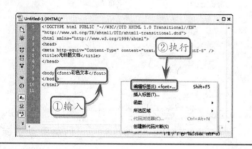

Q&A

问题4：<button>标签和<input>标签有何区别？

解答： 在 button 元素的内容可以放置内容，如文本或图像，而 input 元素则不可以。

　　<button>与<input type = "button">相比，提供了更强大的功能和更丰富的内容。<button>与</button>标签之间的所有内容都是按钮的内容，其中包括任何可接受的正文内容，比如文本或多媒体内容。

19 修饰文本样式

在之前的章节中，已介绍了使用 Dreamweaver CS5 的可视化操作插入基本文本和列表文本等文本对象的方法。在 Web 标准化规范中，只允许用户通过 CSS 层叠样式表定义各种文本对象的样式属性，因此，了解 CSS 层叠样式表的基本语法和修饰文本样式的各种属性设置，对网页设计而言是十分重要的。

本章将详细介绍 CSS 层叠样式表的基本语法、使用规范，以及使用 CSS 层叠样式表定义文本样式的方法。

19.1 CSS 样式分类

CSS 代码在网页中主要有 3 种存在的方式，即外部 CSS、内部 CSS 和内联 CSS。

1. 外部 CSS

外部 CSS 是一种独立的 CSS 样式，其一般将 CSS 代码存放在一个独立的文本文件中，扩展名为 ".css"。

这种外部的 CSS 文件与网页文档并没有什么直接的关系。如果需要通过这些文件控制网页文档，则需要在网页文档中使用 link 标签导入。

例如，使用 CSS 文档来定义一个网页的大小和边距。

```
@charset "gb2312";
/* CSS Document */
body{
  width:1003px;
  margin:0px;
  padding:0px;
}
```

将 CSS 代码保存为文件后，即可通过 link 标签将其导入到网页文档中。例如，CSS 代码的文件名为 "main.css"。

```
<!DOCTYPE html PUBLIC "-//W3C//DTD
XHTML 1.0 Transitional//EN" "http:
//www.w3.org/TR/xhtml1/DTD/xhtml
1-transitional.dtd">
<html xmlns="http://www.w3.org/
1999/xhtml">
<head>
<meta http-equiv="Content-Type"
content="text/html; charset=
gb2312" />
<title>导入CSS文档</title>
<link href="main.css" rel=
"stylesheet" type="text/css" />
<!--导入名为 main.css 的 CSS 文档-->
</head>
<body>
</body>
</html>
```

2. 内部 CSS

内部 CSS 是位于 XHTML 文档内部的 CSS 样式。使用内部 CSS 的好处在于可以将整个页面中所有的 CSS 样式集中管理，以选择器为接口供网页浏览器调用。例如，使用内部 CSS 定义网页的宽度以及超链接的下划线等。

```
<!DOCTYPE html PUBLIC "-//W3C//DTD
XHTML 1.0 Transitional//EN" "http:
//www.w3.org/TR/xhtml1/DTD/xhtml
1-transitional.dtd">
```

```
<html xmlns="http://www.w3.org
/1999/xhtml">
<head>
<meta http-equiv="Content-Type"
content="text/html; charset=
gb2312" />
<title>测试网页文档</title>
<!--开始定义CSS文档-->
<style type="text/css">
<!--
body {
  width:1003px;
}
a {
  text-decoration:none;
}
-->
</style>
<!--内部CSS完成-->
</head>
<!--……………-->
```

提示

在使用内部 CSS 时应注意，style 标签只能放置于 XHTML 文档的 head 标签内。为内部 CSS 使用 XHTML 注释的作用是防止一些不支持 CSS 的网页浏览器直接将 CSS 代码显示出来。

3. 内联 CSS

内联 CSS 是利用 XHTML 标签的 style 属性设置的 CSS 样式，又称嵌入式样式。

内联 CSS 与 HTML 的描述性标签一样，只能定义某一个网页元素的样式，是一种过渡型的 CSS 使用方法，在 XHTML 中并不推荐使用。内部样式不需要使用选择器。

例如，使用内联式 CSS 设置一个表格的宽度，如下所示。

```
<table style="width:100px;">
  <tr>
    <td>宽度为100px的表格</td>
  </tr>
</table>
```

19.2 CSS 基本语法

作为一种网页的标准化语言，CSS 有着严格的书写规范和格式。

1. 基本组成

一条完整的 CSS 样式语句包括以下几个部分。

```
selector{
  property:value
}
```

在上面的代码中，各关键词的含义如下所示。

- **selector**（选择器） 其作用是为网页中的标签提供一个标识，以供其调用。
- **property**（属性） 其作用是定义网页标签样式的具体类型。
- **value**（属性值） 属性值是属性所接受的具体参数。

在任意一条 CSS 代码中，通常都需要包括选择器、属性以及属性值这 3 个关键词（内联 CSS 除外）。

2. 书写规范

虽然杂乱的代码同样可被浏览器判读，但是书写简洁、规范的 CSS 代码可以给修改和编辑网页带来很大的便利。

在书写 CSS 代码时，需要注意以下几点。

- **单位的使用**

在 CSS 中，如果属性值是一个数字，那么用户必须为这个数字安排一个具体的单位，除非该数字是由百分比组成的比例，或者数字为 0。

例如，分别定义两个层，其中第 1 个层为父容器，以数字属性值为宽度，而第 2 个层为子容器，以百分比为宽度。

```
#parentContainer{
```

```
    width:1003px
}
#childrenContainer{
    width:50%
}
```

● 引号的使用

多数 CSS 的属性值都是数字值或预先定义好的关键字。然而，有一些属性值则是含有特殊意义的字符串。这时，引用这样的属性值就需要为其添加引号。

典型的字符串属性值就是各种字体的名称。

```
span{
    font-family:"微软雅黑"
}
```

● 多重属性

如果在这条 CSS 代码中，有多个属性并存，则每个属性之间需要以分号 ";" 隔开。

```
.content{
    color:#999999;
    font-family:"新宋体";
    font-size:14px;
}
```

提示

有时，为了防止因添加或减少 CSS 属性，而造成不必要的错误，很多人都会在每一个 CSS 属性值后面加分号 ";"，这是一个良好的习惯。

● 大小写敏感和空格

CSS 与 VBScript 不同，对大小写十分敏感。mainText 和 MainText 在 CSS 中，是两个完全不同的选择器。

除了一些字符串式的属性值（例如，英文字体 "MS Serf"等）以外，CSS 中的属性和属性值必须小写。

为了便于判读和纠错，建议在编写 CSS 代码时，在每个属性值之前添加一个空格。这样，如某条 CSS 属性有多个属性值，则阅读代码的用户可方便地将其区分开。

3. 注释

与多数编程语言类似，用户也可以为 CSS 代码进行注释，但与同样用于网页的 XHTML 语言注释方式有所区别。

在 CSS 中，注释以斜杠 "/" 和星号 "*" 开头，以星号 "*" 和斜杠 "/" 结尾。

```
.text{
    font-family:"微软雅黑";
    font-size:12px;
    /*color:#ffcc00;*/
}
```

CSS 的注释不仅可用于单行，也可用于多行。

4. 文档的声明

在外部 CSS 文件中，通常需要在文件的头部创建 CSS 的文档声明，以定义 CSS 文档的一些基本属性。常用的文档声明包括以下 6 种。

声 明 类 型	作　　用
@import	导入外部 CSS 文件
@charset	定义当前 CSS 文件的字符集
@font-face	定义嵌入 XHTML 文档的字体
@fontdef	定义嵌入的字体定义文件
@page	定义页面的版式
@media	定义设备类型

在多数 CSS 文档中，都会使用 "@charset" 声明文档所使用的字符集。除 "@charset" 声明以外，其他的声明多数可使用 CSS 样式来替代。

19.3 CSS 选择器

选择器是 CSS 代码的对外接口。网页浏览器就是根据 CSS 代码的选择器，实现和 XHTML 代码的匹配，然后读取 CSS 代码的属性、属性值，将其应用到网页文档中。

CSS 的选择器名称只允许包括字母、数字以及下划线，其中，不允许将数字放在选择器名称的第 1 位，也不允许选择器使用与 XHTML 标签重复的名称，以免出现混乱。

在 CSS 的语法规则中，主要包括 5 种选择器，即标签选择器、类选择器、ID 选择器、伪类选择器、伪对象选择器。

1. 标签选择器

在 XHTML 1.0 中，共包括 94 种基本标签。CSS 提供了标签选择器，允许用户直接定义多数 XHTML 标签的样式。

例如，定义网页中所有无序列表的符号为空，可直接使用项目列表的标签选择器 ol。

```
ol{
  list-style:none;
}
```

注意

使用标签选择器定义某个标签的样式后，在整个网页文档中，所用该类型的标签都会自动应用这一样式。CSS 在原则上不允许对同一标签的同一个属性进行重复定义。不过在实际操作中，将以最后一次定义的属性值为准。

2. 类选择器

在使用 CSS 定义网页样式时，经常需要对某一些不同的标签进行定义，使之呈现相同的样式。在实现这种功能时，就需要使用类选择器。

类选择器可以把不同的网页标签归为一类，为其定义相同的样式，简化 CSS 代码。

在使用类选择器时，需要在类选择器的名称前加类符号"."。而在调用类的样式时，则需要为 XHTML 标签添加 class 属性，并将类选择器的名称作为 class 属性的值。

注意

在通过 class 属性调用类选择器时，不需要在属性值中添加类符号"."，直接输入类选择器的名称即可。

例如，网页文档中有 3 个不同的标签，一个是层（div），一个是段落（p），还有一个是无序列表（ul）。

如果使用标签选择器为这 3 个标签定义样式，使其中的文本变为红色，需要编写 3 条 CSS 代码。

```
div{/*定义网页文档中所有层的样式*/
  color: #ff0000;
}
p{/*定义网页文档中所有段落的样式*/
  color: #ff0000;
}
ul{/*定义网页文档中所有无序列表的样式
*/
  color: #ff0000;
}
```

使用类选择器，则可将以上 3 条 CSS 代码合并为一条。

```
.redText{
  color: #ff0000;
}
```

然后，即可为 div、p 和 ul 等标签添加 class 属性，应用类选择器的样式。

```
<div class="redText">红色文本
</div>
<p class="redText">红色文本</div>
<ul class="redText">
  <li>红色文本</li>
</ul>
```

一个类选择器可以对应于文档中的多种标签或多个标签，体现了 CSS 代码的可重用性。类选择器与标签选择器都有其各自的用途。

提示

与标签选择器相比，类选择器有更大的灵活性。使用类选择器，用户可指定某一个范围内的标签应用样式。

与类选择器相比，标签选择器操作简单，定义也更加方便。在使用标签选择器时，用户不需要为网页文档中的标签添加任何属性即可应用样式。

3. ID 选择器

ID 选择器也是一种 CSS 的选择器。之前介绍的标签选择器和类选择器都是一种范围性的选择器，可设定多个标签的 CSS 样式。而 ID 选择器则是只针对某一个标签的、唯一的选择器。

在 XHTML 文档中，允许用户为任意一个标签设定 ID，并通过该 ID 定义 CSS 样式。但是，不允许两个标签使用相同的 ID。使用 ID 选择器，用户可更加精密地控制网页文档的样式。

在创建 ID 选择器时，需要为选择器名称使用 ID 符号"#"。在为 XHTML 标签调用 ID 选择器时，需要使用其 id 属性。

注意

与调用类选择器的方式类似，在通过 id 属性调用 ID 选择器时，不需要在属性值中添加 ID 符号"#"，直接输入 ID 选择器的名称即可。

例如，通过 ID 选择器，分别定义某个无序列表中 3 个列表项的样式。

```
#listLeft{
  float:left;
}
#listMiddle{
  float: inherit;
}
#listRight{
  float:right;
}
```

然后，即可使用标签的 id 属性，应用 3 个列表项的样式。

```
<ul>
  <li id="listLeft">左侧列表</li>
  <li id="listMiddle">中部列表
  </li>
  <li id="listRight">右侧列表</li>
</ul>
```

技巧

在编写 XHTML 文档的 CSS 样式时，通常在布局标签所使用的样式（这些样式通常不会重复）中使用 ID 选择器，而在内容标签所使用的样式（这些样式通常会多次重复）中使用类选择器。

4．伪类选择器

之前介绍的 3 种选择器都是直接应用于网页

标签的选择器。除了这些选择器外，CSS 还有另一类选择器，即伪选择器。

与普通的选择器不同，伪选择器通常不能应用于某个可见的标签，只能应用于一些特殊标签的状态。其中，最常见的伪选择器就是伪类选择器。

在定义伪类选择器之前，必须首先声明定义的是哪一类网页元素，将这类网页元素的选择器写在伪类选择器之前，中间用冒号"："隔开。

```
selector:pseudo-class {property:
value}
/*选择器: 伪类 {属性: 属性值; }*/
```

CSS 2.1 标准中，共包括 7 种伪类选择器。在 IE 浏览器中，可使用其中的 4 种。

伪类选择器	作　用
:link	未被访问过的超链接
:hover	鼠标滑过超链接
:active	被激活的超链接
:visited	已被访问过的超链接

例如，要去除网页中所有超链接在默认状态下的下划线，就需要使用伪类选择器。

```
a:link {
/*定义超链接文本的样式*/
text-decoration: none;
/*去除文本下划线*/
}
```

注意

在 6.0 版本及之前的 IE 浏览器中，只允许为超链接定义伪类选择器。而在 7.0 及之后版本的 IE 浏览器中，则开始允许用户为一些块状标签添加伪类选择器。
与其他类型的选择器不同，伪类选择器对大小写不敏感。在网页设计中，经常为将伪类选择器与其他选择器区分而将伪类选择器大写。

5．伪对象选择器

伪对象选择器也是一种伪选择器。其主要作用是为某些特定的选择器添加效果。

在 CSS 2.1 标准中,共包括 4 种伪对象选择器,在 IE 5.0 及之后的版本中,支持其中的两种。

伪对象选择器	作 用
:first-letter	定义选择器所控制的文本的第一个字或字母
:first-line	定义选择器所控制的文本的第一行

伪对象选择器的使用方式与伪类选择器类似,都需要先声明定义的是哪一类网页元素,将这类网页元素的选择器写在伪对象选择器之前,中间用冒号 ":" 隔开。

例如,定义某一个段落文本中第 1 个字为 2em,即可使用伪对象选择器。

```
p{
   font-size: 12px;
}
p:first-letter{
   font-size: 2em;
}
```

19.4 CSS 选择方法

CSS 选择方法就是使用 CSS 选择器的方法。通过 CSS 选择方法,用户可以对各种网页标签进行复杂的选择操作,提高 CSS 代码的效率。在 CSS 语法中,允许用户使用的选择方法有 10 多种。其中常用的主要包括 3 种,即包含选择、分组选择和通用选择。

1. 包含选择

包含选择是一种被广泛应用于 Web 标准化网页中的选择方法。其通常应用于定义各种多层嵌套网页元素标签的样式,可根据网页元素标签的嵌套关系,帮助浏览器精确地查找该元素的位置。

在使用包含选择方法时,需要将具有包含选择关系的各种标签按照指定的顺序写在选择器中,同时,以空格将这些选择器分开。例如,在网页中,有 3 个标签的嵌套关系如下所示。

```
<tagName1>
  <tagName2>
    <tagName3>innerText.
    </tagName3>
  </tagName2>
</tagName1>
<tagName3>outerText</tagName3>
```

在上面的代码中,tagName1、tagName2 以及 tagName3 表示 3 种各不相同的网页标签。其中,tagName3 标签在网页中出现了 3 次。如果直接通过 tagName3 的标签选择器定义 innerText 文本的样式,则势必会影响外部 outerText 文本的样式。

因此,用户如果需要定义 innerText 的样式且不影响 tagName3 以外的文本样式,就可以通过包含选择方法进行定义,代码如下所示。

```
tagName1 tagName2 tagName3
{Property: value ; }
```

在上面的代码中,以包含选择的方式,定义了包含在 tagName1 和 tagName2 标签中的 tagName3 标签的 CSS 样式,同时,不影响 tagName1 标签外的 tagName3 标签的样式。

包含选择方法不仅可以将多个标签选择器组合起来使用,同时也适用于 ID 选择器、类选择器等多种选择器。例如,在本节实例及之前章节的实例中,就使用了大量的包含选择方法,如下所示。

```
#mainFrame #copyright #copyrig-
htText {
   line-height:40px;
   color:#444652;
   text-align:center;
}
```

包含选择方法在各种 Web 标准化的网页中都得到了广泛的应用。使用包含选择方法，可以使 CSS 代码的结构更加清晰，同时使 CSS 代码的可维护性更强。在更改 CSS 代码时，用户只需要根据包含选择的各种标签，按照包含选择的顺序进行查找，即可方便地找到相关语义的代码进行修改。

2．分组选择

分组选择是同时定义多个相同 CSS 样式的标签时使用的一种选择方法。其可以通过一个选择器组，将组中包含的选择器定义为同样的样式。在定义这些选择器时，需要将这些选择器以逗号","隔开，如下所示。

```
selector1 , selector2 { Property:
value ; }
```

在上面的代码中，selector1 和 selector2 分别表示应用相同样式的两个选择器，而 Property 表示 CSS 样式属性，value 表示 CSS 样式属性的值。

在一个 CSS 的分组选择方式中，允许用户定义任意数量的选择器，例如，定义网页中 body 标签以及所有的段落、列表的行高均为 18px，其代码如下所示。

```
body , p , ul , li , ol {
    line-height : 18px ;
}
```

在许多网页中，分组选择方法通常用于定义一些语意特殊的标签或伪选择器。例如，在本节实例中，定义超链接的样式时，就将超链接在普通状态下以及已访问状态下时的样式通过之前介绍过的包含选择，以及分组选择两种方法，定义在同一条 CSS 规则中，如下所示。

```
#mainFrame #newsBlock.blocks.
newsList .newsListBlock ul li a:
link,#mainFrame #newsBlock.
blocks.newsList .newsListBlock ul
li a:visited {
```

```
    font-size:12px;
    color:#444652;
    text-decoration:none;
}
```

在编写网页的 CSS 样式时，使用分组选择方法可以方便地定义多个 XHTML 标签元素为相同的样式，提高代码的重用性。但是，分组选择方法不宜使用过滥，否则将降低代码的可读性和结构性，使代码的判读相当困难。

3．通用选择

通用选择方法的作用是使用通配符"*"，对网页标签进行选择操作。

使用通用选择方法，用户可以方便地定义网页中所有元素的样式，代码如下。

```
* { property: value ; }
```

在上面的代码中，通配符星号"*"可以将网页中所有的元素标签替代，因此，设置星号"*"的样式属性，就是设置网页中所有标签的属性。

例如，定义网页中所有标签的内联文本字体大小为 12px，其代码如下所示。

```
* { font-size : 12 px ;}
```

同理，通配符也可以结合选择方法，定义某一个网页标签中嵌套的所有标签样式。例如，定义 ID 为 testDiv 的层中所有文本的行高为 30px，其代码如下所示。

```
#testDiv * { line-height : 30 px ; }
```

注意

在使用通用选择方法时需要慎重，因为通用选择方法会影响所有的元素，尤其会改变浏览器预置的各种默认值，因此，不慎使用的话，会影响整个网页的布局。通用选择方法的优先级是最低的，因此，在为各种网页元素设置专有的样式后，即可取消通用选择方法的定义。

19.5 使用 CSS 样式表

使用 Dreamweaver CS5，用户可以方便地为网页添加 CSS 样式表，并对 CSS 样式表进行编辑。

1. 链接外部 CSS

使用外部 CSS 的优点是用户可以为多个 XHTML 文档使用同一个 CSS 文件，通过一个文件控制这些 XHTML 文档的样式。

在 Dreamweaver 中打开网页文档，然后执行【窗口】|【CSS 样式】命令，打开【CSS 样式】面板。在该面板中单击【附加样式表】按钮，即可打开【链接外部样式表】对话框。

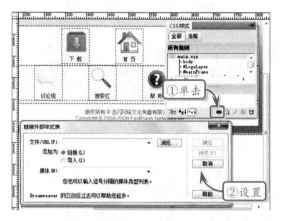

在对话框中，用户可设置 CSS 文件的 URL 地址，以及添加的方式和 CSS 文件的媒体类型。

其中，【添加为】选项包括两个单选按钮。当启用【链接】时，Dreamweaver 会将外部的 CSS 文档以 link 标签导入到网页中。而当启用【导入】时，Dreamweaver 则会将外部 CSS 文档中所有的内容复制到网页中，作为内部 CSS。

【媒体】选项的作用是根据打开网页的设备类型，判断使用哪一个 CSS 文档。在 Dreamweaver 中，提供了 9 种媒体类型。

媒体类型	说　　明
all	用于所有设备类型
aural	用于语音和音乐合成器
braille	用于触觉反馈设备

续表

媒体类型	说　　明
handheld	用于小型或手提设备
print	用于打印机
projection	用于投影图像，如幻灯片
screen	用于计算机显示器
tty	用于使用固定间距字符格式的设备，如电传打字机和终端
tv	用于电视类设备

用户可以通过链接外部样式表，为同一网页导入多个 CSS 样式规则文档，然后指定不同的媒体。这样，当用户以不同的设备访问网页时，将呈现各自不同的样式效果。

2. 新建 CSS 规则

Dreamweaver 允许用户为任何网页标签、类或 ID 等创建 CSS 规则。在【CSS 样式】面板中单击【新建 CSS 规则】按钮，即可打开【新建 CSS 规则】对话框。

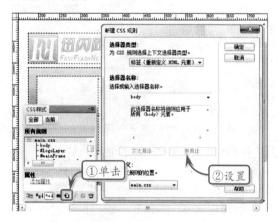

在【新建 CSS 规则】对话框中，主要包含了 3 种属性设置，如下。

● 选择器类型

【选择器类型】选项的设置主要用于为创建的 CSS 规则定义选择器的类型，其主要包括以下几种选项。

选项名	说　明
类	定义创建的选择器为类选择器
ID	定义创建的选择器为 ID 选择器
标签	定义创建的选择器为标签选择器
复合内容	定义创建的选择器为带选择方法的选择器或伪类选择器

● 选择器名称

【选择器名称】选项的作用是设置 CSS 规则中选择器的名称。其与【选择器类型】选项相关联。

当用户选择的【选择器类型】为"类"或"ID"时，用户可在【选择器名称】的输入文本框中输入类选择器或 ID 选择器的名称。

注意

在输入类选择器或 ID 选择器的名称时，不需要输入之前的类符号"."或 ID 符号"#"，Dreamweaver 会自动为相应的选择器添加这些符号。

当选择"标签"时，在【选择器名称】中将出现 XHTML 标签的列表。而如果选择"复合内容"，在【选择器名称】中将出现 4 种伪类选择器。

提示

如用户需要通过【新建 CSS 规则】对话框创建复杂的选择器，例如，使用复合的选择方法，则可直接选择"复合内容"，然后输入详细的选择器名称。

● 规则定义

【规则定义】选项的作用是帮助用户选择创建的 CSS 规则属于内部 CSS 还是外部 CSS。

如果网页文档中没有链接外部 CSS，则该项中将包含两个选项，即"仅限该文档"和"新建样式表文件"。

如用户选择"仅限该文档"，那么创建的 CSS 规则将是内部 CSS。而如用户选择"新建样式表文件"，那么创建的 CSS 规则将是外部 CSS。

19.6 设置文本 CSS 样式

文本的样式多种多样，使用 CSS 样式表，用户既可以为文字设置样式，也可以为文本对象设置样式。

1. 设置文字样式

在 CSS 中，用户可以方便地设置文本的字体、尺寸、前景色、粗体、斜体和修饰等。

● 字体

设置文字的字体，需要使用到 CSS 样式表的 font-family 属性。在默认情况下，font-family 属性的值为"Times New Roman"，用户可以为 font-family 设置各种各样的中文或其他语言的字体，例如微软雅黑、宋体等。每一种字体的名称都应以英文双引号""括住。例如，设置 ID 为 mainText 的内联文本的字体为"微软雅黑"，如下。

```
#mainText { font-family : "微软雅黑"; }
```

如需要为文字设置备用的字体，可在已添加的字体后添加一个逗号","，将多个字体隔开，如下。

```
#mainText { font-family : "微软雅黑" , "宋体" ; }
```

● 尺寸

尺寸是字体的大小。使用 CSS，用户可以通过 font-size 属性定义文本字体的尺寸，单位可以是相对单位，也可以是绝对单位。例如，设置网页中所有正文的文本尺寸为 12px，如下。

```
body { font-size : 12px ; }
```

● 前景色

前景色是文字本身的颜色。设置文字的前景色，可使用 CSS 的 color 属性，其属性值可以是 6 位 16 进制色彩值，也可以是 rgb() 函数的值或颜色的英文名称。

例如，设置文本的颜色为红色，可使用以下几种方法。

```
color : #ff0000 ;
```

```
color : rgb(255,0,0) ;
color : red ;
```

● 粗体

加粗是一种重要的文本凸显方式。使用 CSS 设置文字的粗体，可使用 font-weight 属性。font-weight 的属性值可以是关键字或数字，如下所示。

属 性 值	属 性 值	说　　明
Normal	400	标准字体
Bold	700	加粗
Bolder	800-900	更粗
Lighter	100-300	较细

例如，设置类为 boldText 的文本加粗，代码如下。

```
.boldText { font-weight : bold ; }
```

● 斜体

倾斜是各种字母文字的一种特殊凸显方式。使用 CSS 设置文字的斜体，可使用 font-style 属性。font-style 的属性值主要包括 3 种，如下。

属性值	作　　用
normal	标准的非倾斜文本
italic	带有斜体变量的字体所使用的倾斜
oblique	无斜体变量的字体所使用的倾斜

● 修饰

修饰是指为文字添加各种外围的辅助线条，使文本更突出，便于用户识别。使用 CSS 设置文本的修饰，可使用 font-decoration 属性，其属性值包括以下几种。

属 性 值	作　　用
none	默认值，无修饰
blink	闪烁
underline	下划线
line-through	贯穿线
overline	上划线

修饰的样式通常应用在网页的超链接中。例如，删除网页中所有超链接的下划线，可以直接设置 font-decoration 属性，如下。

```
a { font-decoration : none ; }
```

> **提示**
>
> 在 IE 系列浏览器中，不支持 font-decoration 属性的 blink 属性值。

2. 设置文本对象样式

文本对象往往是由文字组成的各种单位，例如段落、标题等。设置文本对象的样式往往与文本的排版密切相关，包括设置文本的行高、段首缩进、对齐方式、文本流动方向等。

● 行高

行高是文本行的高度。使用 CSS 设置文本对象的行高，可使用 line-height 属性，其属性值既可以是相对长度，也可以是绝对长度。

例如，设置网页文档中所有段落的行高为 24px，代码如下所示。

```
p { line-height : 24px ; }
```

● 段首缩进

段首缩进是区别段落与段落的一种文本排版方法，其可以设置段落的开头行向后缩进一段距离。

使用 CSS 设置文本的段首缩进，可使用 CSS 的 text-indent 属性，其属性值同样既可以是相对长度，也可以是绝对长度。

例如，设置所有段落段首缩进 2 个字符，代码如下所示。

```
p { text-indent : 2em ; }
```

● 水平对齐方式

使用 CSS 样式设置文本对象的水平对齐方式，可使用 text-align 属性，其属性值主要包括以下几种。

属 性 值	作　　用
left	默认值，左对齐
right	右对齐
center	居中对齐
justify	两端对齐

在默认情况下，所有文本对象的对齐方式均为左对齐。如果用户需要设置某个 ID 为 examText 的文本对象为居中对齐，其代码如下所示。

```
#examText { text-align : center ; }
```

● 垂直对齐方式

使用 CSS 样式除了可以设置文本对象的水平对齐方式外，还可以设置其垂直对齐方式。其需要使用 CSS 的 vertical-align 属性，属性值如下所示。

属 性 值	作 用
auto	自动对齐文本内容
baseline	基线对齐
sub	下标
super	上标
top	顶端对齐
text-top	文本顶对齐
middle	中部对齐
bottom	底部对齐
text-bottom	文本底对齐

提示

并非所有的网页标签都支持 vertical-align 属性。例如，在 Internet Explorer 中，只有 img、span、style、tbody、td、tfoot、th、thead、tr 等标签支持此属性。

例如，设置所有内联文本以下标的方式显示，其代码如下所示。

```
span { vertical-align : sub ; }
```

● 文本流动方向

使用 CSS 样式表，用户还可以控制文本的流动方式。在默认状态下，文本往往以水平方向，自左至右流动。使用 CSS 的 direction 属性，可以方便地设置文本的其他流动方向。

direction 属性的值包括两种，即 ltr 和 rtl。ltr 为默认值，即文本自左至右流动，而 rtl 则为文本自右至左流动。

例如，定义一段文本以水平方向自右至左流动，代码如下。

```
p { direction : rtl ; }
```

除了 direction 属性外，用户还可以使用 writing-mode 属性控制文本的流动。writing-mode 属性的值包括两种，即 lr-tb 和 tb-lr。其中，lr-tb 属性值为默认值，定义文本以水平方向自左至右流动；而 tb-lr 属性值则定义文本以垂直方向从上到下流动，水平方向为自右至左。

例如，定义一段文本以中国古代的书写方式流动，可使用 writing-mode 属性，代码如下。

```
p { writing-mode : tb-lr ; }
```

19.7 练习：制作多彩时尚网

练习要点

- 定义文本属性
- 定义文本显示方式

在网页中文本属性不可能是一成不变的，需要改变文本属性来使网页看起来更美观，本练习通过定义文本属性、文本显示方式来制作多彩时尚网页面。

操作步骤 ▶▶▶▶

STEP|01 打开素材页面"index.html"，将光标置于 ID 为 leftmain 的 Div 层中，单击【插入 Div 标签】按钮，创建 ID 为 title 的 Div 层，并设置其 CSS 样式属性。

STEP|02 在 ID 为 title 的 Div 层中输入文本，然后再单击【插入 Div

标签】按钮，创建类名称为 rows 的 Div 层，并设置其 CSS 样式属性。
然后将光标置于类名称为 rows 的 Div 层中，创建类名称为 pic 的 Div
层，并设置其 CSS 样式属性。

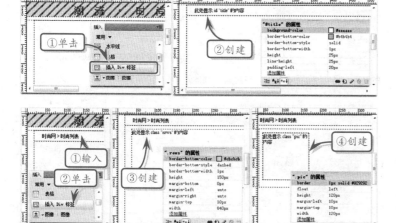

STEP|03 按照相同的方法，单击【插入 Div 标签】按钮，创建类名
称为 detail 的 Div 层，并设置其 CSS 样式属性。然后将光标置于类名
称为 pic 的 Div 层中，插入图像 "pic1.jpg"。

STEP|04 将光标置于类名称为 detail 的 Div 层中，输入文本，然后
在【属性】检查器中设置【格式】为 "标题 2"。在标签栏选择 h2 标
签，然后在 CSS 样式属性中设置文本颜色为 "蓝色"（#1092f1）。

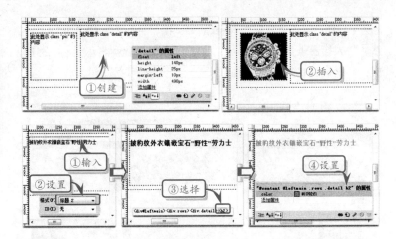

STEP|05 按 Enter 键，然后输入文本。在 CSS 样式属性中分别创建类名称为 font2、font3、font4 的样式，然后选择文本，在【属性】检查器中，设置【类】。其中，文本"关键字"设置为"font2"，文本"劳力士 经典 金表 宝石"设置为"font3"，其他文本设置为"font4"。

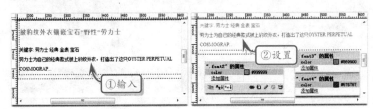

STEP|06 单击【插入 Div 标签】按钮，在弹出的【插入 Div 标签】对话框中，选择【类】的下拉菜单中的 rows，单击【确定】按钮。将光标置于该层中，按照相同的方法分别创建类名称为 pic、detail 的 Div 层，然后在 pic 层中插入图像，在 detail 层中输入文本。

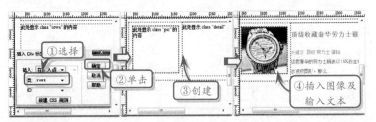

STEP|07 分别选择"标题2"的文本，在【属性】检查器中设置【链接】为"javascript:void(null);"，然后在标签栏选择 a 标签，在 CSS 样式属置其 CSS 样式属性。

19.8 练习：制作文章页面

网页中大量的文章都是由一个个的段落组合到一起的，本练习通过定义段落属性、文本属性来制作文章页面。

操作步骤 ▶▶▶▶

STEP|01 打开素材页面"index.html"，将光标置于 ID 为 leftmain 的 Div 层中，单击【插入 Div 标签】按钮，创建 ID 为 title 的 Div 层，并设置其 CSS 样式属性。

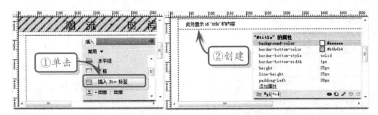

STEP|02 在 ID 为 title 的 Div 层中输入文本，然后选择文本，在【属性】检查器中设置文本【链接】为"javascript:void(null);"。再单击【插入 Div 标签】按钮，创建 ID 为 homeTitle 的 Div 层，并设置其 CSS 样式属性。

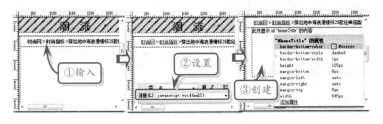

练习要点

- 定义段落属性
- 定义文本属性
- 定义文本显示方式

提示

在 ID 为 leftmain 的 Div 层中，布局代码如下。

```
<div id="leftmain">
<div id="title">
</div>
<div id="home-Title">
<div id="htitle">
</div>
<div id="publish">
<div class="font2" id="zz"></div>
<div class="font2" id="times"></div>
<div class="font2" id="pl"></div>
</div>
<div id="mark"></div>
</div>
<div id="mainHome">
</div>
</div>
```

提示

在 ID 为 title 的 Div 层中，设置文本显示方式，在该层中左边距填充为 20px，一般默认情况下左边距填充为 0px。

STEP|03 将光标置于 ID 为 homeTitle 的 Div 层中，分别创建 ID 为 htitle、publish、mark 的 Div 层，并定义其 CSS 样式属性，然后，将光标置于 ID 为 htitle 的 Div 层中，输入文本。

STEP|04 将光标置于 ID 为 publish 的 Div 层中，分别嵌套 ID 为 zz、times、pl 的 Div 层，并设置其 CSS 样式属性，其中，ID 为 times、pl 的两个 Div 层的 CSS 样式属性设置相同。然后在这 3 个 Div 层及 ID 为 mark 的 Div 层中输入相应的文本。

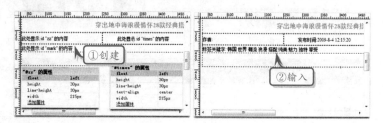

STEP|05 在 CSS 样式中分别创建类名称为 font2、font3 的样式，然后选择文本，在【属性】检查器中，设置【类】。然后，单击【插入 Div 标签】按钮，创建 ID 为 mainHome 的 Div 层，并设置其 CSS 样式属性。

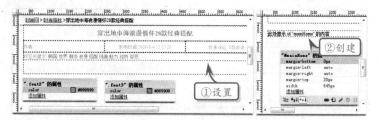

STEP|06 将光标置于 ID 为 mainHome 的 Div 层中，输入文本，一共分为 4 个段落。在标签栏选择 P 标签，在 CSS 样式中定义其行高、文本缩进等 CSS 样式属性。

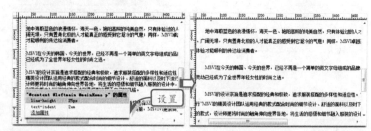

19.9 高手答疑

Q&A

问题 1： 在为网页中超链接设置鼠标滑过样式后，当链接被单击过一次以后就不再起作用了，如何解决？

解答： 原则上，CSS 不允许为网页中的对象重复定义样式。但事实上在 IE 6.0 以下的浏览器中，CSS 代码会被浏览器逐行解析。

当一个网页对象被重复定义时，会自动以最新也就是所在行数最大的代码为准。

在 IE 浏览器中，当解析完成 ":visited" 伪类选择器的代码后，会将 ":visited" 代码看作是最新的针对超链接的定义。因此会导致超链接被单击过后无法显示鼠标滑过的效果。

解决这个问题，最简单的办法就是改变 4 种伪类选择器的排列顺序，将多数人习惯的 ":link"、":hover"、":visited" 和 ":active" 顺序更改为 ":link"、":visited"、":hover" 和 ":active"。

```
a:link{
  color:#fc0;
  text-decoration:none;
}a:visited{
  color:#faa;
  text-decoration:none;
}a:hover{
  color:#f96;
  text-decoration:underline;
}a:active{
  color:#fc0;
  text-decoration:underline;
}
```

Q&A

问题 2： 如何在 IE 中定义任意高度的层？

解答： 在 IE 6.0 及之前版本的浏览器中，默认会为层添加一行隐藏的文本。层的高度会被这行文本撑高。

由于在 IE 6.0 及之前的版本中，任意的文本默认行高为 10px，因此，层的最小高度就是 10px。无论将层的高度设为多少，只要该层高度小于 10px，层的高度就只能是 10px。

避免发生类似情况的方法主要有 3 种。

● **隐藏溢出部分**

为层使用 "overflow:hidden" 属性，隐藏层的溢出部分，使层不再根据内容自动增加高度。

● **缩放层的高度**

CSS 可以帮助用户缩放网页中的对象。使用 zoom 属性，可以将网页对象缩小。为层添加缩放属性 "zoom:0.05"，即可缩小层。

● **直接定义行高**

除了以上两种办法外，用户还可以直接通过 CSS 修改行高，使层中的行高减少到指定的值。例如，设置 1px 高度的层，可先将行高设置为 1px，如下所示。

```
#customDiv {
  line-height:1px;
}
```

Q&A

问题 3: 如何定义所有的拉丁字母以小型的大写字母方式显示?

解答: 使用 CSS 样式表, 用户可以方便地将拉丁字母转换为小型的大写字母, 其需要使用 CSS 的 font-variant 属性。

font-variant 属性的属性值只有两种, 即 normal 和 small-caps。其中, normal 为默认值,

即拉丁字母以普通的模式显示; 而 small-caps 属性值则可将所有的拉丁字母以小型的大写字母方式显示。

例如, 设置某个段落中所有的拉丁字母以小型大写的方式显示, 代码如下所示。

```
p { font-variant : small-caps ; }
```

Q&A

问题 4: 如何转换文本对象中拉丁字母的大小写?

解答: 使用 CSS 的 text-transform 属性, 可以方便地转换文本对象中拉丁字母的大小写。

text-transform 属性的属性值主要包括以下几种。

例如, 在处理各种英文标题时, 可以设置每一个单词的首字母大写, 代码如下。

```
h2 { text-transform:capitalize ; }
```

属性值	作　　用
none	默认值, 不对拉丁字母进行转换
capitalize	将每个单词的第一个字母转换为大写
ppercase	将所有字母转换为大写
lowercase	将所有字母转换为小写

如果需要对标题的文本进行特别强调, 则可以将所有的字母转换为大写, 代码如下。

```
h1 { text-transform : uppercase ; }
```

Q&A

问题 5: 如何缩写文字样式的 CSS 代码?

解答: 在对文字样式进行复杂的设置时, 往往需要书写多行的 CSS 代码, 使用大量的 CSS 属性。CSS 允许用户通过一个简单的 font 属性, 同时设置多种文字的样式。

font 是一种多属性值的属性, 其属性值可以包括以下几种 CSS 属性。

例如, 设置一段文本以斜体、加粗和小型大写字母的方式显示, 字体为 "Arial", 文本尺寸为 11px, 如果使用之前介绍的各种 CSS 属性, 其代码如下所示。

```
p { font-family : "Arial" ;
    font-size : 11px ;
```

属　性　值	作　　用
font-style	设置文本的倾斜
font-variant	设置文本以小型大写字母显示
font-weight	设置文本的加粗
font-size	设置文本的尺寸
font-family	设置文本的字体

```
font-style : italic ;
font-variant : small-caps ;
font-weight : bold ; }
```

如果使用 font 属性, 则可将以上 5 种属性归纳为 font 属性的复合属性值, 代码如下。

```
p { font : "Arial" 11px italic
small-caps bold ; }
```

注意

复合属性值的属性之间以空格连接。

Q&A

问题 6：如何设计中文文本正文？

解答： 中文文本正文的设计，主要涉及到字体和字号的设计。

● **字体的设计**

由于计算机是西方人发明的，各种操作系统也同样是西方人开发的，因此，在计算机中，拉丁字体的发展始终比中文字体要快。

以 Windows XP 系统为例，其默认只安装 5 种基本的中文字体，即宋体、仿宋体、黑体、楷体和新宋体。网页的设计者必须按照用户的需要，根据这 5 种中文字体来设计网页。

在这 5 种字体中，宋体是自宋朝以来在雕版和活字印刷中使用时间最长的字体。新宋体是 Windows XP 操作系统新增的一种字体，其对传统的宋体进行了局部的修改。这两种字体以其笔画粗细有别，布局结构周正，易于识别等优点，被大多数网站选做段落正文的标准字体。

黑体的特点是各种组成字体的笔画宽度相等，布局更加板正，因此比宋体更加易于辨识，但黑体字相对宋体和新宋体而言，字体过粗，很容易造成读者的视觉疲劳，因此，大多数网站都只将其应用于标题文本。

仿宋体和楷体是典型的书法字体，其比宋体和新宋体更加美观。但仿宋体和楷体的笔画变化过多，因此在可辨识性方面稍微差一些，因此大多应用于少量的文本，例如逐行的诗歌等。

计算机允许用户将字体处理为斜体或加粗，以强调这部分文本的内容。在西方的文字排版中，粗体和斜体都是十分重要的强调方法，可以使文字更加吸引读者的注意力。

在中文排版中，粗体的应用是十分广泛的。使用粗体对关键的文本进行突出，是设计文本的一种有效方法。然而，对文本的内容强调太多甚至全部强调，等于完全没有强调。因此，在使用粗体时不应过滥，不应对大量的文本进行加粗。

斜体在西方文字排版中也是非常实用的强调方式。由于字母文字的特点，在拉丁文中，斜体字比较类似手写风格，十分美观。

然而，在中文文字发展的历史中，从来没有大规模应用过倾斜的书写方式。由于汉字的结构十分复杂，倾斜书写会使本来就难于辨识的汉字更加错乱，给读者制造很大的麻烦。因此，在中文文本正文中，应尽量避免斜体的使用。

● **字号的设计**

中文字是一种变化繁多的文字，相比只有 26 个字母的拉丁文而言，中文字的变化多达数万种。文字的类型越多，在阅读时，读者就必须花费越多的精力对文字进行辨识。在英文字体的设计中，常见的正文字号为 8px、9px 和 10px 等。即使在 8px 的字号下，英文字体仍然可以清晰地显示。

然而，中文字体在 10px 左右大小时，就已经很难被辨识出来。例如，在苹果和 Adobe 等公司的中文网页中，经常会出现 10px 的中文字体，这就是典型的以西方人的习惯来设计中文网页，其直接的结果就是使网页中的文本更加难以识别。

同时，与英文字体不同，大多数中文字体都只针对 12px、14px、16px 以及 18px 等几个有限的字号进行过特殊的优化。因此，在设计中文网页时，字号应尽量采用 12px、14px、16px 以及 18px 等字号。尤其针对目前宽屏和大屏幕显示器的普及，使用较大的字号，可以使更多的读者轻松地识别文本，减小视觉疲劳。

20 修饰背景与边框

之前的章节已介绍了 CSS 样式表的基本语法以及修饰网页文本的方法。使用 CSS 样式表，用户还可以方便地定义各种网页容器和内容标签的背景、边框等属性，对其进行美化。本章将介绍使用 CSS 样式表修饰网页标签背景与边框的方法。

20.1 设置背景颜色

使用 CSS 样式表，用户可以方便地设置网页标签的背景颜色。在设置背景颜色之前，首先应了解 CSS 样式表中几种颜色的表示方式。

1．CSS 颜色单位

CSS 在网页中的主要作用就是描述网页中的各种对象。颜色是网页对象的一种非常重要的属性。CSS 的取色方法通常有十六进制数字、颜色名称、百分比和十进制数字等几种。

● 十六进制数字法

十六进制数字取色法是在网页中最常用的取色方法，其格式如下所示。

```
color:#RRGGBB;
```

RR、GG 和 BB 都是两位的十六进制数字。RR 代表对象颜色中红色的深度，GG 代表对象颜色中绿色的深度，而 BB 则代表对象颜色中蓝色的深度。通过描述这 3 种颜色（3 原色），即可组合出目前可在显示器中显示的所有 1600 多万种颜色。例如，白色即"#ffffff"，红色即"#ff0000"，黑色即"#000000"。

当表示每种原色的两位十六进制数字相同时，可将其缩写为一位。例如，颜色"#ff6677"可缩写为"#f67"。

● 颜色名称法

在网页设计中，可以使用颜色的名称直接表示颜色。W3C 在网页设计标准中，规定了十六种标准颜色，这十六种标准颜色拥有规范的英文名称，如下所示。

英文名	中文名	十六进制颜色
black	黑色	#000000
red	红色	#ff0000
lime	浅绿	#00ff00
blue	蓝色	#0000ff
gray	深灰	#808080
maroon	深红	#800000
green	深绿	#008000
navy	深蓝	#000080
white	白色	#ffffff
yellow	黄色	#ffff00
aqua	天蓝	#00ffff
fuchsia	品红	#ff00ff
silver	银灰	#c0c0c0
olive	褐黄	#808000
teal	靛青	#008080
purple	深紫	#800080

除了以上 16 种颜色外，还有一种特殊的颜色名称也被 W3C 的标准所支持，即 transparent（透明）。

> **提示**
>
> 在不同的浏览器中，很可能存在色彩名称解析不同的情况。例如，在微软的 IE 中，还支持 140 种颜色名称。但在其他浏览器中并不支持。因此，不推荐在网页中大量使用颜色名称来表示颜色。

● 百分比法

百分比颜色名称也是一种常见的颜色表示方

式。其原理是将色彩的深度以百分比的形式来表示，格式如下所示。

```
color:rgb(100%,100%,100%);
```

在百分比颜色表示方式中，第一个值为红色，第二个值为绿色，第三个值为蓝色。色彩的百分比越大，则其色彩深度越大。

● 十进制数字法

十进制数字表示法的原理和百分比表示法相同，都是通过描述数字的大小来控制颜色的深度。其书写格式也与百分比表示法类似，如下所示。

```
color:rgb(255,255,255);
```

十进制数字表示法表示颜色的数值范围为0～255，数值越大，则该颜色深度也就越大。

2. 设置背景颜色

在使用 CSS 样式表设置背景颜色时，应使用 CSS 样式表的 background-color 属性。background-color 属性的属性值为任意的符合 CSS 颜色表示法的颜色。

在默认状态下，background-color 属性的默认值为 transparent，即透明。设置一个层的背景颜色为灰色（#cccccc），代码如下。

```
div { background-color : #cccccc }
```

background-color 可以应用于绝大多数网页标签，包括各种块状标签和内联标签。

20.2　插入背景图像

使用 CSS 样式表不仅可以设置网页标签的背景颜色，还可以将一个图像设置为网页标签的背景。

1. 设置背景图像

设置网页标签的背景图像，可使用 CSS 样式表的 background-image 属性。background-image 的属性值为关键字 none 或图像文档的 URL 地址。

例如，消除某个网页标签的背景图像，可设置其 background-image 属性为 none，代码如下。

```
#test { background-image : none ; }
```

用户也可以根据实际背景图像文档的位置，将其插入到网页标签的背景中，代码如下。

```
#test { background-image : url
("background.png");}
```

在上面的代码中，将一个与网页文档位于同一目录下的图像设置为网页标签的背景。对于位于网页文档所在目录的子目录下的图像，可在 URL 地址中加入子目录的名称。例如，将位于 images 目录下的 background.jpeg 图像添加到网页标签的背景中，代码如下。

```
#test { background-image : url
("images/background.jpeg") ; }
```

而如果是位于网页文档上一级目录下的图像文件，将其添加为背景图像的方式如下所示。

```
#test { background-image : url
("../background.jpeg") ; }
```

> **提示**
>
> 背景图像属性 background-image 的优先级比背景颜色属性 background-color 更高。因此在为某个网页标签设置背景时，如同时设置了背景颜色和背景图像，则最终显示的是背景图像。

2. 背景图像定位

CSS 样式表允许用户为网页的背景图像定义一个位置，控制背景图像与网页标签之间的关系。

在为背景图像定位时，需要使用 CSS 样式表的 background-position 属性。background-position 属性是一个系列属性，其主要包括 background-position、background-position-x、background-position-y 共 3 个属性。

● **background-position 属性**

background-position 属性的作用是通过长度、关键字等属性定义网页标签的背景位置，其属性值如下所示。

属 性 值	作 用
单个长度值	定义水平方向背景图像的位置
两个长度值	第一个值定义水平方向背景图像的位置 第二个值定义垂直方向背景图像的位置
left	定义背景图像居左显示
right	定义背景图像居右显示
top	定义背景图像居顶部显示
bottom	定义背景图像居底部显示
center	定义背景图像居中显示

在使用单个长度值定义背景图像的位置时，默认情况下，背景图像在垂直方向居中显示。

如果用户为背景图像属性 background-position 设置属性值为一个单独的 center 时，背景图像将在垂直和水平两个方向都居中显示。如果将 center 与其他的属性值混用的话，则 center 属性值将根据另一个属性值来定义背景图像的位置。

当 center 属性值与 left、right 等属性值混用时，则其表示背景图像在垂直方向居中显示，而当 center 属性值与 top、bottom 等属性值混用时，则表示背景图像在水平方向居中显示。

例如，设置背景图像在网页标签的左上角显示，其代码如下所示。

```
background-position : left top ;
```

如需要设置背景图像在网页标签的底部中央显示，其代码如下所示。

```
background-position : bottom
center ;
```

● **background-position-x**

background-position-x 属性的作用是定义网页标签的背景图像在水平方向的位置，其属性值主要包括以下几种。

属 性 值	作 用
长度值	定义水平方向距网页标签左侧的距离
left	定义网页标签背景图像居左显示
center	定义网页标签背景图像水平居中显示
right	定义网页标签背景图像居右显示

● **background-position-y**

background-position-y 属性的作用是定义网页标签的背景图像在垂直方向的位置，其属性值主要包括以下几种。

属性值	作 用
长度值	定义垂直方向距网页标签顶部的距离
top	定义网页标签背景图像居顶部显示
center	定义网页标签背景图像垂直居中显示
bottom	定义网页标签背景图像居底部显示

3. 设置显示方式

使用 CSS 样式表，用户还可以方便地设置网页背景图像的显示方式，定义其重复的情况，这需要使用 CSS 样式表的 background-repeat 属性。

background-repeat 属性的属性值主要包括以下几种。

属性值	作 用
repeat	默认值，允许背景图像重复显示
no-repeat	禁止背景图像重复显示
repeat-x	只允许背景图像在水平方向重复显示
repeat-y	只允许背景图像在垂直方向重复显示

例如，设置某个网页标签的背景图像只以水平方向重复显示，其代码如下所示。

```
background-repeat : repeat-x ;
```

20.3　设置边框样式

使用 CSS 样式表，用户可以方便地设置网页标签的边框，设置边框的各种属性。在使用 CSS 设置各种长度值时，用户需要先了解长度值的基本设置。CSS 所使用的长度单位，主要包括绝对单位和相对单位两种。

1. CSS 绝对长度单位

绝对单位是指在设计中使用的衡量物体在实际环境中的长度、面积、大小等的单位。绝对单位很少在网页中使用，其通常用于实体印刷中。但是在一些特殊的场合，使用绝对单位是非常必要的。W3C 规定的在 CSS 样式中可使用的绝对单位如下。

英文名称	中文名称	说　　明
in	英寸	在设计中使用最广泛的长度单位
cm	厘米	在生活中使用最广泛的长度单位
mm	毫米	在研究领域使用较广泛的长度单位
pt	磅	在印刷领域使用非常广泛，也称点，其在 CSS 中主要用于表示字体的大小
pc	皮咔	在印刷领域经常使用，1 皮咔等于 12 磅，所以也称 12 点活字

如果为网页标签的各种长度使用绝对单位，则网页浏览器会根据显示器的分辨率等来设置标签的显示尺寸。

2. CSS 相对长度单位

相对单位与绝对单位相比，其显示大小是不固定的。其所设置的对象受屏幕分辨率、屏幕可视区域、浏览器设置和相关元素的大小等多种因素的影响。W3C 规定 CSS 样式表可使用以下几种相对单位。

- **em**

em 表示字体对象的行高，其能够根据字体的大小属性值来确定大小。例如，当设置字体大小为 12px 时，1 个 em 就等于 12px。如果网页中未确定字体大小的值，则 em 的单位高度根据浏览器默认的字体大小来确定。在 IE 浏览器中，默认字体高度为 16px。

- **ex**

ex 是衡量小写字母在网页中的大小的单位，其通常根据所使用的字体中小写字母 x 的高度作为参考。在实际使用中，浏览器将通过 em 的值除以 2 得到 ex 的值。

- **px**

px，就是像素，显示器屏幕中最小的基本单位。px 是网页和平面设计中最常见的单位，其取值是根据显示器的分辨率来设计的。

- **百分比**

百分比也是一个相对单位值，其必须通过另一个值来计算，通常用于衡量对象的长度或宽度。在网页中，使用百分比的对象通常取值的对象是其父对象。

> **提示**
> 相比绝对单位，相对单位的使用更加普遍和广泛。

3. 设置边框宽度

网页标签的边框宽度主要包括 4 种相关的属性设置，即网页标签的顶部、底部、左侧和右侧的边框设置。因此，在设置网页标签的宽度时，可使用 4 种 border 属性的复合属性，如下。

属　性　名	作　　用
border-top-width	设置网页标签顶部的边框宽度
border-bottom-width	设置网页标签底部的边框宽度
border-right-width	设置网页标签右侧的边框宽度
border-left-width	设置网页标签左侧的边框宽度

网页标签的边框宽度值既可以是关键字，也可以是长度值。其关键字主要分为 3 种，即 thin、medium 和 thick。在不同的网页浏览器中，这 3 种关键字的基准数值是不同的。以 Internet Explorer 为例，thin 的宽度为 2px，medium 的宽度为 4px，thick 的宽度为 6px。

例如，设置网页中表格的顶部边框线为 thin，右侧边框线为 medium，底部边框线为 thick，左侧边框线为 0.5em，代码如下所示。

```
border-top-width : thin ;
border-right-width : medium ;
border-bottom-width : thick ;
border-left-width : 0.5em ;
```

提示

在为网页标签设置边框时，必须同时设置边框的宽度、颜色和边框线样式，然后边框才能显示。关于边框的颜色和线样式，请参考下文。

4．设置边框线样式

设置网页标签的边框线样式与设置边框宽度的方式类似，都需要使用 4 种复合属性，如下所示。

属 性 名	作　　　用
border-top-style	定义网页标签顶部的边框样式
border-bottom-style	定义网页标签底部的边框样式
border-right-style	定义网页标签右侧的边框样式
border-left-style	定义网页标签左侧的边框样式

边框线样式的 4 种复合属性，可使用 9 种基于关键字的属性值，如下所示。

属性值	说　　　明
none	默认值，无边框。当设置表格边框线为该属性值时，所有对表格边框线的宽度和颜色的设置都将无效
dotted	点划线。设置该属性值时，表格边框的宽度不能小于 2px
dashed	普通虚线边框
solid	普通实线边框

续表

属 性 名	作　　　用
double	双线边框。其两条单线和其间隔的和等于指定的边框宽度（border-width）。设置该属性值时，表格边框的宽度不能小于 3px
groove	根据黑色和表格边框的颜色（border-color）的线条组成的 3D 凹槽，设置该属性值时，表格边框的宽度（border-width）不能小于 4px
ridge	根据黑色和表格边框的颜色（border-color）的线条组成的 3D 凸槽，设置该属性值时，表格边框的宽度（border-width）不能小于 4px
inset	根据黑色和表格边框的颜色（border-color）的线条组成的 3D 凹边，设置该属性值时，表格边框的宽度（border-width）不能小于 4px
outset	根据黑色和表格边框的颜色（border-color）的线条组成的 3D 凸边，设置该属性值时，表格边框的宽度（border-width）不能小于 4px

例如，要设置网页对象顶部和底部边框线为实线，左侧和右侧无边框线，其代码如下所示。

```
#borderdiv {
  border-top-style:solid;
  border-right-style:none;
  border-bottom-style:solid;
  border-left-style:none;
}
```

5．设置边框线颜色

颜色也是边框线的一种重要属性。使用 CSS 样式表，用户可以方便地设置边框线的颜色属性。常用的边框颜色属性主要包括 4 种，如下。

属　　　性	作　　　用
border-top-color	定义网页标签顶部的边框颜色

续表

属　　性	作　　用
border-bottom-color	定义网页标签底部的边框颜色
border-left-color	定义网页标签左侧的边框颜色
border-right-color	定义网页标签右侧的边框颜色

以上 4 种边框线颜色的 CSS 属性与背景颜色类似，用户可以使用十六进制的数字颜色属性值，也可以使用十进制数字、百分比或颜色的名称作为属性值。

例如，设置网页标签底部的边框线颜色为红色，就有 4 种方式，代码如下。

```
border-bottom-color : red ;
border-bottom-color : rgb(255,0,
0) ;
border-bottom-color : rgb(100%,0,
0) ;
border-bottom-color : #ff0000 ;
```

6．设置边框线所有规则

CSS 除了允许用户以规则分类的方式定义边框样式外，还允许根据某一条边框线定义其 3 种规则。这需要使用针对各条边框的 CSS 样式复合属性，包括 border-top（定义顶部边框）、border-right（定义右侧边框）、border-bottom（定义底部边框）、border-left（定义左侧边框）。

在根据边框定义样式时，可直接编写边框的 3 种规则属性，将其输入到属性之后，同时使用空格隔开。

例如，定义顶部边框为 1 像素、黑色（#000）的虚线，代码如下所示。

```
border-top : 1px dashed #000 ;
```

用户也可以直接通过 1 行 CSS 代码，定义 4 条边框线统一的 CSS 规则。

例如，定义 4 条边框线均为 3px 宽度的绿色（#0f0）实线，代码如下。

```
border:3px #0f0 solid ;
```

在根据边框线定义规则时，其 3 种属性值可以按照任意的顺序书写。如果不需要定义某条边框线，可以直接将其属性值设置为 none。

例如，定义 4 条边框线均为隐藏，可以直接定义 border 属性的值为 none，代码如下所示。

```
border : none ;
```

20.4 练习：添加网页背景图像

CSS 样式表的功能十分强大，其可以方便地以 Web 标准化的方式，为各种网页标签添加背景图像。本例就将使用 CSS 样式表，制作一个企业黄页，并为其中的各种标签添加背景图像。

操作步骤 ▶▶▶▶

STEP|01 新建文档，在标题栏中输入"名扬连商网"。单击【属性】检查器中的【页面属性】按钮，在弹出的【页面属性】对话框中设置其参数。然后单击【插入】面板【布局】选项中的【插入 Div 标签】按钮，创建 ID 为 banner 的 Div 层，并设置其 CSS 样式属性。

STEP|02 将光标置于 ID 为 bannner 的 Div 层中，输入文本。然后，在 CSS 样式属性中，创建类名称为 font1 的样式。选择文本，在【属性】检查器中设置【类】为"font1"。

STEP|03 单击【插入 Div 标签】按钮，创建 ID 为 home 的 Div 层，

练习要点

- 插入背景图像
- 设置背景颜色
- 插入图像
- 设置文本属性

提示

页面布局代码如下。

```
<div class="font1"
id="banner">
</div>
<div id="home">
<div id="leftm-
ain"></div>
<div id="right-
main"></div>
</div>
```

提示

在 ID 为 leftmain 的 Div
层中，布局代码如下。

```
<div id="leftm-
ain">
<div id="logo">
</div>
<div id="homenav">
</div>
<div id="contact">
</div>
</div>
```

提示

只能在背景图像上添加
元素，不能在插入的图
像上添加元素，如文本、
图像、多媒体等。

提示

在网页中，只要元素中
有 background-image 属
性的，都可以设置其背
景图像。

并设置其 CSS 样式属性。然后，将光标置于该 Div 层中，单击【插
入 Div 标签】按钮，分别创建 ID 为 leftmain、rightmain 的 Div 层并
设置其 CSS 样式属性。

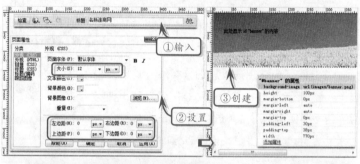

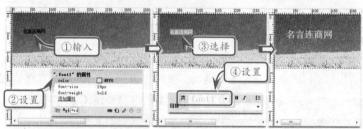

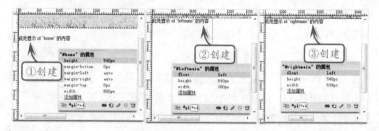

STEP|04 将光标置于 ID 为 leftmain 的 Div 层中，单击【插入 Div
标签】按钮，分别创建 ID 为 logo、homenav、contact 的 Div 层，并
设置其 CSS 样式属性。然后将光标置于 ID 为 rightmain 的 Div 层中，

单击【插入 Div 标签】按钮，分别创建 ID 为 nav、mainHome、footer 的 Div 层，并设置其 CSS 样式属性。

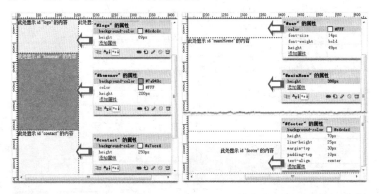

提示

在 ID 为 rightmain 的 Div 层中的布局代码如下。

```
<div id="right-
main">
<div id="nav">
</div>
<div id="main-
Home"> </div>
<div  id="footer">
</div>
</div>
```

STEP|05 将光标置于 ID 为 logo 的 Div 层中，插入一个 2 行×1 列、【宽】为 "148 像素" 的表格。选择表格，在【属性】检查器中设置【对齐】方式为 "居中对齐"。将光标置于第 1 行的单元格中，插入图像 "logo.png"，在第 2 行的单元格中插入图像 "home.png"。

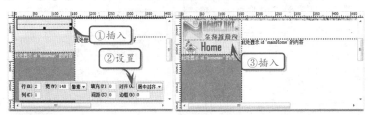

提示

在 ID 为 logo 的 Div 层中，图像 "logo.png"、"home.png"，同样可以设置为背景图像添加到单元格中，但是必须通过 CSS 样式设置。

STEP|06 将光标置于 ID 为 homenav 的 Div 层中，插入一个 6 行×1 列、【宽】为 "148 像素" 的表格。选择表格，在【属性】检查器中设置【对齐】方式为 "居中对齐"。然后，在每个单元格中输入相应的文本，在【属性】检查器中设置单元格的【水平】对齐方式为 "居中对齐"，【垂直】对齐方式为 "底部"，【高】为 28。

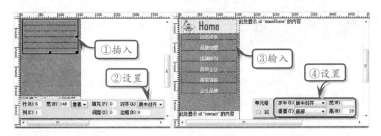

提示

在界面设计中，不能直接给表格设置背景颜色，只能给单元格设置背景颜色，所以必须通过 CSS 样式为表格添加背景颜色。如果表格放置在一个 Div 层中，就直接为 Div 层添加背景颜色。

STEP|07 在标签栏选择 td 标签，设置其 CSS 样式属性。然后将光标置于 ID 为 contact 的 Div 层中，插入一个 2 行×1 列、【宽】为 "148 像素" 的表格。选择表格，在【属性】检查器中设置【对齐】方式为 "居中对齐"。

STEP|08 将光标置于第 1 行的单元格中，插入图像 "ico_32.png"；将光标置于第 2 行的单元格中插入图像 "ico_37.png"。然后，在标签

提示

设置单元格属性时，在标签栏中选择准确的 Div 层，在标签栏可以看出一个个元素之间的包含关系。

栏选择 td 标签，设置其 CSS 样式属性。

提示

在CSS样式属性中设置"td2"、"td3"、"td4"的样式代码如下。

```
#td2{
background-image:
url(images/nav_25
.png);
background-repeat
:no-repeat;
}#td3{
background-image:
url(images/nav_26
.png);
background-repeat
:no-repeat;
}#td4{
background-image:
url(images/nav_27
.png);
background-repeat
:no-repeat;
}
```

其中，第 2 个单元格添加 "td2" 样式，第 3 个单元格添加 "td3" 样式，第 4 个单元格添加 "td4" 样式；每个单元格的【宽】设置为背景图像的【宽】。

提示

在CSS样式中通过设置单元格背景图像，就需要在【属性】检查器中设置 ID 或【类】来添加。如果背景图像是相同的，那么可以设置为类名称；如果单元格的背景图像不相同，那么需要设置为 ID。

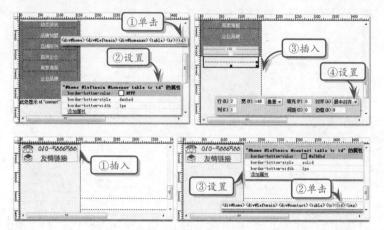

STEP|09 将光标置于 ID 为 nav 的 Div 层中，插入一个 1 行×4 列、【宽】为 "639 像素" 的表格。在 CSS 样式中分别创建 ID 为 td1、td2、td3、td4 的样式。将光标置于第 1 个单元格中，在【属性】检查器中设置 ID 为 "td1"，【宽】为 143，【高】为 49。

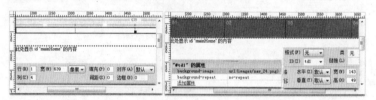

STEP|10 在 ID 为 nav 的 Div 层的单元格中输入文本，并在【属性】检查器中设置单元格【水平】对齐方式为 "居中对齐"。然后，将光标置于 ID 为 mainHome 的 Div 层中，创建类名称为 rows 的 Div 层，并设置其 CSS 样式属性，然后将光标置于该层，嵌套类名称为 titleBg 的 Div 层并设置其 CSS 样式属性。

STEP|11 按照相同的方法再创建 3 个类名称为 rows 的 Div 层，然后在该层中嵌套类名称为 titleBg 的 Div 层。然后在每一个类名称为 titleBg 的 Div 层中输入相应的文本。在 "新闻资讯" 版块中，类名称为 titleBg 的 Div 层下创建 ID 为 xwzx 的 Div 层，并设置其 CSS 样式属性。

STEP|12 按照相同的方法，分别在 "店铺陈列"、"品牌资讯"、"百

货动态″版块中，对应着每个版块在类名称为 titleBg 的 Div 层下依次创建 ID 为 dpcl、ppzx、bhdt 的 Div 层，并设置其 CSS 样式属性。然后将光标置于 ID 为 xwzx 的 Div 层中，插入一个 1 行×1 列、【宽】为″220 像素″的表格。选择表格，在【属性】检查器中设置【对齐】方式为″右对齐″，并输入文本。

提示

在″新闻资讯″、″店铺陈列″、″品牌资讯″、″百货动态″版块中，由于每个单元格的背景图像都不相同，所以需要在 CSS 样式中设置 4 个不同的 ID 来实现。

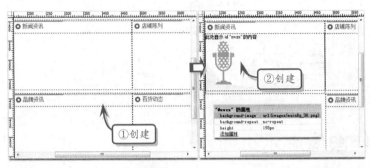

提示

在【属性】检查器中设置第 2 行第 1 列单元格的【对齐】方式为″居中对齐″。其中，在″品牌资讯″、″百货动态″版块中表格属性的设置相同。

STEP|13 将光标置于 ID 为 dpcl 的 Div 层中，插入一个 2 行×1 列、【宽】为″200 像素″的表格。选择表格，在【属性】检查器中设置【对齐】方式为″右对齐″，并输入文本。将光标置于 ID 为 ppzx 的 Div 层中，插入一个 2 行×2 列、【宽】为″315 像素″的表格。合并第 2 列单元格，并输入文本。

提示

在背景图像上可以添加设置表格，输入文本，不影响背景图像；如果是插入图像，那么就不会实现这种效果了。

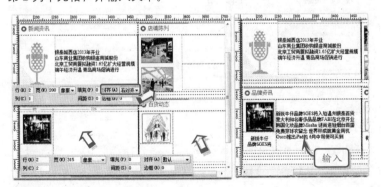

STEP|14 在 CSS 样式中创建类名称为 tdHight 的样式，然后选择文本，在【属性】检查器中设置【类】为 tdHight。然后分别对″店铺陈列″、″品牌资讯″、″百货动态″版块中的内容设置。将光标置于

ID 为 footer 的 Div 层中，输入文本。

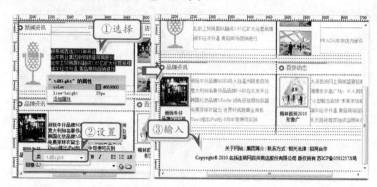

20.5 练习：制作图像展示页面

CSS 样式表除了可以为网页标签添加背景图像，还可以定义背景图像的显示方式和位置。本例就将运用插入背景图像、定义背景图像显示方式、定义背景图像位置等方式，制作乐优优蛋糕网页页面。

练习要点

● 插入背景图像
● 定义背景图像显示方式
● 定义背景图像位置

提示

页面布局代码如下。

```
<div id="header">
</div>
<div id="search">
</div>
<div id="content">
</div>
<div id="footer">
</div>
```

操作步骤 ▶▶▶▶

STEP|01 打开素材页面"index.html"，将光标置于 ID 为 content 的 Div 层中，然后单击【插入】面板【常用】选项中【插入 Div 标签】按钮，分别创建 ID 为 toptmian、buttomHome 的 Div 层，并设置其 CSS 样式属性。

STEP|02 将光标置于 ID 为 toptmian 的 Div 层中，单击【插入 Div 标签】按钮，分别创建 ID 为 leftTop、rightTop 的 Div 层，并设置其

CSS 样式属性。然后将光标置于 ID 为 rightTop 的 Div 层中，创建类名称为 rows 的 Div 层，并设置其 CSS 样式属性。

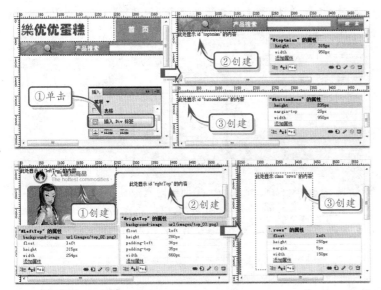

STEP|03 将光标置于类名称为 rows 的 Div 层中，分别嵌套类名称为 pic、picText 的 Div 层，并设置其 CSS 样式属性。然后，将光标置于类名称为 pic 的 Div 层中，插入图像 "pic1.png"，将光标置于类名称为 picText 的 Div 层中，输入文本并插入图像。

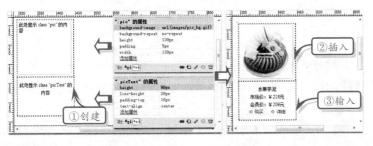

STEP|04 按照相同的方法在 ID 为 rightTop 的 Div 层中，创建类名称为 rows 的 Div 层，然后将光标置于类名称为 rows 的 Div 层中，分别嵌套类名称为 pic、picText 的 Div 层，在相应的层中插入图像及输入文本。

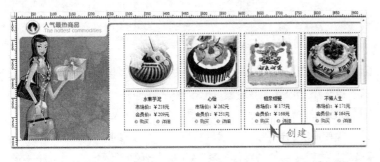

STEP|05 将光标置于 ID 为 butomHome 的 Div 层中，创建 ID 为 news1 的 Div 层，并设置其 CSS 样式属性。然后将光标置于该层中，输入文本，单击【属性】检查器中的【项目列表】按钮，出现项目列表符号。

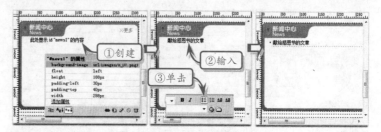

STEP|06 按 Enter 键，出现下一个项目列表符号，在项目列表符号后输入文本，依次类推。然后在标签栏选择 ul 标签，设置其 CSS 样式属性；然后在标签栏选择 li 标签，并设置其 CSS 样式属性。

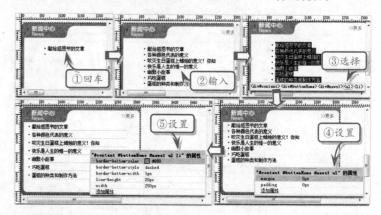

STEP|07 在 ID 为 news1 的 Div 层后，创建 ID 为 news2 的 Div 层，并设置其 CSS 样式属性。然后将光标置于该层中，输入文本，单击【属性】检查器中的【项目列表】按钮，出现项目列表符号，按 Enter 键，出现下一个项目列表符号，再输入文本，依次类推。

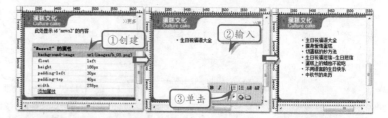

STEP|08 在标签栏选择 ul 标签，设置其 CSS 样式属性。然后，在标签栏选择 li 标签，并设置其 CSS 样式属性。

STEP|09 在 ID 为 news2 的 Div 层后，创建 ID 为 news3 的 Div 层，并设置其 CSS 样式属性。然后将光标置于该层中，输入文本，单击【属性】检查器中的【项目列表】按钮，出现项目列表符号，按 Enter

键，出现下一个项目列表符号，再输入文本，依次类推。

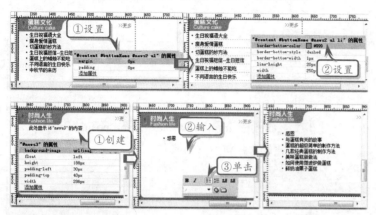

STEP|10 在标签栏选择 ul 标签，定义其边距、填充等 CSS 样式属性。然后，在标签栏选择 li 标签，并定义其底部边框样式、行高、宽等 CSS 样式属性。

> **注意**
>
> ID 分别为 news1、news2、news3 的 Div 层的版块设置基本相同，需要根据背景图像的大小具体设置参数。其中，每个 Div 层的【宽】设置一定要注意。

20.6 高手答疑

Q&A

问题 1： 如何用 CSS 在 Internet Explorer 6.0 中实现鼠标滑过超链接时背景图像或颜色发生变化？

解答： 在 Internet Explorer 6.0 中，只允许为超链接标签 a 添加伪类选择器，为 div、td、table 等块状容器添加伪类选择器不会有任何效果。

因此，要想变换超链接文本的背景，必须将超链接定义为块状显示，然后再设置其背景。同时，还需要为超链接设置一个固定的大小。

```
a{
    display:block;
    width:120px;
    height:22px;
}
```

```
a:link{
    background-image:url(1.gif);
}
a:visited{
    background-image:url(1.gif);
}
a:hover{
    background-image:url(2.gif);
}
```

> **提示**
>
> 在 Internet Explorer 7.0 及之后版本的 Internet Explorer、Firefox、Safari、Opera 等遵循 Web 标准化的浏览器中，均支持用户为各种块状标签添加伪类选择器，因此，在这些浏览器中，用户可以方便地为 div、td、table 等标签添加鼠标滑过效果。

Q&A

问题 2：如何通过一个图像为超链接按钮添加两种背景？

解答： 在很多网站中，超链接按钮的背景图像通常会将鼠标滑过的背景图像和普通背景图像合并起来。这样，就可以减少用户在打开网页时下载的图片数量。

例如，超链接按钮高度为 22px，宽度为 100px。首先应制作一个合成的背景图像，高度为 44px，宽度为 100px。将普通状态的超链接按钮和鼠标滑过状态的按钮背景分别放在图像中。

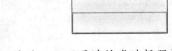

然后，即可通过伪类选择器控制 background-position-x 和 background-position-y 属性，修改按钮的背景定位。

```
a{
background-image:url(1.gif);
}a:hover{
  background-position-y:-22px;}
```

Q&A

问题 3：如何优化 CSS 边框线的代码，用更简短的代码实现更多的功能？

解答： 在 CSS 样式的规则中，允许用户直接定义边框线的 12 种复合属性。

同时，CSS 也允许用户通过更简捷的方式，分别定义边框线的宽度、样式或颜色，以及直接定义某一条边框线或所有边框线统一的规则。这样可以减少 CSS 代码的行数，提高编写代码的效率。

在 CSS 样式中，提供了统一定义边框线宽度、样式或颜色的属性，包括 border-width、border-style 以及 border-color 共 3 种。在这 3 种属性中，允许用户同时定义 1～4 个属性值，并以空格隔开，以实现同时定义 4 条边框。这 3 种属性的使用方法大体类似。

以 border-width 为例，当 border-width 的属性值只有一个时，表示同时为网页标签的所有边框线进行定义。例如，定义 4 条边框的宽度均为 2px，代码如下。

```
border-width : 2px ;
```

当 border-width 的属性值有两个时，第一个用于定义网页标签顶部和底部的边框，而第二个用于定义网页标签左侧和右侧的边框。例如，定义网页标签的顶部和底部边框为 2px，而网页标签左侧和右侧的边框为 thick，代码如下。

```
border-width : 2px thick ;
```

以 border-color 为例，当其属性值有 3 个时，第一个用于定义网页标签顶部的边框，第二个用于定义网页标签左侧和右侧的边框，第三个用于定义网页标签底部的边框。例如，定义网页标签顶部的边框为红色（#f00），左侧和右侧为绿色（#0f0），底部为蓝色（#00f），代码如下。

```
border-color : #f00 #0f0 #00f ;
```

以 border-style 为例，当其属性值有 4 个时，表示分别按照顶部、右侧、底部和左侧的顺序，依次定义网页标签的各条边框线的样式。例如，定义网页标签顶部边框样式为实线，右侧边框为虚线，底部边框为点划线，右侧为无边框，代码如下所示。

```
border-style : solid dashed dotted
```

```
    none ;
```

根据上面 3 种 CSS 属性及其用法，用户事

实上只需要使用 3 行 CSS 代码，即可为网页标签定义个性化的边框。

Q&A

问题 4：如何合并表格的边框线？

解答： 使用 CSS 样式，用户可以方便地定义表格的各种样式。其中，就包括使用 border-collapse 属性，定义表格的边框，控制表格与其内嵌的单元格之间边框的处理方式。

在 XHTML 中，如果同时定义表格的边框和表格单元格的边框，则这些边框以及表格的间距将会同时显示出来，如下。

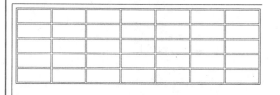

使用 border-collapse 属性，可以定义表格与表格单元格、表格单元格的相邻边框之间的关系。其包括 3 种属性，即 separate、collapse 以及 inherit。

其中，separate 为该属性的默认值。当设置该属性的值为 separate 时，浏览器将按照默认的保留边距、保留所有相邻边框的方式处理；而当该属性的值是 collapse 时，则会定义边距为 0，同时将所有相邻边框合并；当该属性的值是 inherit 时，表示从父级容器中继承该属性的值。例如，定义下图中的表格 border-collapse 属性为 collapse。

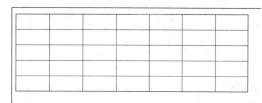

> **注意**
>
> 在各种网页浏览器中，对 border-collapse 属性的属性值的处理方式是不同的。在 IE 6、IE 7 浏览器中，合并相邻表格与单元格边框时，会保留表格的边框，隐藏单元格的边框。而在 IE 8 以及 Firefox 浏览器中，则会保留单元格的边框，隐藏表格的边框。同时，任何一种 IE 浏览器都不支持 border-collapse 属性的 inherit 属性值。

使用 border-collapse 属性，用户可以方便地制作出 1 像素边框的表格，而无需像传统的 HTML 那样通过嵌套和设置表格间距来解决问题。

Q&A

问题 5：如何定义背景图像的关联性？

解答： 当网页文档中某些标签元素出现滚动条后，在默认情况下，这些标签元素的背景图像会跟随标签进行滚动。使用 CSS 样式，可以定义背景图像停止跟随滚动，这需要使用 CSS 的 background-attachment 属性，其支持 3 种关键字属性值，如下。

属性值	作　用
scroll	默认值，定义背景图像随滚动条一起滚动
fixed	定义背景图像相对网页静止，不滚动
inherit	继承父网页标签的背景图像关联设置

例如，定义某一个网页元素标签中的背景图像不随滚动条滚动，其代码如下所示。

```
background-attachment : fixed ;
```

在使用 background-attachment 属性时，需要将其与 background-image 属性一同使用，同时保持其属性值不为 none。

注意

background-attachment 属性的 inherit 属性值只被 Firefox 等非 Internet Explorer 支持。任何一个版本的 Internet Explorer 都不支持 inherit 属性值。

提示

使用 background-attachment 属性，用户可以方便地制作出背景图像跟随网页滚动条滚动的页面，例如，各种博客页面等。

Q&A

问题 6：如何优化 CSS 背景的代码，用更简短的代码实现更多的功能？

解答： 在定义网页标签的背景样式时，还可以使用简略的写法，通过一个标签的多种属性，同时定义多种背景的样式。此时，需要使用 background 属性。

从另一种意义上讲，之前介绍的几种 CSS 属性，都是 background 属性的复合属性。

background 属性的属性值可以是颜色值、URL 地址、关键字等 background-color、background-image、background-position、background-repeat 以及 background-attachment 的属性值。在定义 background 属性时，可将以上 CSS 属性的属性值以空格的方式隔开。

例如，定义某个网页标签的背景颜色为红色（#ff0000），背景图像为当前目录下的 bgimage.png 图像文件，背景图像的定位方式为水平、垂直两个方向居中定位，且不重复，不随滚动条滚动，代码如下所示。

```
background : #ff0000 url(bgimage.
png) center no-repeat fixed ;
```

提示

在使用 background 属性时，如果用户设置的值是默认值，则可以省略其中任意一个或多个属性值。此时，background 将为网页标签使用默认的属性值，包括定义颜色为 transparent、背景图像为 none，背景图像的定位方式为 top left，背景图像的重复方式为 repeat，以及背景图像的滚动为 scroll 等。

21 修饰容器样式

在标准化的 Web 页面设计中，将 XHTML 中所有块状标签和部分可变标签视为网页内容的容器。使用 CSS 样式表，用户可以方便地控制这些容器性标签，为网页的内容布局，定义这些内容的位置、尺寸等布局属性。

本章将详细介绍标准化的 Web 布局技术、CSS 盒模型技术以及各种对容器性标签修饰的方法，帮助用户更好地掌握标准化的 Web 页制作方式。

21.1 CSS 盒模型

盒模型是一种根据网页中的块状标签结构抽象化而得出的一种理想化模型。其将所有网页中的块装标签看作是一个矩形的盒子，通过 CSS 样式表定义盒子的高度、宽度、填充、边框及补白等属性，实现网页布局的标准化。

盒模型理论是 Web 标准化布局的基础。理解盒模型，有助于将复杂的 Web 布局简化为一个个简单的矩形块，从而提高布局的效率。

1．盒模型结构

在 CSS 中，所有网页都被看作一个矩形框，或者称为标签框。CSS 盒模型正是描述这些标签在网页布局中所占的空间和位置的基础。

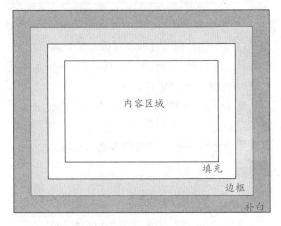

在 CSS 盒模型中，将网页的标签拆分为 4 个组成部分，即内容区域、填充、边框和补白。使用

CSS 样式表，用户可以方便地定义盒模型各部分的属性。

2．设置内容区域属性

在 CSS 样式表中，允许用户定义内容区域的尺寸，包括内容区域的宽度、高度、最大宽度、最小宽度及最大高度和最小高度 6 种属性，如下。

属　　性	作　　用
width	定义内容区域的宽度
height	定义内容区域的高度
max-width	定义内容区域的最大宽度
min-width	定义内容区域的最小宽度
max-height	定义内容区域的最大高度
min-height	定义内容区域的最小高度

以上 6 种定义内容区域尺寸的属性，其属性值均为关键字 auto 或长度值。其中，关键字 auto 为这 6 种属性的默认值。

例如，定义某个网页标签的尺寸为 320px × 240px，代码如下所示。

```
width : 320px ;
height : 240px ;
```

在处理一些特殊的网页标签时，往往需要为网页标签指定一个尺寸范围，例如，定义网页标签的宽度在 100px～200px 之间，则可使用内容区域的最大宽度和最小宽度属性，代码如下。

```
min-width : 100px ;
max-width : 200px ;
```

同理，在处理高度在某个范围内的网页标签时，也可以使用 min-height 和 max-height 属性。

3. 设置填充属性

填充是网页标签边框线内部的一种扩展区域。其与内容区域的区别在于，用户如为网页标签添加了各种文本、图像等内容，这些内容只会在内容区域显示，无法显示于填充区域。填充可以拉开网页标签内容与边框之间的距离。

在 CSS 样式表中，用户可以通过 5 种属性定义网页标签的填充尺寸，如下。

属　　性	作　　用
padding	定义网页标签 4 个方向的填充尺寸
padding-top	定义网页标签顶部的填充尺寸
padding-right	定义网页标签右侧的填充尺寸
padding-bottom	定义网页标签底部的填充尺寸
padding-left	定义网页标签左侧的填充尺寸

以上 5 种填充属性的属性值为表示填充尺寸的长度值。其中，padding 属性可使用 1~4 个长度值作为属性值。

当 padding 属性的属性值为一个独立的长度值时，其表示 4 个方向的填充尺寸均为该长度值。例如，定义某个标签的 4 个方向均填充 20px，代码如下所示。

```
padding : 20px ;
```

当 padding 属性的属性值为以空格隔开的两个长度值时，第一个长度值表示顶部和底部的填充尺寸，第二个长度值表示左侧和右侧的填充尺寸。

例如，定义某个标签的顶部和底部填充 20px，左侧和右侧填充 15px，代码如下所示。

```
padding : 20px 15px ;
```

当 padding 属性的属性值为以空格隔开的 3 个长度值时，第一个长度值表示顶部的填充尺寸，第二个长度值表示左侧和右侧的填充尺寸，第三个长度值表示底部的填充尺寸。

例如，定义某个标签的顶部填充 20px，左侧和右侧填充 15px，底部填充 0px，代码如下所示。

```
padding : 20px 15px 0px ;
```

当 padding 属性的属性值为以空格隔开的 4 个长度值时，分别表示网页标签顶部、右侧、底部和左侧 4 个方向的填充尺寸。

例如，定义某个网页标签顶部填充 30px，右侧填充 25px，底部填充 20px，左侧填充 15px，其代码如下所示。

```
paddinkg : 30px 25px 20px 15px ;
```

4. 设置补白属性

补白是网页标签边框线外部的一种扩展区域。为网页标签建立补白，可以使网页标签与其父标签和其他同级别标签拉开距离，从而实现各种复杂的布局效果。

与填充属性类似，CSS 样式表提供了 5 种补白属性，用于定义网页标签的补白尺寸，如下。

属　　性	作　　用
margin	定义网页标签 4 个方向的补白尺寸
margin-top	定义网页标签顶部的补白尺寸
margin-right	定义网页标签右侧的补白尺寸
margin-bottom	定义网页标签底部的补白尺寸
margin-left	定义网页标签左侧的补白尺寸

以上 5 种补白属性的属性值与填充属性相同，都为表示补白尺寸的长度值。其中，margin 属性可以使用 1~4 个长度值作为属性值。

当 margin 属性的属性值为一个独立的长度值时，表示 4 个方向的补白尺寸均为该长度值。例如，定义某个标签在 4 个方向的填充尺寸均为 20px，代码如下。

```
margin : 20px ;
```

当 margin 属性的属性值为以空格隔开的两个长度值时，第一个长度值表示顶部和底部的补白尺寸，第二个长度值表示左侧和右侧的补白尺寸。

例如，定义某个标签顶部和底部补白 30px，左侧和右侧补白 20px，代码如下所示。

```
margin : 30px 20px ;
```

当 margin 属性的属性值为以空格隔开的 3 个长度值时，其分别表示顶部、左侧和右侧、底部的补白尺寸。

例如，定义某个标签的顶部补白 25px，左侧和右侧补白 20px，底部补白 30px，代码如下所示。

```
margin : 25px 20px 30px ;
```

当 margin 属性的属性值为以空格隔开的 4 个长度值时，分别表示网页标签顶部、右侧、底部和左侧 4 个方向的补白尺寸。

例如，定义某个网页标签的顶部补白 30px，右侧补白 25px，底部补白 20px，左侧补白 15px，代码如下所示。

```
margin : 30px 25px 20px 15px ;
```

21.2 设置标签的显示方式

在之前的章节中，已介绍过网页中的块状标签、内联标签和可变标签。使用 CSS 样式表，用户还可以定义这 3 种标签的显示和换行处理方式。这就需要使用 CSS 样式表的 display 属性。

display 属性是一种复杂的属性，相比一些简单的 CSS 属性，display 属性有 17 种关键字属性值，如下。

属 性 值	作 用
none	定义网页布局元素不显示
inline	默认值，定义网页布局元素以内联的方式显示，不换行
list-item	定义网页布局元素以列表的方式显示
block	定义网页布局元素以块的方式显示，并带有换行符
inline-block	定义网页布局元素以块的方式显示，但不换行
run-in	定义网页布局元素根据其上下文决定以块状或内联方式显示
table	定义网页布局元素以表格的方式显示，并换行
table-row-group	定义网页布局元素以一个或多个行的分组方式显示（类似 tbody 标签）

续表

属 性 值	作 用
table-footer-group	定义网页布局元素以一个或多个行的分组方式显示（类似 tfoot 标签）
table-column-group	定义网页布局元素以一个或多个表格列的方式显示（类似 colgroup 标签）
table-cell	定义网页布局元素以表格单元格的方式显示（类似 td 或 th 标签）
inherit	定义网页布局元素从父元素中继承 display 的属性值
inline-table	定义网页布局元素以表格的方式显示，但不换行
table-header-group	定义网页布局元素以一个或多个行的分组方式显示（类似 thead 标签）
table-row	定义网页布局元素以一个或多个表格行的方式显示（类似 tr 标签）
table-column	定义网页布局元素以一个单元格列的方式显示（类似 col 标签）
table-caption	定义网页布局元素以表格标题的方式显示（类似 caption 标签）

在为网页标签进行布局时，display 属性的作用十分重要，其可以对网页标签进行转换，实现复杂的布局方式。

例如，需要定义网页元素独占某一个行，同时以块状的方式显示，可将其属性值设置为 block，如下所示。

```
display : block ;
```

而需要将其定义为不独占某一个行，同时以块状的方式显示，则可将其设置为 inline-block，如下所示。

```
display : inline-block ;
```

如果需要隐藏网页布局元素，则可将其设置为 none，如下所示。

```
display : none ;
```

注意

在 Internet Explorer 6 及之前的 Internet Explorer 中，只支持 display 属性的 none、inline、block 这 3 种属性值。从 Internet Explorer 8.0 起，支持 inline-block 和 list-item 两种属性值，但仍不支持其他 12 种属性值。Opera、Safari 和 Firefox 等其他一些网页浏览器支持 display 属性的所有属性值。

21.3 流动布局

在 Web 标准化布局中，通常包括 3 种基本的布局方式，即流动布局、浮动布局和绝对定位布局。其中，最简单的布局方式就是流动布局。其特点是将网页中各种布局元素按照其在 XHTML 代码中的顺序，像水从上到下的流动一样依次显示。

在流动布局的网页中，用户无需设置网页各种布局元素的补白属性，例如，一个典型的 XHTML 网页，其 body 标签中通常有头部、导航条、主题内容和版尾 4 个部分，使用 div 标签建立这 4 个部分所在的层后，代码如下所示。

```
<div id="header"></div>
<!--网页头部的标签。这部分主要包含网页
的 logo 和 banner 等内容-->
<div id="navigator"></div>
<!--网页导航的标签。这部分主要包含网页
的导航条-->
<div id="content"></div>
<!--网页主题部分的标签。这部分主要包含
网页的各种版块栏目-->
<div id="footer"></div>
<!--网页版尾的标签。这部分主要包含尾部
导航条和版权信息等内容-->
```

在上面的 XHTML 网页中，用户只需要定义 body 标签的宽度、补白属性，然后根据网页的设计，定义各种布局元素的高度，即可实现各种上下布局或上中下布局。例如，定义网页的头部高度为 100px，导航条高度为 30px，主题部分高度为 500px，版尾部分高度为 50px，代码如下所示。

```
body {
  width : 1003px ;
  margin : 0px ;
}//定义网页的 body 标签宽度和补白属性
#header { height : 100px ; }
//定义网页头部的高度
#navigator{ height : 30px; }
//定义网页导航条的高度
#content{ height : 500px; }
//定义网页主题内容部分的高度
#footer{ height : 50px; }
//定义网页版尾部分的高度
```

流动布局方式的特点是结构简单，兼容性好，所有网页浏览器对流动布局方式的支持都是相同的，不需要用户单独为某个浏览器编写样式。然而，其无法实现左右分栏的样式，只能制作上下布局或上中下布局，具有一定的应用局限性。

21.4 浮动布局

浮动布局是符合 Web 标准化规范的最重要的一种布局方式。其特点是将所有的网页标签设置为块状标签的显示方式，然后再进行浮动处理，最后，通过定义网页标签的补白属性来实现布局。

浮动布局可以将各种网页标签紧密地分布在页面中，不留空隙，同时还支持左右分栏等样式，因此它是目前最主要的布局手段。

在使用浮动布局方式时，用户需要先将网页标签设置为块状显示。即设置其 display 属性的值为 block。然后，还需要使用 float 属性，定义标签的浮动显示。

float 属性的作用是定义网页布局标签在脱离网页的流动布局结构后显示的方向。其在网页设计中主要可应用于两个方面，即实现文本环绕图像或实现浮动的块状标签布局。float 属性主要包含 4 个关键字属性值，如下。

属性值	作 用
none	默认值，定义网页布局标签以流动方式显示，不浮动
left	定义网页布局标签以左侧浮动的方式脱离流动布局
right	定义网页布局标签以右侧浮动的方式脱离流动布局
inherit	定义网页布局标签继承其父标签的浮动

float 属性通常和 display 属性结合使用，先使用 display 属性定义网页布局标签以块状的方式显示，然后再使用 float 属性，定义其向左浮动或向右浮动，代码如下所示。

```
display : block ;
float : left ;
```

注意

所有的网页浏览器都支持 float 属性，但是，其 inherit 属性值只有在 FF 等非 Internet Explorer 中得到了支持。任何版本的 Internet Explorer 都不支持 float 属性的 inherit 属性值。

以网页设计中最常见的 div 布局标签为例，在默认状态下，块状的 div 布局标签在网页中会以上下流动的方式显示，如下。

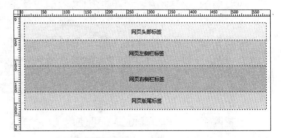

在将布局标签设置为块状方式显示并定义其尺寸后，这些标签仍然会以流动的方式显示。

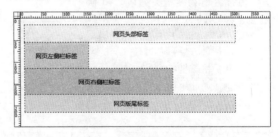

在为"网页左侧栏标签"和"网页右侧栏标签"两个标签定义浮动属性后，即可使其左右分列布局，如下。

在上面的布局中，左侧栏标签的 CSS 样式代码如下所示。

```
display : block ;
float : left ;
width : 150px ;
```

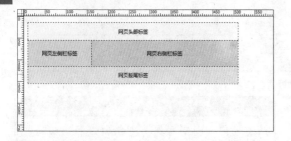

```
background-color : #6cf ;
```

右侧栏标签的 CSS 样式代码如下所示。

```
display : block ;
float : left ;
width : 350px ;
height : 60px ;
line-height : 60px ;
background-color : #fc0 ;
```

```
height : 60px ;
line-height : 60px ;
```

21.5　绝对定位布局

除了使用流动布局和浮动布局这两种布局方式外，用户还可以使用绝对定位的方式为网页标签布局。

绝对定位布局的原理是为每一个网页标签进行定义，精确地设置标签在页面中的具体位置和层叠次序。

1．设置精确位置

设置网页标签的精确位置，可使用 CSS 样式表的 position 属性先定义标签的定位方式。

position 属性的作用是定义网页标签的定位方式，其属性值为 4 种关键字，如下所示。

属性值	作　　用
static	默认值，无特殊定位，遵循网页布局标签原本的定位方式
absolute	绝对定位方式，定义网页布局标签按照 left、top、bottom 和 right 共 4 种属性定位
relative	定义网页布局标签按照 left、top、bottom 和 right 共 4 种属性定位，但不允许发生层叠，即忽视 z-index 属性设置
fixed	修改的绝对定位方式，其定位方式与 absolute 类似，但需要遵循一些规范，例如，position 属性的定位是相对于 body 标签的，fixed 属性的定位则是相对于 html 标签的

将网页布局标签的 position 属性值设置为 relative 后，可以通过设置左侧、顶部、底部和右侧 4 种 CSS 属性，定义网页布局标签在网页中的偏移方式。其结果与通过 margin 属性定义网页布局标签的补白类似，都可以实现网页布局的相对定位。

将网页布局标签的 position 属性定义为 absolute 之后，会将其从网页当前的流动布局或浮动布局中脱离出来。此时，用户必须最少通过定义其左侧、顶部、右侧和底部 4 种针对 body 标签的距离属性中的一种，来实现其定位。否则 position 的属性值将不起作用。（通常需要定义顶部和左侧两种。）例如，定义网页布局标签距离网页顶部为 100px，左侧为 30px，代码如下所示。

```
position : absolute ;
top : 100px ;
left : 30px ;
```

position 属性的 fixed 属性值是一种特殊的属性值。在通常的网页设计过程中，绝大多数的网页布局标签定位（包括绝对定位）都是针对网页中的 body 标签的。而 fixed 属性值所定义的网页布局标签则是针对 html 标签的，因此可以设置网页标签在页面中漂浮。

> **注意**
>
> 在绝大多数主流浏览器中，都支持 position、left、top、right、bottom 和 z-index 共 6 种属性。但是在 Internet Explorer 6.0 及其之前版本的 Internet Explorer 中，不支持 position 属性的 fixed 属性值。

2．设置层叠次序

使用 CSS 样式表，除了可以精确地设置网页标签的位置外，还可以设置网页标签的层叠顺序。其需要先通过 CSS 样式表的 position 属性定义网页标签为绝对定位方式，然后再使用 CSS 样式表的 z-index 属性。

在重叠后，将按照用户定义的 z-index 属性决定层叠位置，或自动按照其代码在网页中出现的顺序依次层叠显示。z-index 属性的值为 0 或任意正整数，无单位。z-index 的值越大，网页布局标签的层叠次序越高。例如，两个 ID 分别为 div1 和 div2 的层，其中 div1 覆盖在 div2 上方，则代码如下所示。

```
#div1 {
  position : absolute ;
  z-index : 2 ;
}
#div2 {
  position : absolute ;
  z-index : 1 ;
}
```

3．布局可视化

布局可视化是指通过 CSS 样式表，定义各种布局标签在网页中的显示情况。在 CSS 样式表中，允许用户使用 visibility 属性，定义网页布局标签的可视化性能。该属性有 4 种关键字属性值可用，如下。

属性值	作　　用
visible	默认值，定义网页布局标签可见
hidden	定义网页布局标签隐藏
collapse	定义表格的行或列隐藏，但可被脚本程序调用
inherit	从父网页布局标签中继承可视化方式

在 visibility 属性中，用户可以方便地通过 visible 和 hidden 两种属性值切换网页布局标签的可视化性能，使其显示或隐藏。

visibility 属性与 display 属性中的设置有一定的区别。在设置 display 属性的值为 none 之后，被隐藏的网页布局标签往往不会在网页中再占据相应的空间。而通过 visibility 属性定义为 hidden 的网页布局标签则通常会保留其占据的空间，除非将

其设置为绝对定位。

> **注意**
>
> 在绝大多数主流浏览器中，都支持 visibility 属性。然而，所有版本的 Internet Explorer 都不支持其 collapse 属性值和 inherit 属性值。在 Firefox 等非 Internet Explorer 中，visibility 属性的默认属性值是 inherit。

4．布局剪切

在 CSS 样式表中，还提供了一种可剪切绝对定位布局标签的工具，可以将用户定义的矩形作为布局标签的显示区域，所有位于显示区域外的部分都将被剪切掉，使其无法在网页中显示。

在剪切绝对定位的布局标签时，需要使用 CSS 样式表的 clip 属性，其属性值包括 3 种，即矩形、关键字 auto 以及关键字 inherit。

auto 属性值是 clip 属性的默认关键字属性值，其作用为不对网页布局标签进行任何剪切操作，或剪切的矩形与网页布局标签的大小和位置相同。

矩形属性值与颜色、URL 类似，都是一种特殊的属性值对象。

在定义矩形属性值时，需要为其使用 rect()方法，同时将矩形与网页的四条边框之间的距离作为参数，填写到 rect()方法中。例如，定义一个距离网页左侧 20px，顶部 45px，右侧 30px，底部 26px 的矩形，代码如下所示。

```
rect(20px 45px 30px 26px);
```

用户可以方便地将上面代码的矩形应用到 clip 属性中，以对绝对定位的网页布局标签进行剪切操作，代码如下所示。

```
position : absolute ;
clip : rect(20px 45px 30px 26px) ;
```

> **注意**
>
> clip 属性只能应用于绝对定位的网页布局元素中。所有主流的网页浏览器都支持 clip 属性。但是任何版本的 Internet Explorer 均不支持其 inherit 属性值。

21.6 浏览器兼容

经常使用各种网页浏览器的用户可以发现，一个网页在各种网页浏览器中显示的内容往往并不一致。在网页设计中，设计者需要针对多种网页浏览器进行调试，以求网页兼容这些网页浏览器。

1．Trident 代码解释引擎

每一种网页浏览器都是通过浏览器的代码解释引擎来解析 CSS 样式表和 XHTML 标签的，从而实现网页内容的显示。

其中，Internet Explorer 使用的解释引擎为 Trident 引擎。通常根据 Trident 引擎的版本可以分为 3 大类，包括 Trident 引擎 Internet Explorer 6.0 及之前的版本、Trident 引擎 Internet Explorer 7.0 和 Trident 引擎 Internet Explorer 8.0。

Trident 引擎 Internet Explorer 6.0 及之前的版本，针对的是 Internet Explorer 6.0 及之前版本的 Internet Explorer；Trident 引擎 Internet Explorer 7.0，针对的是 Internet Explorer 7.0；Trident 引擎 Internet Explorer 8.0，针对的是 Internet Explorer 8.0。

使用 Trident 引擎的各种网页浏览器往往直接调用的是当前 Windows 操作系统中使用的 Trident 引擎版本。

除了 Internet Explorer 外，还有一些第三方的网页浏览器也在使用 Trident 代码解释引擎，包括傲游（Maxthon）、世界之窗（The World Browser）、腾讯 TT（Tencent Traveler）、GreenBrowser、360 安全浏览器等。

以 360 安全浏览器为例，其使用的就是 Trident 6.0 代码解释引擎。

2．CSS hack 方法

为了使网页开发者可以方便地区分 Internet Explorer 的各种浏览器，微软公司在 Trident 引擎中加入了一些特殊的符号，可以帮助网页开发者定义只针对某一种浏览器的 CSS 代码，从而实现多个页面的兼容。

同时，用户也可使用一些低版本 Trident 引擎不支持的方法隔离低版本和高版本 Trident 引擎的代码样式。以上这些调试代码解释引擎的方法，被称作 CSS hack 方法。

- 更改优先级

在 Internet Explorer 6.0 和 Trident 引擎 Internet Explorer 6.0 版本中，不支持 CSS 的优先级设置。而在 Internet Explorer 7.0 及其之后的 8.0 版本，则允许用户通过在属性值之后添加"!important"声明，提升样式表的优先级为最高。

例如，将某些文本的颜色设置为在 Internet Explorer 6.0 中显示红色(#f00)，在 Internet Explorer 7.0 及之后的版本中显示绿色（#0f0），代码如下。

```
color : #0f0!important;
color : #f00;
```

在上面的代码中，由于 Trident 引擎 Internet Explorer 6.0 版本不支持优先级"!important"声明，因此将先设置颜色为绿色（#0f0），然后，再设置颜色为红色（#f00），根据 CSS 的新定义优先级最高的原则，定义文本显示颜色为红色（#f00）。而在 Trident 引擎 Internet Explorer 7.0 及 8.0 版本中，则会根据"!important"声明，直接定义文本的颜色为绿色"#0f0"。

- 下划线选择

在定义区别于 Internet Explorer 6.0 和之后版本 Internet Explorer 的 CSS 样式时，还可使用只有 Internet Explorer 6.0 可识别的、以下划线"_"为开头的选择器。

例如，定义网页元素在 Internet Explorer 6.0 中高度为 100px，在 Internet Explorer 7.0 和 Internet Explorer 8.0 中为 200px，代码如下所示。

```
height : 200px ;
_height : 100px ;
```

在上面的代码中，只有 Internet Explorer 6.0 可识别由下划线"_"开头的选择器，因此，Internet

Explorer 7.0 和 Internet Explorer 8.0 将只能识别高度为 200px。

● 星号选择

在 Internet Explorer 6.0 和 Internet Explorer 7.0 两个版本的浏览器中，同时支持以星号 "*" 为开头的选择器。

然而，Internet Explorer 8.0 则不支持这种选择器。因此，可以通过在选择器之前添加星号 "*" 的方式，定义只应用于 Internet Explorer 6.0 和 Internet Explorer 7.0 的 CSS 样式。

例如，定义某个网页元素的宽度在 Internet Explorer 6.0 和 Internet Explorer 7.0 中显示为 300px，在 Internet Explorer 8.0 中显示为 280px，代码如下所示。

```
width : 280px ;
*width : 300px ;
```

在上面代码中，以星号 "*" 开头的 CSS 选择器只有 Internet Explorer 6.0 和 Internet Explorer 7.0 可以识别。其他任何浏览器都无法识别。

● "\9" 规则

"\9"选择是一种最新被发现的 CSS hack 方法，其可以由 Internet Explorer 6.0、Internet Explorer 7.0 和 Internet Explorer 8.0 等 Internet Explorer 系列浏览器识别，却无法被 Mozilla Firefox、Google Chrome 以及苹果 Safari 和 Opera 等识别。

因此，该规则被作为一种重要的区别 Internet Explorer 与非 Internet Explorer 浏览器的规则使用。其使用方法与之前的更改优先级的方式类似，都是在 CSS 的属性值之后添加。

例如，定义某个网页元素的背景颜色为橙色（#fc0），而在 Internet Explorer 下显示蓝色（#09f），其代码如下所示。

```
background-color : #fc0;
background-color : #09f\9;
```

与更改优先级有所区别的是，"\9" 规则所标识的代码无法被非 Internet Explorer 浏览器所识别，因此，应将其写在普通 CSS 样式规则的代码之下。

21.7　练习：制作图书列表

图书列表页的作用是展示各种图书的封面、名称以及价格等信息。在制作图书列表页时，可使用 CSS 样式表与 XHTML 标签结合，通过浮动布局的方式，实现复杂的内容显示。

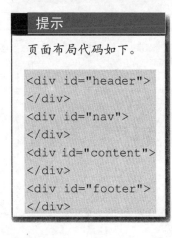

练习要点

● 定义容器大小和位置
● 定义容器边框样式
● 定义列表样式

提示

页面布局代码如下。

```
<div id="header">
</div>
<div id="nav">
</div>
<div id="content">
</div>
<div id="footer">
</div>
```

提示

在 ID 为 content 的 Div 层中，布局代码如下。

```
<div id="content">
  <div id="leftm-
ain"></div>
  <div id="center-
main"></div>
  <div id="rightm-
ain"></div>
</div>
```

提示

在设置 ID 为 leftmain、centermain、rightmain 的 Div 层的 CSS 样式中，都为每个容器定义了大小和位置，以及边框样式。

提示

在 ID 为 leftmain 的 Div 层中，布局代码如下。

```
<div class=
"title"></div>
<div class="rows">
  <div class="pic">
</div>
  <div class=
"picText">
</div></div>
<div class="rows">
  <div class=
"pic">
</div>
  <div class=
"picText">
</div></div>
```

操作步骤 ▶▶▶▶

STEP|01 打开素材页面"index.html"，将光标置于 ID 为 content 的 Div 层中，然后，单击【插入】面板【常用】选项中的【插入 Div 标签】按钮，分别创建 ID 为 leftmain、centermain、rightmain 的 Div 层，并设置其 CSS 样式属性。

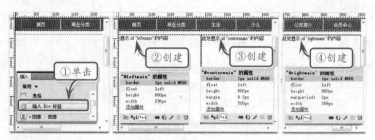

STEP|02 将光标置于 ID 为 leftmain 的 Div 层中，单击【插入 Div 标签】按钮，创建类名称为 title 的 Div 层，并设置其 CSS 样式属性，将光标置于该层中，输入文本。然后，在类名称为 title 的 Div 层下方创建类名称为 rows 的 Div 层，并设置其 CSS 样式属性。

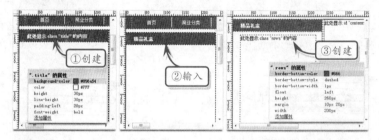

STEP|03 将光标置于类名称为 rows 的 Div 层中，分别嵌套类名称为 pic、picText 的 Div 层，并设置其 CSS 样式属性。然后将光标置于类名称为 pic 的 Div 层中，插入图像"dl.jpg"，将光标置于类名称为 picText 的 Div 层中，输入文本。

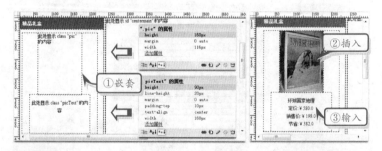

STEP|04 将光标置于类名称为 rows 的 Div 层外部，单击【插入 Div 标签】按钮，在弹出的【插入 Div 标签】对话框中选择【类】为 rows；按照相同的方法在该层中嵌套类名称为 pic、picText 的 Div 层，并在层中插入图像和输入文本。

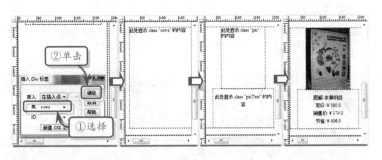

STEP|05 将光标置于 ID 为 centermain 的 Div 层中，单击【插入 Div 标签】按钮，分别创建 ID 为 banner、newsBook 的 Div 层，并设置其 CSS 样式属性。然后将光标置于 ID 为 banner 的 Div 层中，插入图像 "banner.png"。

STEP|06 将光标置于 ID 为 newsBook 的 Div 层中，单击【插入 Div 标签】按钮，在弹出的【插入 Div 标签】对话框中，选择【类】下拉菜单中的 title。然后将光标置于该层中，输入文本。

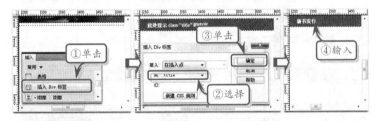

STEP|07 将光标置于类名称为 title 的 Div 层下方，单击【插入 Div 标签】按钮，在弹出的【插入 Div 标签】对话框中，选择【类】下拉菜单中的 rows。按照相同的方法在该层中嵌套类名称为 pic、picText 的 Div 层，并在层中插入图像和输入文本。

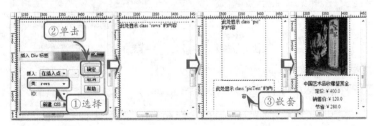

STEP|08 按照相同的方法在类名称为 rows 的 Div 层中再创建一个相同的层。然后在 CSS 样式中创建类名称为 font1、font2 的样式，选

择类名称为 picText 的 Div 层中的文本，在【属性】检查器中添加相应的【类】。

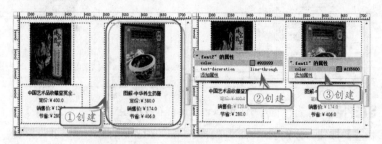

STEP|09 将光标置于 ID 为 rightmain 的 Div 层中，单击【插入 Div 标签】按钮，在弹出的【插入 Div 标签】对话框中，选择【类】下拉菜单中的 title。然后将光标置于该层中输入文本。

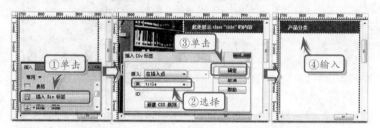

STEP|10 将光标置于类名称为 title 的 Div 层下方，输入文本"小说"，选择文本，右击执行【列表】|【定义列表】命令，然后按 Enter 键，输入文本"悬疑"。按照相同的方法在文本"小说"后按 Enter 键，再输入文本，依次类推。

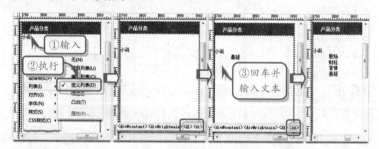

STEP|11 将光标置于文本"文艺"后，按 Enter 键，输入文本"摄影"，将光标置于文本"文艺"后，按 Enter 键，输入文本"艺术"，按照相同的方法在文本"文艺"后按 Enter 键，再输入文本，依次类推。其他标题版块做法相同。

STEP|12 在 CSS 样式中依次设置标签 dl、dt、dd 的样式，其中，定义标签 dl 居中显示，宽为"180px"，行高为"20px"，上边距为"20px"，定义标签 dt 字体大小为"14px"，粗体，宽为"180px"，边距为"10px"，填充为 0；定义标签 dd 宽为"90px"，向左浮动，文本居中显示，边

距、填充均为0。

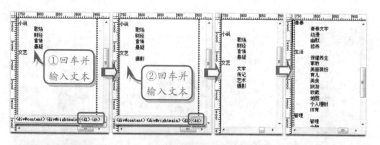

STEP|13 选择文本"职场"，在【属性】检查器中设置【链接】为
"javascript:void(null);"；然后在标签栏选择 a 标签，设置其 CSS 样式
属性，完成制作。

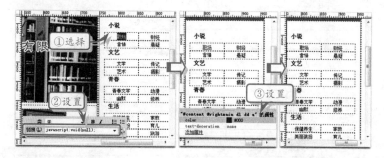

21.8 练习：制作商品列表

　　使用 CSS 样式表的浮动布局，用户不仅可以实现页面的布局，
还可以为网页中的各种块状标签定位。本例就将使用 CSS 样式表的
float 标签，制作一个简单的页面显示各种商品。

操作步骤 ▶▶▶▶

STEP|01 打开素材页面"index.html"，将光标置于 ID 为 content 的
Div 层中，单击【插入】面板【常用】选项中的【插入 Div 标签】按
钮，分别创建 ID 为 leftmain、rightmain 的 Div 层，并设置其 CSS 样
式属性。

STEP|02 将光标置于 ID 为 leftmain 的 Div 层中，单击【插入 Div

标签】按钮，分别创建 ID 为 menutTitle、menu 的 Div 层，并设置其 CSS 样式属性。然后将光标置于 ID 为 menu 的 Div 层中，输入文本"礼品袋"。

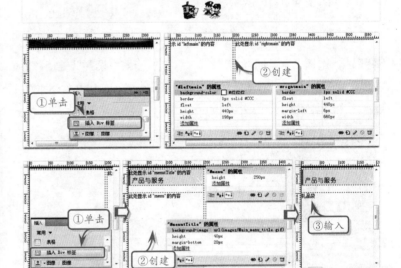

STEP|03 单击【属性】检查器中的【项目列表】按钮，出现项目列表符号，按 Enter 键，出现下一个项目列表符号，在项目列表符号后再输入文本，依次类推。

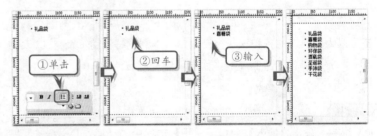

STEP|04 在标签栏选择 ul 标签，并设置其 CSS 样式属性，然后按照相同的方法在标签栏再选择 li 标签，并设置其 CSS 样式属性，然后，将光标置于文本"礼品袋"之前。

STEP|05 单击【插入】面板中的【图像】按钮，插入图像 "ico.gif"；按照相同的方法依次在文本前插入图像，然后选择文本，在【属性】检查器中设置【链接】为 "javascript:void(null);"。

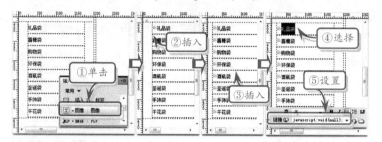

STEP|06 按照相同的方法设置其他文本链接；在标签栏选择 a 标签，并设置其 CSS 样式属性。然后将光标置于 ID 为 rightmain 的 Div 层中，单击【插入 Div 标签】按钮。

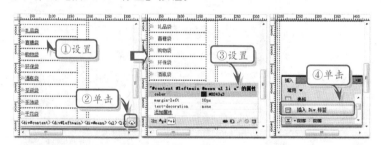

STEP|07 创建 ID 为 newsTitle 的 Div 层，并设置其 CSS 样式属性，将光标置于该层中，插入图像 "Main_news_top.gif"。在该层下方，创建类名称为 rows 的 Div 层，并设置其 CSS 样式属性。

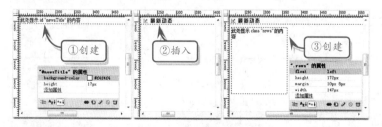

STEP|08 将光标置于类名称为 rows 的 Div 层中，分别创建类名称为 pic、picText 的 Div 层，并设置其 CSS 样式属性，将光标置于类名称为 pic 的 Div 层中，插入图像 "pic1.jpg"；在类名称为 picText 的

提示

在 ID 为 menutTitle 的 Div 层中，既可以将图像设置为背景图像，也可以将图像作为插入图像。作为背景图像将该层中的文本删除。

提示

在 CSS 样式中定义了 li 标签的位置和大小及边框样式。其中，只设置了底部边框样式代码如下。

```
border-bottom-
width: 1px;
border-bottom-
style: dashed;
border-bottom-
color: #333;
```

提示

在 ID 为 menu 的 Div 层中，可以先插入图像，后输入文本。只要将图像和文本同时放在一个 li 标签之间即可。

提示

在 CSS 样式中设置 a 标签的左边距了为使图像和文本之间有空格。代码如下。

```
margin-left:
10px3B
```

提示

在CSS样式中设置类名称为 rows 的 Div 层的上边距和下边距为 10px，左边距和右边距为 8px 简写代码如下：

`margin:10px 8px;`

定义类名称为 pic 的 Div 层的边框样式代码如下。

`border:1px dashed #F00;`

Div 层中插入图像及输入文本。

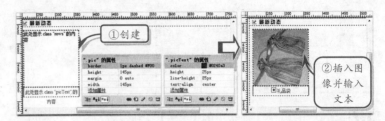

STEP|09 单击【插入 Div 标签】按钮，在弹出的【插入 Div 标签】对话框中选择【类】为 rows 的 Div 层，按照相同的方法在层中嵌套类名称为 pic、picText 的 Div 层，在相应的 Div 层中插入图像及输入文本。

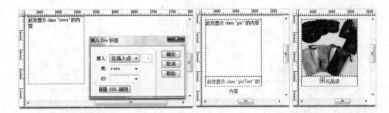

STEP|10 按照相同的方法创建其他 Div 层，然后，在相应的 Div 层中插入图像及输入文本，即可完成商品列表的制作。

提示

在 ID 为 rightmain 的 Div 层中一共创建类名称为 rows 的 Div 层 8 个，基本设置是一样的，只需更换图像和文本即可。

21.9 高手答疑

Q&A

问题 1：在 Internet Explorer 6.0 中预览浮动元素时，浮向一边的边界实际显示为指定边界的 2 倍，应该如何解决这个问题？

解答： Internet Explorer 6.0 会自动为浮动的、块状显示的网页标签增加一倍的左侧补白。

为了解决 Internet Explorer 6.0 的边界显示误差，可以设置浮动元素的 display 属性值为 inline，将其转换为内联元素，这样就能够避免补白加倍显示的问题，代码如下所示。

CSS 样式表代码如下。

```css
#contain {
  width : 570px ;
  height : 300px ;
  border : solid 2px #ff3300 ;
}
#sub {
  width : 200px ;
  height : 200px ;
  border : solid 20px #669900 ;
  float : left ;
  margin-left : 20px ;
  display:inline ;
  /*将浮动元素转换为内联元素*/
}
```

XHTML 标签代码如下。

```html
<div id="contain">
  <div id="sub">子元素</div>
</div>
```

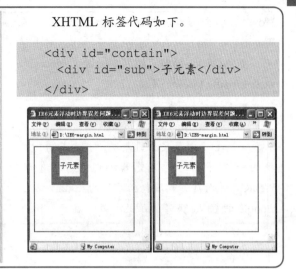

Q&A

问题 2： 如何将无序列表进行横排，以实现网站的水平导航条？

解答： 在默认情况下，`<ul>`和`<li>`标签组合使用可以制作竖排的无序列表。如果想要改变其默认状态，使其呈现横向排列，可以在 CSS 中将 li 元素设置为浮动布局；如果想要隐藏列表前的项目符号，可以将 li 元素设置为内联显示。

CSS 样式表代码如下。

```css
ul {
  margin : 0px ;
  padding : 0px ;
  /*定义 ul 元素的边界和填充*/
}
ul li {
  float : left ;
  /*定义 li 元素向左浮动*/
  display : inline ;
  /*定义 li 元素显示为内联元素，以隐藏
  其前面的项目符号*/
```

```css
  background-color : #ccc ;
  /*定义列表项目背景颜色*/
  margin-right : 10px ;
  /*定义列表项目之间的距离为10px*/
}
```

XHTML 标签代码如下。

```html
<ul>
  <li>网页技术</li>
  <li>平面设计</li>
  <li>机械制图</li>
  <li>软件开发</li>
  <li>电脑基础</li>
</ul>
```

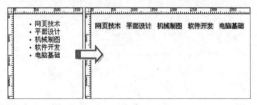

Q&A

问题 3： 目前常见的网页浏览器代码解析引擎，除了 Trident 以外还包括哪些种类？

解答： 除了 Internet Explorer 系列浏览器使用的 Trident 引擎外，常见的网页浏览器还包括以下几种代码解析引擎。

● **Gecko 引擎**

Gecko 引擎是由原网景公司开发，并由

Mozilla 基金会维护的开源排版引擎，可在 Windows、Mac 和 Linux 等多种操作系统中运行。使用 Gecko 的网页浏览器主要是 Netscape 以及 Mozilla Firefox 等。

● **WebKit 引擎**

WebKit 是 Mac OS X v10.3 所包含的排版引擎，是主要由苹果公司开发，并由其进行维护的一个开源网页浏览器排版引擎。使用 WebKit 的网页浏览器包括苹果的 Safari 以及 Google 的 Chrome 等。除此之外，在 Symbian 和 iPhone OS 等手机操作系统上，大多数浏览器也在使用 WebKit 引擎。

● **Presto 引擎**

Presto 引擎是欧洲出品的 Opera 浏览器所采用的引擎。该引擎除了应用于 Opera 浏览器之外，还应用于一些采用 Opera 浏览器的手机操作系统，以及一些掌上设备，包括游戏机等。除此之外，我们常使用的 Adobe 公司系列设计软件（包括 Dreamweaver CS3 等）所采用的排版引擎也是 Presto 引擎。

Q&A

问题 4：如何使用 CSS 样式表同时区分 3 种 Internet Explorer 系列浏览器和非 Internet Explorer 系列浏览器？

解答： 所有的 CSS hack 方法，都应将应用范围较广的 CSS 规则写在上方，将应用范围较窄的 CSS 规则写在下方。

结合更改优先级、星号"*"选择、下划线"_"选择和"\9"选择，可以方便地编写出区分 3 种 Internet Explorer 和非 Internet Explorer 系列浏览器的代码，如下所示。

XHTML 标签代码如下。

```
<div id="other">您使用的是非 IE 系列
浏览器</div>
<div id="ie8">您使用的是 IE8 浏览器
</div>
<div id="ie7">您使用的是 IE7 浏览器
</div>
<div id="ie6">您使用的是 IE6 浏览器
</div>
```

CSS 样式表代码如下。

```
div {
    display : none ;
    line-height : 40px ;
    font-size : 12px ;
    text-align : center ;
}
#other {
    background-color : #F90 ;
    display : block ;
    display : none\9 ;
}
#ie8 {
    background-color : #09F ;
    display : block\9 ;
    *display : none ;
}
#ie7 {
    background-color : #39C ;
    *display :block ;
    _display : none ;
}
#ie6 {
    background-color : #039 ;
    _display : block ;
    _color : #fff ;
}
```

Q&A

问题 5：如何制作随页面滚动条移动的广告栏?

解答: 将网页元素的 position 属性设置为 fixed，可以将该元素固定在某一位置，不会随浏览器滚动条的滚动而发生位移。

　　fixed 表示固定定位，与 absolute 定位类型相似，但它的包含块是视图(屏幕内的网页窗口)本身。由于视图本身是固定的，它不会随浏览器窗口的滚动条滚动而变化，除非在屏幕中移动浏览器窗口的屏幕位置，或改变浏览器窗口的显示大小，如下。

　　CSS 样式表代码如下。

```
body {
```

```
  margin : 0px ;
  background-image : url(bg.gif);
}
span {
  position : fixed ;
  margin : 20px ;
}
```

　　XHTML 标签代码如下。

```
<body>
  <span>
    <img src="icon.png" />
  </span>
</body>
```

22 网页特效设计

Dreamweaver 提供了 Spry 框架功能，网页设计人员使用它可以为访问者提供体验更加丰富的网页。Spry 框架支持一组用标准 HTML、CSS 和 JavaScript 编写的可重用构件，设计者可以方便地在文档中插入这些构件（采用最简单的 HTML 和 CSS 代码）。

本章主要介绍各种类型的 Spry 构件，以及创建和编辑这些构件的方法，使读者能够在网页文档中灵活运用 Spry 构件，以创建各种特殊效果。

22.1 Spry 菜单栏

菜单栏构件是一组可导航的菜单按钮，当站点访问者将鼠标悬停在其中的某个按钮上时，将显示相应的子菜单。Dreamweaver 提供两种菜单栏构件，即垂直构件和水平构件。

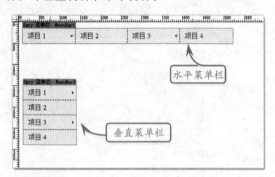

1．插入菜单栏构件

在文档中，单击【插入】面板中的【Spry 菜单栏】按钮，在弹出的对话框中启用【水平】或【垂直】单选按钮，即可插入水平或垂直菜单栏构件。

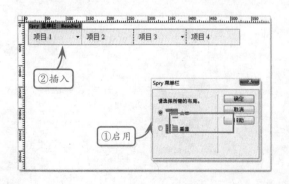

2．添加菜单项

在文档窗口中选择一个菜单栏构件，在【属性】检查器中单击第 1 列上方的【添加菜单项】按钮，即可添加一个新的菜单项。然后，在右侧的【文本】文本框中可以重命名该菜单项。

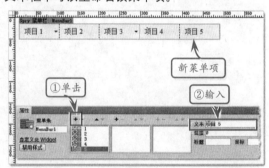

在文档窗口中选择菜单栏构件，在【属性】检查器中选择任意主菜单项的名称。单击第 2 列上方的【添加菜单项】按钮，即可向该主菜单项中添加一个子菜单项。在右侧的【文本】文本框中可以重命名该子菜单项。

要向子菜单中添加子菜单，首先选择要向其中添加另一个子菜单项的子菜单项名称，然后在【属性】检查器中单击第 3 列上方的【添加菜单项】按钮。

3．删除菜单项

在文档窗口中选择一个菜单栏构件，在【属性】检查器中选择要删除的主菜单项或子菜单项的名称，然后单击【删除菜单项】按钮 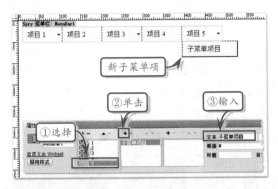 即可。

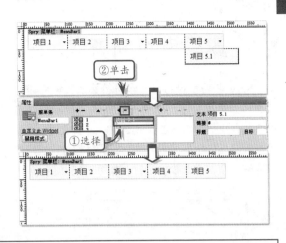

22.2 Spry 选项卡式面板

　　Spry 选项卡式面板构件是一组面板，用户可通过单击面板上的选项卡来隐藏或显示存储在选项卡式面板中的内容。当访问者选择不同的选项卡时，构件的面板会相应地打开。

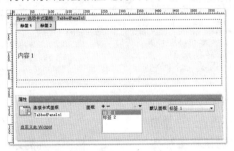

1．插入选项卡式面板

　　将光标置于要插入选项卡式面板构件的位置，单击【插入】面板中的【Spry 选项卡式面板】按钮 Spry 选项卡式面板 ，即可在该位置插入一个 Spry 选项卡式面板。

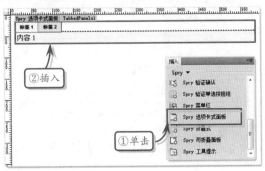

2．添加选项卡式面板

　　选择文档中的选项卡式面板，在【属性】检查

器中单击列表上面的【添加面板】按钮 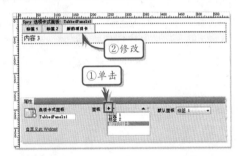，即可添加一个新的选项卡式面板。然后，在文档中可以直接修改该选项卡式面板的名称。

3．删除选项卡式面板

　　选择文档中的选项卡式面板构件，在【属性】检查器的列表中选择要删除的选项卡式面板名称，然后单击列表上面的【删除面板】按钮 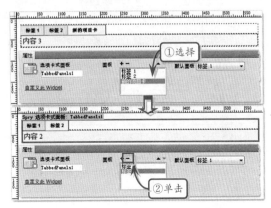，即可将该选项卡式面板删除。

22.3　Spry 折叠式

Spry 折叠式面板是一组可折叠的面板，用户可通过选择面板上的选项卡来隐藏或显示存储在折叠构件中的内容。当选择不同的选项卡时，可折叠面板会相应地展开或收缩。在折叠构件中，每次只能有一个内容面板处于打开且可见的状态。

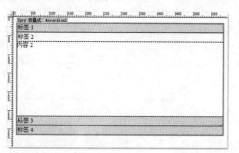

1．插入折叠式面板

将光标置于要插入折叠式面板的位置，单击【插入】面板中的【Spry 折叠式】按钮 ![Spry 折叠式] ，即可在该位置插入一个 Spry 折叠式面板。

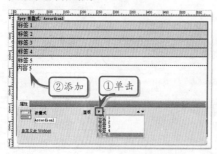

2．添加选项面板

在文档中选择折叠式面板构件，单击【属性】检查器中列表上面的【添加面板】按钮 ➕，即可添加一个新的选项面板。

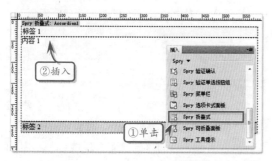

3．删除选项面板

在文档中选择折叠式面板，在【属性】检查器的列表中选择要删除的选项面板的名称，然后单击上面的【删除面板】按钮 ➖ 即可。

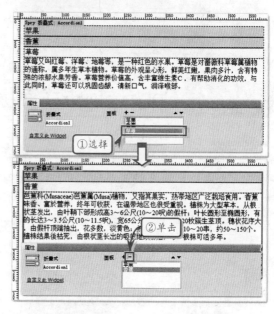

4．打开选项面板

将鼠标指针移动到要在文档中打开的选项面板的选项卡上，然后单击出现在该选项卡右侧的眼睛图标 👁，即可将该选项面板打开。

22.4　Spry 可折叠面板

用户选择可折叠面板的选项卡即可隐藏或显示存储在可折叠面板中的内容。

标 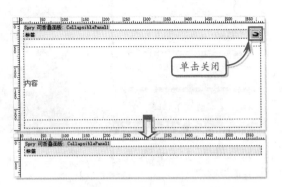，即可打开或关闭可折叠面板。

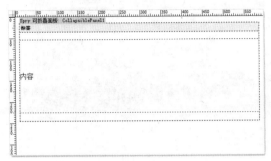

1．插入可折叠面板

将光标置于要插入可折叠面板的位置，单击【插入】面板中的【Spry 可折叠面板】按钮 ，即可在该位置插入一个 Spry 可折叠面板。

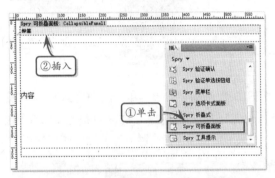

2．打开或关闭可折叠面板

在文档中，将鼠标指针移动到可折叠面板的选项卡上，然后单击出现在该选项卡右侧中的眼睛图

在文档中选择可折叠面板，然后在【属性】检查器的【显示】下拉列表中选择"打开"或"已关闭"也可打开或关闭可折叠面板。

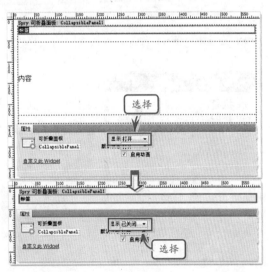

22.5　练习：制作导航条

导航条是网站的重要组成部分之一，访问者可以通过导航条快速访问指定的位置，方便浏览网站的内容。本练习将通过在网页文档中插入 Spry 菜单栏制作网站导航条。

操作步骤 ▶▶▶▶

STEP|01 新建文档，在标题栏中输入"户外度假网"。单击【属性】

练习要点

- 插入 Spry 菜单栏
- 设置 Spry 菜单栏
- 设置 Spry 菜单栏的 CSS 样式

检查器中的【页面属性】按钮，在弹出的【页面属性】对话框中设置参数。然后，单击【插入】面板中的【插入 Div 标签】按钮，创建 ID 为 main 的 Div 层，并设置其 CSS 样式属性。

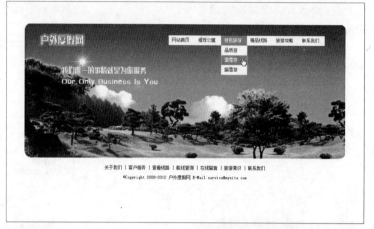

STEP|02 将光标置于 ID 为 main 的 Div 层中，单击【插入 Div 标签】按钮，创建 ID 为 nav 的 Div 层，并设置其 CSS 样式属性。然后，在文档底部创建 ID 为 copyright 的 Div 层，并设置其 CSS 样式属性。

STEP|03 将光标置于 ID 为 nav 的 Div 层中，单击【插入】面板【布局】选项中的【Spry 菜单栏】按钮，在弹出的【Spry 菜单栏】对话框中，启用【水平】单选按钮。

STEP|04 单击【Spry 菜单栏：MenuBar1】蓝色菜单栏，在【属性】检查器中，选择菜单项文本"项目 1"，在右侧的【文本】文本框中输入"网站首页"。然后，单击第 2 个菜单栏上的【删除菜单项】按钮，把二级菜单项删除。

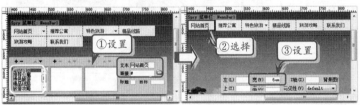

> **提示**
>
> 在【属性】检查器中可以设置【Spry 菜单栏】的左间距、上边距、宽、高、背景图像、背景颜色、可见性等属性

STEP|05 按照相同的方法，设置其他菜单。然后选择"网站首页"菜单项，在【属性】检查器中设置【宽】为"6em"。

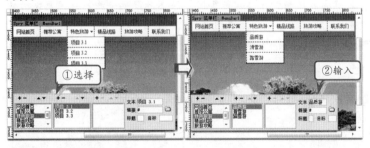

> **提示**
>
> 在设置二级菜单时，先选择主菜单选项，然后在执行二级菜单项上的添加菜单项、删除菜单项、上移项、下移项命令。同样的方法设置三级菜单项时，应选择二级菜单项，然后再执行三级菜单项上的添加菜单项、删除菜单项、上移项、下移项命令。

STEP|06 在主菜单栏中选择文本"特色旅游"，删除三级菜单项，在二级菜单中依次选择文本，在右侧的【文本】文本框中输入相应的内容。

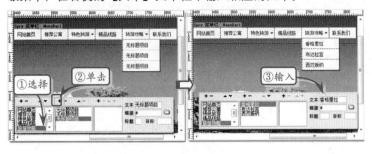

> **提示**
>
> 设置【Spry 菜单栏】样式时，打开【CSS 样式】面板，在 SpryMenuBarHorizontal.css 样式中设置。

STEP|07 按照相同的方法，在主菜单栏中选择文本"旅游攻略"，在二级菜单中单击【添加菜单项】按钮，添加三项。然后，依次选择二级菜单，在右侧的【文本】文本框中输入相应的文本。

STEP|08 打开【CSS 样式】面板，设置"ul.MenuBarHorizontal a:hover, ul.MenuBarHorizontal a:focus"的背景颜色和文本颜色。然后，将光标置于 ID 为 copyright 的 Div 层中，并输入文本。

STEP|09 选择 ID 为 copyright 的 Div 层中的文本导航菜单，在【属性】检查器中设置【链接】为"#"。然后，在标签栏中选择 a 标签，并设置其 CSS 样式属性。

练习要点

- 插入 Spry 折叠式
- 设置 Spry 折叠式
- 设置 Spry 折叠式的 CSS 样式

22.6 练习：制作产品展示页

产品展示页为了尽可能地展示较多的产品，通常会将其设计得较长，这样就导致用户浏览起来非常不方便。如果在网页中使用 Spry 折叠式面板，则可以解决这个问题，既节约空间，又可以展示大量的产品。本练习将运用 Spry 折叠式来制作产品展示页面。

操作步骤 ▶▶▶▶

STEP|01 新建文档，在标题栏中输入"爱丽丝蛋糕"。单击【属性】检查器中的【页面属性】按钮，在弹出的【页面属性】对话框中设置参数。然后，单击【插入】面板中的【插入 Div 标签】按钮，创建 ID 为 top 的 Div 层，并设置其 CSS 样式属性。

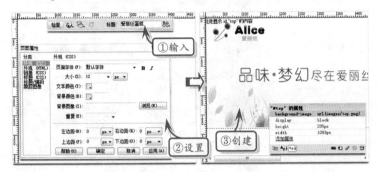

STEP|02 将光标置于 ID 为 top 的 Div 层的下方，单击【插入 Div 标签】按钮，分别创建 ID 为 main、footer、copyright 的 Div 层，并设置其 CSS 样式属性。

STEP|03 将光标置于 ID 为 top 的 Div 层中，单击【插入 Div 标签】按钮，创建 ID 为 menu 的 Div 层，并设置其 CSS 样式属性。然后，将光标置于该层中并输入文本。选择文本并在【属性】检查器中设置【链接】为"#"。

STEP|04 将光标置于 ID 为 main 的 Div 层中，分别创建 ID 为 left、right 的 Div 层，并设置其 CSS 样式属性。然后，将光标置于 ID 为 left 的 Div 层中，嵌套 ID 为 leftcolumn 的 Div 层，并设置其 CSS 样式属性。

STEP|05 将光标置于 ID 为 leftcolumn 的 Div 层中并输入文本，然后选择文本，在【属性】检查器中设置文本链接。在该层下方嵌套 ID 为 news 的 Div 层，并设置其 CSS 样式属性。

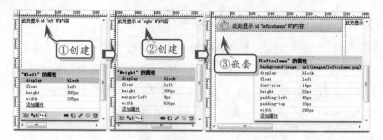

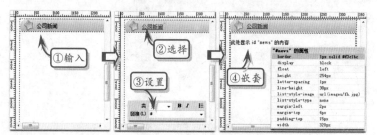

STEP|06 将光标置于 ID 为 news 的 Div 层中，输入文本。单击【属性】检查器中的【项目列表】按钮，然后按 Enter 键，在项目列表符号后输入文本，依次类推。

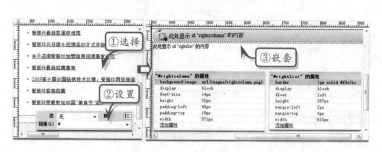

STEP|07 选择 ID 为 news 的 Div 层中的文本，依次设置文本链接。然后，将光标置于 ID 为 right 的 Div 层中，分别嵌套 ID 为 rightcolumn、rightlist 的 Div 层，并设置其 CSS 样式属性。

STEP|08 在 ID 为 rightcolumn 的 Div 层中输入文本，并在【属性】检查器中设置文本链接。将光标置于 ID 为 rightlist 的 Div 层中，单击【插入】面板【布局】选项中的【Spry 折叠式】按钮，插入 Spry 折叠式面板。

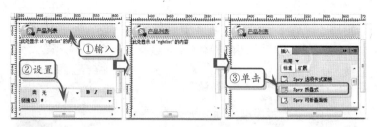

STEP|09 单击【Spry 折叠式】蓝色区域，在【属性】检查器中单击【添加面板】按钮。然后，依次选择标签进行修改。

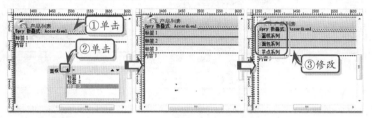

> **提示**
>
> 设置 Spry 折叠式的属性，在【属性】检查器中只有面板，对面板进行的操作有添加面板、删除面板、在列表中向上移动面板、在列表中向下移动面板。

STEP|10 单击"蛋糕系列"的折叠式面板右侧的【显示面板内容】按钮，将光标置于内容 1 中，插入一个 2 行×4 列，且【宽】为"100 像素"的表格。然后，在第 1 行单元格中插入图像，在第 2 行单元格中输入相应的文本并设置链接。

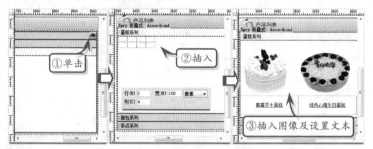

> **提示**
>
> 设置【Spry 折叠式】样式时，打开【CSS 样式】面板，在 SpryAccordion.css 样式中设置。

STEP|11 按照相同的方法，设置面板"面包系列"、"茶点系列"的内容。打开【CSS 样式】面板，设置 SpryAccordion.css 中的样式。

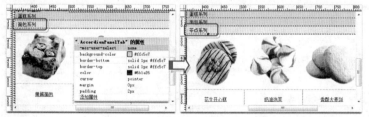

> **提示**
>
> 在 CSS 样式中还应添加代码如下。
>
> ```
> .AccordionFocused
> .AccordionPanelTa
> b {
>   background-color
> : #fdb6bf;
> }
> .AccordionFocused
> .AccordionPanelOp
> en .AccordionPane
> lTab {
>   background-color
> : #ffc5c7;
> }
> ```

STEP|12 将光标置于 ID 为 footer 的 Div 层中，输入文本并设置文本链接。然后，将光标置于 ID 为 copyright 的 Div 层中，输入文本。

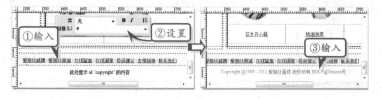

STEP|13 在 CSS 样式中定义 a 标签的文本颜色、去掉下划线及 a:hover 的复合标签文本颜色、添加下划线属性。

提示

设置文本链接 a 标签的 CSS 样式，那么，文档中所有的 a 标签将全部套用该样式。

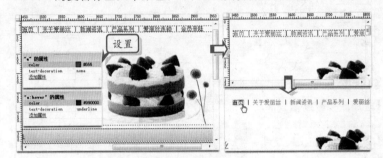

22.7 高手答疑

Q&A

问题 1： 如何更改 Spry 菜单栏构件中的菜单项目位置？

解答： 在文档中选择 Spry 菜单栏构件，在【属性】检查器中选择要对其重新排序的菜单项的名称。然后，单击向上箭头或向下箭头可以向上或向下移动该菜单项。

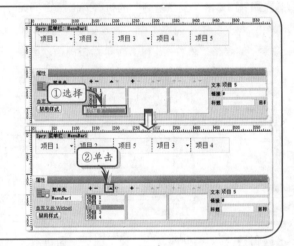

Q&A

问题 2： 在网页文档中插入 Spry 选项卡式面板后，如何打开指定的选项卡，并进行编辑？

解答： 将鼠标指针移到要在文档中打开的面板选项卡上，然后单击出现在该选项卡右侧中的眼睛图标，即可打开该选项卡面板。

技巧

在文档中选择一个选项卡式面板构件，然后单击【属性】检查器列表中的选项卡式面板的名称，也可以打开该选项卡式面板。

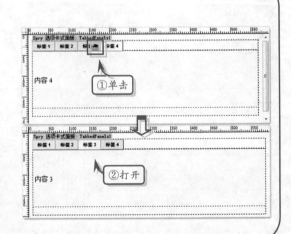

Q&A

问题 3：在网页文档中插入 Spry 选项卡式面
板后，浏览该网页时，如何设置其默
认打开的选项卡面板？

解答：设计者可以设置浏览网页时，在默认情
况下将打开选项卡式面板构件的哪个面板。

选择文档中的选项卡式面板，在【属性】
检查器中从【默认面板】下拉列表中选择默认
情况下要打开的面板即可。

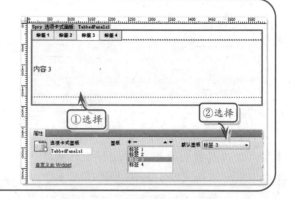

Q&A

问题 4：在 Spry 折叠式面板中，如何添加、
删除和修改选项面板中的内容？

解答：在网页文档中打开指定的选项面板，然
后在空白的区域中可以添加内容。如果已经包
含有内容，则可以进行修改和删除操作。

Q&A

问题 5：在 Spry 可折叠面板中，是否可以启
用或禁用动画效果？

解答：在默认情况下，如果启用某个可折叠面
板的动画，用户选择该面板的选项卡时，该面
板将缓缓地平滑打开和关闭。如果禁用动画，
则可折叠面板会迅速地打开和关闭。

在文档中选择可折叠面板构件，在【属性】
检查器中启用或取消启用【启用动画】复选框
即可启用或禁用动画效果。

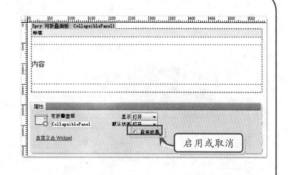

Q&A

问题 6：在 Spry 菜单栏中，是否可以为菜单
选项添加链接？如果可以，应该怎样
操作？

解答：在网页文档中插入 Spry 菜单栏后，选择

要链接的菜单项，可以是主菜单项，也可以是
子菜单项。然后，在【属性】检查器的【链接】
文本框中输入想要链接的地址。除此之外，还
可以指定链接的标题和目标。

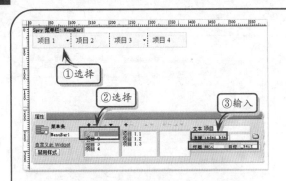

目标属性指定要在何处打开所链接的页面，其可以输入以下 4 个选项。

● **_blank**　在新浏览器窗口中打开所链接的

页面。

● **_self**　在同一个浏览器窗口中加载所链接的页面，这是默认选项。如果页面位于框架或框架集中，该页面将在该框架中加载。

● **_parent**　在页面的直接父框架集中加载所链接的页面。

● **_top**　在框架集的顶层窗口中加载所链接的页面。

设置完成后预览网页文档，当单击"项目 1"时，网页将自动跳转到 index.html。

Q&A

问题 7： 如何在网页文档中使用 Spry 工具提示？

解答： 当用户将鼠标移动至网页的特定元素上时，Spry 工具提示会显示预设的提示信息；用户将鼠标指针移开时，该提示会消失。

选择要添加提示的元素，单击【插入】面板中的【Spry 工具提示】按钮，即可创建一个 Spry 工具提示，此时可以在面板中更改提示的信息内容。

然后，在 Spry 工具提示的内容区域中输入鼠标经过图像时所显示的提示内容。

在【属性】检查器中，可以设置 Spry 工具提示与鼠标指针的相对位置，显示和隐藏工具提示的延迟时间，以及显示和隐藏工具提示时的过渡效果。

23

网页交互行为

为了使网页具有较强的吸引力,设计者在制作网页时通常会添加各种特效。网页中的特效一般是由 JavaScript 脚本代码完成的,对于没有任何编程基础的设计者而言,可以使用 Dreamweaver 中内置的行为。行为丰富了网页的交互功能,它允许访问者通过与页面之间的交互行为来改变网页中的内容,或者让网页执行某个动作。

本章主要介绍 Dreamweaver 中几种常用行为的使用方法,使读者能够在网页中添加各种行为以实现与访问者的交互功能。

23.1 交换图像

交换图像行为是通过更改<img>标签的 src 属性将一个图像和另一个图像进行交换,或者交换多个图像。

如果要添加【交换图像】行为,首先要在文档中插入一个图像。然后选择该图像,单击【行为】面板中的【添加行为】按钮 + ,执行【交换图像】命令,在弹出的对话框中选择另外一张要换入的图像。

在【交换图像】对话框中,各复选框介绍如下。

● 启用【预先载入图像】复选框,可以在加载页面时对新图像进行缓存,这样可以防止当图像出现时由于下载而导致的延迟。

● 启用【鼠标滑开时恢复图像】复选框,可以在鼠标指针离开图像时,恢复到以前的图像,即打开浏览器时的初始图像。

设置完成后预览页面,可以发现当鼠标指针经过浏览器中的源图像时,该图像即会转换为另外一张图像;当鼠标指针离开图像时,则又恢复到源图像。

23.2 弹出信息

弹出信息行为是用于弹出一个显示预设信息的 JavaScript 警告框。由于该警告框只有一个【确定】按钮，所以使用此行为可以为用户提供信息，但不能提供选择操作。

选择文档中的某一对象，单击【行为】面板中的【添加行为】按钮 +，执行【弹出信息】命令。然后在弹出的对话框中输入文字信息。

Script 警告框。

设置完成后预览页面，当鼠标单击浏览器中的图像时，即会弹出一个包含有预设信息的 Java-

23.3 打开浏览器窗口

使用打开浏览器窗口行为可以在一个新的窗口中打开页面。同时，还可以指定该新窗口的属性、特性和名称。

选择文档中的某一对象，在【行为】面板的【添加行为】菜单中执行【打开浏览器窗口】命令。然后，在弹出的对话框中选择或输入要打开的 URL，并设置新窗口的属性。

在【打开浏览器窗口】对话框中，包括 5 个选项，其名称及功能介绍如下所示。

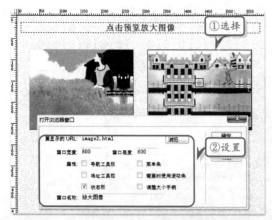

选 项 名 称		功　　能
要显示的 URL		设置弹出浏览器窗口的 URL 地址,可以是相对地址,也可以是绝对地址
窗口宽度		以像素为单位设置弹出浏览器窗口的宽度
窗口高度		以像素为单位设置弹出浏览器窗口的高度
属性	导航工具栏	指定弹出浏览器窗口是否显示前进、后退等导航工具栏
	菜单条	指定弹出浏览器窗口是否显示文件、编辑、查看等菜单条
	地址工具栏	指定弹出浏览器窗口是否显示地址工具栏
	需要时使用滚动条	指定弹出浏览器窗口是否使用滚动条
	状态栏	指定弹出浏览器窗口是否显示状态栏
	调整大小手柄	指定弹出浏览器窗口是否允许调整大小
窗口名称		设置弹出浏览器窗口的标题名称

设置完成后预览页面,当单击图像时,即会在一个新的浏览器窗口中打开指定的网页 image2.html。该页面内容区域的尺寸为 800×600 像素,且只显示有状态栏。

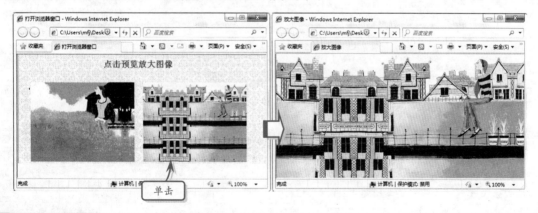

23.4 拖动 AP 元素

拖动 AP 元素行为可以让访问者拖动绝对定位的 AP 元素。通过该行为可以创建拼图游戏、滑块控件和其他可移动的界面元素。

在添加【拖动 AP 元素】行为之前,首先要在文档中插入 AP 元素。然后,使用鼠标单击文档中的任意位置，使焦点离开 AP 元素，这样【行为】面板中的【拖动 AP 元素】命令才可以使用。

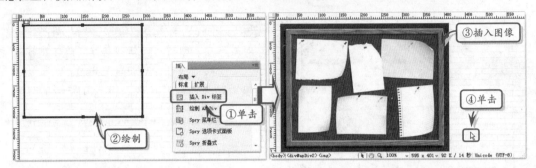

在【行为】面板的【添加行为】菜单中执行【拖动 AP 元素】命令，即可打开【拖动 AP 元素】对话框。该对话框默认显示为【基本】面板，可以设置 AP 元素、是否限制拖动范围，以及靠齐距离等；如果想要具体设置拖动控制点，可以选择对话框上面的【高级】选项卡切换至【高级】面板。

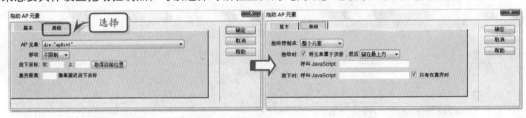

【基本】面板中各个选项的名称及功能介绍如下。

选 项 名 称		功　能
AP 元素		在下拉列表中选择要拖动的 AP 元素
移动	不限制	选择该选项，则 AP 元素不会被限制在一定范围内，通常用于拼图或拖动、放下的游戏内容
	限制	将 AP 元素限制在一定的范围之内，通常用于滑块控制或可移动的各种布景
放下目标		在文本框中输入的数值，是相对于浏览器左上角的距离，用于确定该 AP 元素的目的点坐标
靠齐距离		输入一个数值，当 AP 元素被拖动到与目的点距离小于此数值的位置时，AP 元素才会被认为移动到了目的点并自动拖放到指定的目的点上

【高级】面板中各个选项的名称及功能介绍如下。

选 项 名 称	功　能
拖动控制点	该选项用于设置 AP 元素中可被用于拖动的区域。当选择"整个元素"时，则拖动的控制点可以是整个 AP 元素；当选择"元素内的区域"并在其后设置坐标时，则拖动的控制点仅是 AP 元素指定范围内的部分
拖动时	启用【将元素置于顶层】复选框，则在拖动时，AP 元素在网页所有 AP 元素的顶层
然后	选择"留在最上方"，则拖动后的 AP 元素保持其顶层位置，如选择"恢复 Z 轴"，则该元素恢复到原层叠位置。该下拉列表仅在【拖动时】被设置为【将元素置于顶层】时有效
呼叫 JavaScript	在访问者拖动 AP 元素时执行一段 JavaScript 代码
放下时：呼叫 JavaScript	在访问者完成拖动 AP 元素后执行一段 JavaScript 代码
只有在靠齐时	启用该复选框，则只有在访问者拖动完成 AP 元素并将其靠齐后才会执行 JavaScript 代码

设置完成后预览页面，单击并拖动 AP 元素中的图像，可以发现该图像能够被移动到任意位置。释放鼠标后，该图像将停留在新位置上。

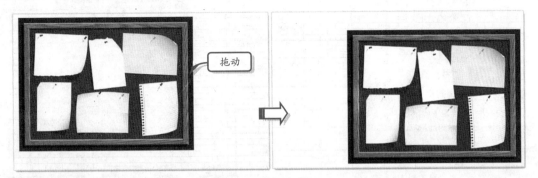

拖动

23.5 练习：制作拼图游戏

拼图游戏是将图像放置在 AP Div 层中，通过为该层添加拖动 AP 元素行为，并设置鼠标拖动时所移动的范围区域等属性来制作的。本练习通过运用拖动 AP 元素来实现该效果。

完成后效果

操作步骤 ▶▶▶▶

STEP|01 打开素材页面"index.html"，将光标置于 ID 为 rightmain 的 Div 层中，单击【插入】面板【常用】选项中的【插入 Div 标签】按钮，创建 ID 为 title 的 Div 层，并设置其 CSS 样式属性。将光标置于该层中，插入图像及输入文本。

STEP|02 单击【插入】面板【布局】选项中的【绘制 AP Div】按钮，在 ID 为 title 的 Div 层下方绘制 apDiv1 层，选择该层，在【属性】检查器中设置左对齐、上对齐、宽、高等属性，并将光标置于该层中，插入图像"fl_05.png"。

练习要点

- 创建 AP Div 层
- 设置 AP Div 层属性
- 打开行为面板
- 执行拖动 AP 元素
- 设置拖动 AP 元素属性

提示

页面布局代码如下。

```
<div id="header">
  <div id="logo">
</div>
  <div id="nav">
</div>
</div>
<div id="daohang">
</div>
<div id="main">
  <div id="leftm-
ain"></div>
  <div id="rightm-
ain">
  <div id="title">
</div >
  </div>
</div>
```

两种方法打开【行为】面板，一是单击菜单栏中的【窗口】按钮，在下拉菜单中执行【行为】命令，打开【行为】面板，二是按 Shift+F4 组合键快速打开【行为】面板。

选择 apDiv 层，在【属性】检查器中设置的左边距、上边距是相对于屏幕而言的，宽和高才是 apDiv 层的真实大小。

依次在【属性】检查器中设置 apDiv3~apDiv9 层的属性。其中，宽均为200px，高均为150px。

	左边距	上边距
apDiv3	708px	149 px
apDiv4	308 px	299 px
apDiv5	508 px	299 px
apDiv6	708 px	299 px
apDiv7	308 px	449 px
apDiv8	508 px	449 px
apDiv9	708 px	449 px

在【基本】选项卡中先选择【AP 元素】，然后选择【移动】为"限制"，再单击【取得目前位置】按钮，最后根据图像所在的位置设置限制的范围。

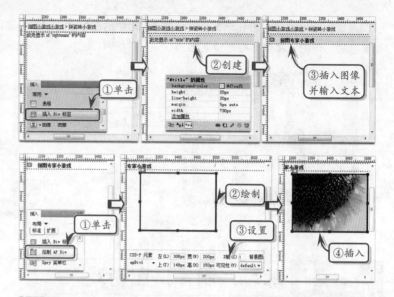

STEP|03 单击【绘制 AP Div】按钮，绘制 apDiv2 图层，选择该层，在【属性】检查器中依次设置左对齐、上对齐、宽、高等属性，并将光标置于该层中，插入图像 "fl_02.png"。

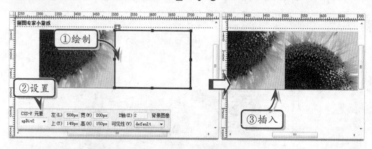

STEP|04 按照相同的方法，依次再绘制 7 个 apDiv 层，排列顺序是一致的，每一行放置 3 个 apDiv 层，一共放置 3 行，并在【属性】检查器中依次设置每一行放置的 apDiv 层的左对齐、上对齐、宽、高等属性。然后，在每一个层中插入相应的图像。

STEP|05 在标签栏选择 body 标签，按 Shift+F4 组合键打开【行为】面板，单击【添加行为】按钮 ➕，在下拉菜单中执行【拖动 AP 元

素】命令，将弹出【拖动 AP 元素】对话框。然后，在弹出的【拖动
AP 元素】对话框中，设置【基本】选项卡中的【AP 元素】、【移动】、
【放下目标】、【靠齐距离】的参数。

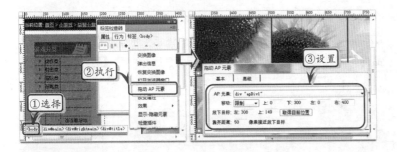

STEP|06 在标签栏选择 body 标签，按 `Shift+F4` 组合键打开【行为】
面板，单击【添加行为】按钮 **+**，在下拉菜单中执行【拖动 AP 元
素】命令，将弹出【拖动 AP 元素】对话框。然后，在【拖动 AP 元
素】对话框中设置【基本】选项卡中的【AP 元素】、【移动】、【放下
目标】、【靠齐距离】的参数。

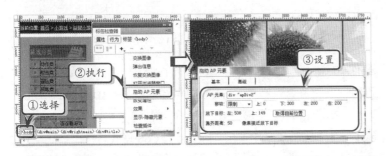

STEP|07 按照相同的方法每执行一个【拖动 AP 元素】命令，都应
先选择 body 标签，然后再打开【行为】面板，在弹出的【拖动 AP
元素】对话框中，设置【基本】选项卡中的【AP 元素】、【移动】、【放
下目标】、【靠齐距离】的参数。每添加一次行为，【行为】面板中就
会增加一个。

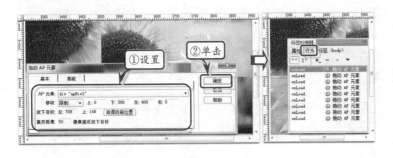

STEP|08 设置完成后，打开 IE 浏览器预览效果。然后用鼠标移动
图像，将图像拼成一个完整的向日葵花。

提示

在【基本】选项卡中，
设置的 apDiv3 的限制
范围参数如下。

上：0；下：300；左：
400 右：0；

设置的 apDiv4 的限制
范围参数：

上：150；下：150；左：
0 右：400；

设置的 apDiv5 的限制
范围参数：

上：150；下：150；左：
200 右：200；

设置的 apDiv6 的限制
范围参数：

上：150；下：150；左：
400 右：0；

设置的 apDiv7 的限制
范围参数：

上：300；下：0；左：0
右：400；

设置的 apDiv8 的限制
范围参数：

上：300；下：0；左：
200 右：200；

设置的 apDiv9 的限制
范围参数：

上：300；下：0；左：
400 右：0。

23.6 练习：制作可隐藏的产品信息

提示

页面布局代码如下。

```
<div id="header">
  <div id="logo">
</div>
  <div id="search">
</div>
</div>
<div id="nav">
  <div id="navTop">
</div>
  <div id="navBut-
tom"></div>
</div>
<div id="main">
  <div class="ro-
ws">
    <div class=
"pic"></div>
    <div class="pic-
Text"></div>
  </div>
</div>
<div
id="footer"></div>
```

提示

打开素材页面 "index.html"，将光标置于 ID 为 main 的 Div 层中，将该层中的文本删除后再进行下一步操作。

可隐藏的产品信息是一种跟随鼠标显示的效果，将信息放到 AP Div 层中，当鼠标指向产品时将显示出来相关的信息；当鼠标移开产品时隐藏信息。本练习通过使用【行为】面板中的【显示-隐藏元素】行为制作可隐藏的产品信息。

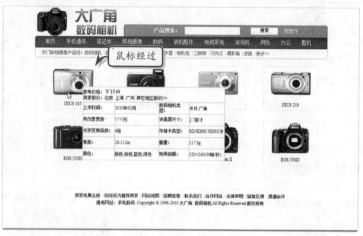

操作步骤 ▶▶▶▶

STEP|01 打开素材页面 "index.html"，将光标置于 ID 为 main 的 Div 层中，单击【插入】面板【常用】选项中的【插入 Div 标签】按钮，创建类名称为 rows 的 Div 层，并设置其 CSS 样式属性。

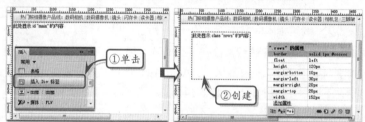

STEP|02 将光标置于类名称为 rows 的 Div 层中，单击【插入 Div 标签】按钮，分别创建类名称为 pic、picText 的 Div 层，并设置其 CSS 样式属性。然后，将光标置于类名称为 pic 的 Div 层中，插入图像；在类名称为 picText 的 Div 层中输入文本。

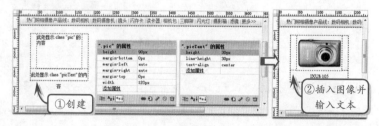

STEP|03 单击【插入 Div 标签】按钮，在弹出的【插入 Div 标签】对话框中选择【类】为 rows；将光标置于该层中，单击【插入 Div 标签】按钮，在弹出的【插入 Div 标签】对话框中选择【类】为 pic。按照相同的方法选择【类】为 picText。

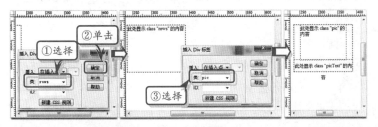

STEP|04 按照相同的方法，依次创建 6 个相同的 Div 层，每一行 4 个 Div 层，一共有两行。然后，在相应的 Div 层中插入图像及输入文本。

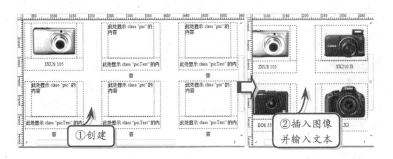

STEP|05 单击【插入】面板【常用】选项中的【绘制 AP Div】按钮，在 ID 为 mian 的 Div 层中绘制一个 apDiv1 层，并在【属性】检查器中设置其属性。然后，将光标置于该层中，插入一个 6 行×4 列，且【宽】为"400 像素"的表格，并在 CSS 样式中定义背景颜色为"灰色"（#999999）。

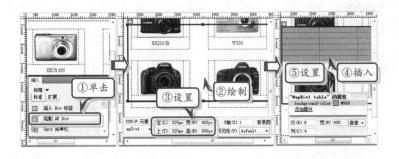

STEP|06 选择所有单元格，在【属性】检查器中设置【背景颜色】为"白色"（#ffffff）；选择表格，在【属性】检查器中设置【间距】为 1；然后将光标置于第 1 行的单元格中，在【属性】检查器中设置【高】为 40；设置第 2 行~第 6 行单元格的【高】为 30。

> **提示**
>
> 创建的类名称为 pic、picText 的 Div 层，两层之间是上下平级关系。对于类名称为 rows 的 Div 层来说是嵌套的关系。

> **提示**
>
> 创建类名称为 picText 的 Div 层时，也是在弹出的【插入 Div 标签】对话框中，选择【类】下拉框中的"picText"。
>
>

> **技巧**
>
> 创建 6 个相同的 Div 层最快速的方法，是在标签栏选择<div rows>标签，然后进行一个个的复制。

> **提示**
>
> 绘制的 AP Div 层比普通的 Div 层位置要精确，并且可以直接在【属性】检查器中设置【宽】、【高】、【可见性】、【背景图像】、【背景颜色】等。

提示

普通的 Div 层，只要在属性中添加绝对定位的代码，也就可以作为 AP Div 元素来使用，代码如下。

```
position:absolute;
```

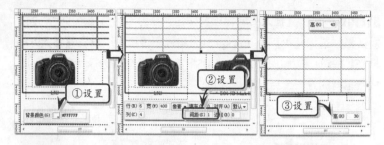

STEP|07 合并第 1 行的单元格，在该行中输入文本，然后依次在第 2 行~第 6 行的单元格中输入相应的文本。在 CSS 样式中创建 font1 样式，选择文本，在【属性】检查器中添加类为"font2"。

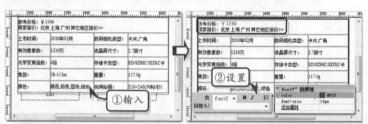

提示

设置元素 div apDiv1 为隐藏后，在【行为】面板的第 1 栏选择 onMouseOut 表示当鼠标从图像上移开后产品说明隐藏。

STEP|08 在标签栏选择<div.pic>标签，然后按 Shift+F4 组合键，打开【行为】面板。然后，单击【添加行为】按钮 +，在下拉菜单中执行【显示-隐藏元素】命令，在弹出的【显示-隐藏元素】对话框中，选择【元素】"div apDiv1"，单击【隐藏】按钮。

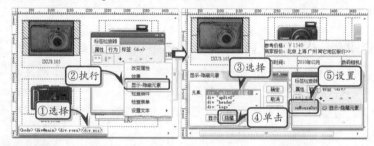

STEP|09 在标签栏选择<div.pic>标签，然后按 Shift+F4 组合键，打开【行为】面板。然后，单击【添加行为】按钮 +，在下拉菜单中执行【显示-隐藏元素】命令，在弹出的【显示-隐藏元素】对话框中，选择【元素】"div apDiv1"，单击【显示】按钮。

提示

设置元素 div apDiv1 为显示后，在【行为】面板的第 1 栏选择 onMouseMove 表示当鼠标指向图像时产品说明显示。

STEP|10 选择 apDiv1 层，在【属性】检查器中设置【可见性】为"hidden"，这样 apDiv1 层就隐藏了。按照相同的方法为其他图像添加行为。

23.7 高手答疑

Q&A

问题 1：如何将浏览器窗口底部的状态栏文字更改为自定义的文本内容？

解答： 使用【设置状态栏文本】行为可以在浏览器窗口左下角处的状态栏中显示自定义的文本内容。

将光标置于文档中，在【行为】面板的【添加行为】菜单中执行【设置状态栏文本】命令，在弹出的对话框中输入要显示的文本内容。

在【行为】面板中，将 onMouseOver 事件更改为 onLoad 事件，使页面加载时浏览器窗口的状态栏显示预设的文字内容。

设置完成后，预览效果，可以发现浏览器窗口左下角处的状态栏已经显示为预设的文字内容。

注意

在 Dreamweaver 中使用【设置状态栏文本】行为，将不能保证会更改所有浏览器中状态栏的文本，因为一些浏览器在更改状态栏文本时需要进行特殊调整。例如，Firefox 需要更改【高级】选项以让 JavaScript 更改状态栏的文本。

Q&A

问题 2：如何检测访问者浏览器中是否安装有指定的插件，并可以根据不同的结果跳转到相应的页面？

解答： 使用【检查插件】行为可以检查访问者的浏览器是否安装了指定的插件，并根据检查结果跳转到不同的网页。

例如，想让安装有 Shockwave 插件的浏览者跳转到 index.html 页面，而让未安装该插件的浏览者跳转到 error.html 页面。

在【行为】面板的【添加行为】菜单中执行【检查插件】命令，在弹出的对话框中选择或输入插件名称，然后设置不同的检查结果所跳转的 URL 地址即可。

Q&A

问题 3：通过 Dreamweaver 内置的行为是否可以实现鼠标经过图片时，显示图片说明；鼠标离开图片时，隐藏图片说明？

解答： 显示-隐藏元素行为可显示、隐藏或恢复一个或多个网页元素的默认可见性。此行为用于在用户与页面进行交互时显示信息。

在添加【显示-隐藏元素】行为之前，首先要在文档中创建 AP 元素。该 AP 元素的位置即是元素显示时的位置。

如果要在打开页面时默认隐藏该 AP 元素，可将鼠标单击文档的任意位置，在【行为】面板的【添加行为】菜单中执行【显示-隐藏元素】命令。然后，在弹出的对话框中选择"div "apDiv1""选项，并单击【隐藏】按钮，这样可以使其在页面加载时（即 onLoad 事件）隐藏。

为了使鼠标经过图像时可以显示文字介绍，可以在图像上添加 onMouseOver 事件，来执行显示 AP 元素的动作。

选择文档中的图像，在【显示-隐藏元素】对话框中选择"div "apDiv1""选项，并单击【显示】按钮。然后，在【行为】面板中将 onClick

事件更改为 onMouseOver 事件，使鼠标经过图像时执行显示 AP 元素的动作。

提示

显示-隐藏元素行为仅显示或隐藏相关元素，在元素已隐藏的情况下，它不会从页面流中删除此元素。

设置完成后预览效果，可以发现 AP 元素及其中的文字介绍默认为不显示，但如果将鼠标指针移动到图像上时，AP 元素及其内容将自动显示出来。

24 使用网页表单

除了提供给用户各种信息资源外，网页还承担有一项重要的功能，就是收集用户的信息，并根据用户的信息提供反馈。这种收集信息和反馈结果的过程就是网页的交互过程。

本章将详细介绍网页中的各种表单元素，以及 Spry 表单验证的方法等相关知识，实现简单的人与网页之间的交互。

24.1 插入表单

表单是实现网页互动的元素，通过与客户端或服务器端脚本程序的结合使用，可以实现互动性，如调查表、留言板等。

在 Dreamweaver 中，可以为整个网页创建一个表单，也可以为网页中的部分区域创建表单，其创建方法都是相同的。

将光标置于文档中，单击【表单】选项卡中的【表单】按钮，即可插入一个红色的表单。

在选择表单区域后，用户可以在【属性】检查器中设置表单的各项属性，其属性名称及说明如下表所示。

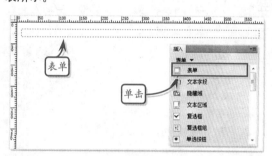

属　　性		作　　用
表单 ID		表单在网页中唯一的识别标志，是 XHTML 标准化的标识，只可在【属性】检查器中设置
动作		将表单数据进行发送，其值采用 URL 方式。在大多数情况下，该属性值是一个 HTTP 类型的 URL，指向位于服务器上的用于处理表单数据的脚本程序文件或CGI 程序文件
方法	默认	使用浏览器默认的方式来处理表单数据
	POST	表示将表单内容作为消息正文数据发送给服务器
	GET	把表单值添加给 URL，并向服务器发送 GET 请求。因为 URL 被限定在 8192 个字符之内，所以不要对长表单使用 GET 方法
目标	_blank	定义在未命名的新窗口中打开处理结果
	_parent	定义在父框架的窗口中打开处理结果
	_self	定义在当前窗口中打开处理结果
	_top	定义将处理结果加载到整个浏览器窗口中，清除所有框架
编码类型	enctype	设置发送表单到服务器的媒体类型，它只在发送方法为 POST 时才有效。其默认值为 application/x-www-form-urlemoded；如果要创建文件上传域，应选择 multipart/form-data
类		定义表单及其中各种表单对象的样式

用户也可通过编写代码插入表单。在Dreamweaver 中打开网页文档，单击【代码视图】按钮，在【代码视图】窗口中检索指定的位置，然后通过 form 标签为网页文档插入表单。

表单代码

24.2 插入文本字段

文本字段，又被称作文本域，是一种最常用的表单组件，其作用是为用户提供一个可输入文本的网页容器。

在【插入】面板中单击【文本字段】按钮，打开【输入标签辅助功能属性】对话框，为插入文本字段进行一些简单的设置。

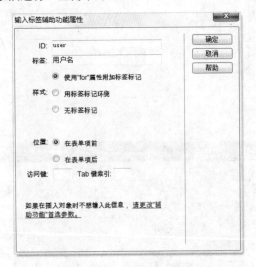

在【输入标签辅助功能属性】对话框中，包括6 种基本属性，其名称及作用如下所示。

名　　称	作　　用
ID	文本字段的 ID 属性，用于提供脚本的引用
标签	文本字段的提示文本
样式	提示文本显示的方式
位置	提示文本的位置
访问键	访问该文本字段的快捷键
Tab 键索引	在当前网页中的 Tab 键访问顺序

在设置输入标签辅助功能属性后，即可在【属性】检查器中设置文本字段的属性。

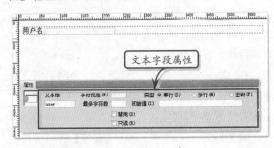

文本字段属性

在文本字段的【属性】检查器中，各个属性的名称及作用如下所示。

名　　称		作　　用
文本域		文本字段的 id 和 name 属性，用于提供脚本的引用
字符宽度		文本字段的宽度（以字符大小为单位）
最多字符数		文本字段中允许最多的字符数量
类型	单行	定义文本字段中的文本不换行
	多行	定义文本字段中的文本可换行
	密码	定义文本字段中的文本以密码的方式显示
初始值		定义文本字段中初始的字符
禁用		定义文本字段禁止用户输入（显示为灰色）
只读		定义文本字段禁止用户输入（显示方式不变）
类		定义文本字段使用的 CSS 样式

24.3 插入列表菜单

列表菜单是一种选择性的表单，其允许设置多个选项，并为每个选项设定一个值，供用户进行选择。

单击【表单】选项卡中的【选择(列表/菜单)】按钮，在弹出的【输入标签辅助功能属性】对话框中输入【标签】文字，然后单击【确定】按钮，即可插入一个列表菜单。

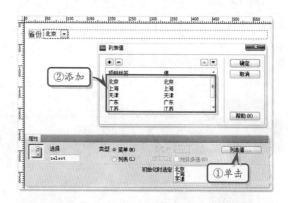

插入后，菜单中并无选项内容。此时，需要单击【属性】检查器中的【列表值】按钮，在弹出的对话框中添加选项。

在列表菜单的【属性】检查器中，包含 8 种基本属性，其名称及作用如下所示。

名 称		作 用
选择		定义列表/菜单的 id 和 name 属性
类型	菜单	将列表/菜单设置为菜单
	列表	将列表/菜单设置为列表
高度		定义列表/菜单的高度
选定范围		定义列表/菜单是否允许多项选择
初始化时选定		定义列表/菜单在初始化时被选定的值
列表值		单击该按钮可制订列表/菜单的选项
类		定义列表/菜单的样式

24.4 插入单选按钮

单选按钮组是一种单项选择类型的表单，其提供一种或多种选项供用户选择，同时限制用户只能选择其中一种选项。

在网页文档中，单击【插入】面板的【单选按钮】按钮，打开【输入标签辅助功能属性】对话框，在其中设置单选按钮的一些基本属性。

在插入单选按钮后，用户可以通过选择该单选按钮，在【属性】检查器中设置其属性。

除此之外，用户还可以通过单击【插入】面板中的【单选按钮组】按钮，在打开的【单选按钮组】

对话框中添加选项，直接插入一组单选按钮。

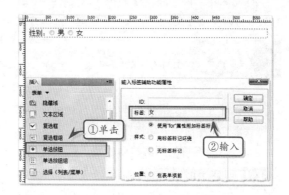

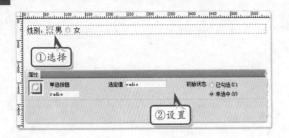

24.5 插入复选框

复选框是一种允许用户多项选择的表单对象，其与单选按钮最大的区别在于，允许用户选择其中的多个选项。

在【插入】面板中单击【复选框】按钮，然后在弹出的【输入标签辅助功能属性】对话框中设置复选框的标签等属性。

在插入复选框后，用户可以选择复选框，在【属性】检查器中设置其各种属性。

在复选框的【属性】检查器中，主要包含 3 种属性设置，其名称及作用如下所示。

除此之外，单击【插入】面板中的【复选框组】按钮，可以直接在文档中插入一组复选框，其方法与插入单选按钮组相同。

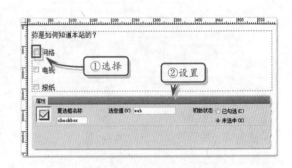

名　称		作　用
复选框名称		定义复选框的 id 和 name 属性，供脚本调用
选定值		定义传递给脚本代码的值
初始状态	已勾选	定义复选框初始化时处于被启用的状态
	未选中	定义复选框初始化时处于未启用的状态

24.6 插入按钮

按钮既可以触发提交表单的动作，也可以在用户需要修改表单时将表单恢复到初始状态。

将鼠标光标移动到文档中的指定位置，单击【插入】面板中的【按钮】按钮，即可插入一个按钮。

在插入按钮之后，用户选择该按钮，然后在【属性】检查器中可以设置其属性。

在按钮表单对象的【属性】检查器中，包含 4 种属性设置，其名称及作用如下所示。

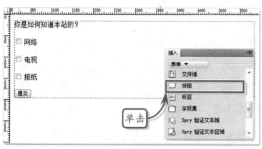

名　　称		作　　用
按钮名称		按钮的 id 和 name 属性，供各种脚本引用
值		按钮中显示的文本值
动作	提交表单	将按钮设置为提交型，单击即可将表单中的数据提交到动态程序中
	重设表单	将按钮设置为重设型，单击即可清除表单中的数据
	无	根据动态程序定义按钮触发的事件
类		定义按钮的样式

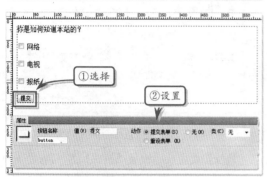

24.7　练习：制作注册页

设计用户注册页面时，不仅需要使用之前章节介绍的文本字段和按钮等表单组件，还需要使用项目列表选项，供用户选择项目。同时，还需要使用文本域的组件，获取用户输入的大量文本，用于用户的个人简介。

练习要点

- 插入表单
- 文本域
- 列表菜单
- 按钮

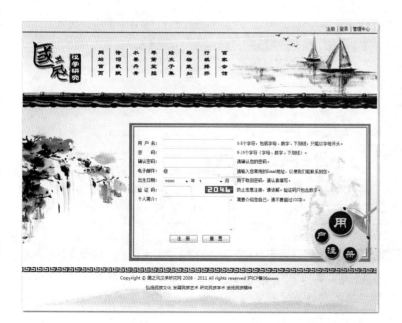

提示

页面布局代码如下。

```
<div id="topFra-
me"> </div>
<div id="navigato-
rFrame"> </div>
<div id="separate-
Bar"> </div>
<div id="content-
Frame"> </div>
<div id="copyright-
Frame"> </div>
```

操作步骤 》》》》

STEP|01 打开素材页面"index.html"，将光标置于 ID 为 registerBG 的 Div 层中，单击【插入】面板【常用】选项中的【插入 Div 标签】按钮，分别创建 ID 为 inputLabel、inputField、inputComment 的 Div 层，并设置其 CSS 样式属性。

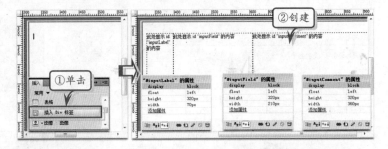

STEP|02 将光标置于 ID 为 inputLabel 的 Div 层中，输入文本"用户名"。选择该文本，在【属性】检查器中设置【格式】为"段落"。然后按 Enter 键，输入文本"密 码"，按照相同的方法依次类推。

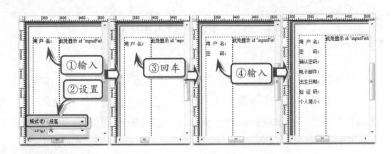

STEP|03 将光标置于 ID 为 inputComment 的 Div 层中，输入文本。选择该文本，在【属性】检查器中设置【格式】为"段落"。然后按 Enter 键，再输入文本，按照相同的方法依次类推。

STEP|04 将光标置于 ID 为 inputField 的 Div 层中，单击【插入】面板【表单】选项中的【表单】按钮，为其插入一个表单容器。选择表单容器，在【属性】检查器中设置其 ID 为 regist，【动作】为"javascript:void(null);"。

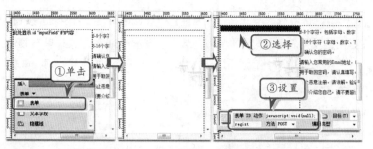

STEP|05 将光标置于表单中，单击【插入】面板【表单】选项中的【文本字段】按钮，在弹出的【输入标签辅助功能属性】对话框中设置 ID 为 userName。选择用户名的文本域，在【属性】检查器中设置【格式】为"段落"，为文本字段应用段落。

STEP|06 在文本字段右侧按 Shift+Ctrl+Space 组合键，插入一个全角空格。按 Enter 键，在新的行中插入一个文本字段，设置 ID 为 userPass，并在【属性】检查器中设置其【类型】为"密码"。用同样的方法，插入 ID 为 rePass 的重复输入密码域，并设置域的类型。

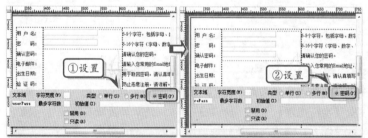

STEP|07 在重复输入密码域的右侧插入全角空格，再按 Enter 键，插入 ID 为 emailAddress 的文本域，在【属性】检查器中设置【初始值】为"@"。在电子邮件域的右侧插入全角空格，再按 Enter 键，单击【插入】面板【表单】选项中的【选择（列表/菜单）】按钮，插入 ID 为 bornYear 的列表菜单。

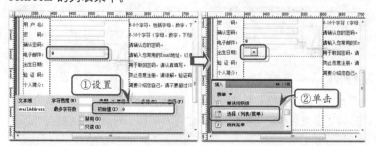

提示

插入表单元素时，在弹出的【输入标签辅助功能属性】对话框中设置【样式】为"无标签标记"。

提示

文本字段的类型有 3 种：即单行、多行、密码。文本域设置为"禁用"后显示蓝色；设置为"只读"后，将不能输入文本。

提示

文本字段在【属性】检查器中的【类型】设置为"密码"后，在文本域中输入的文本将以黑色圆点显示。

提示

在弹出的【列表值】对话框中，可以单击左侧的添加项、删除项、右侧的向上移、向下移对列表进行操作。

STEP|08 选中列表菜单，在【属性】检查器中单击【列表值】按钮，在弹出的【列表值】对话框中输入年份列表的值，在列表菜单右侧输入一个"年"字。然后，用同样的方法插入一个 ID 为 bornMonth 的列表菜单。

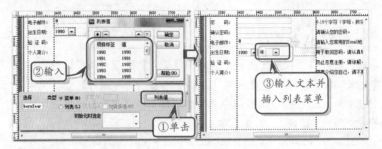

STEP|09 选择 ID 为 bornMonth 的列表菜单，在【属性】检查器中单击【列表值】按钮，在弹出的【列表值】对话框中输入月份以及月份的值等菜单内容。在列表菜单右侧输入一个"月"字，完成列表菜单的制作，并按 Enter 键，在新的行中插入 ID 为 checkCode 的验证码文本域。

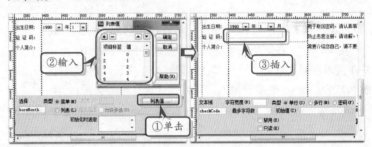

STEP|10 在 ID 为 checkCode 的文本域右侧插入一个全角空格，按 Enter 键，插入一个文本字段，设置文本域的 ID 为 introduction。然后，设置【字符宽度】为 0，【行数】为 6。在文本区域右侧按 Enter 键，单击【插入】面板【表单】选项中的【按钮】按钮。

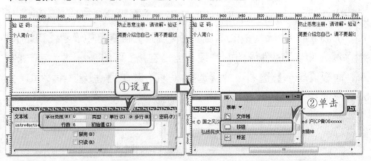

STEP|11 在弹出的【输入标签辅助功能属性】对话框中设置 ID 为 regBtn，并在【属性】检查器中设置按钮的【值】为"注　册"，【动作】为"提交表单"，在【注册】按钮右侧插入两个全角空格。然后，

用同样的方式再插入一个 ID 为 resetBtn 的按钮，在【属性】检查器中设置按钮的【值】为"重　置"，【动作】为"重设表单"。

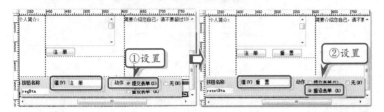

STEP|12 分别选中 ID 为 userName、userPass、rePass、emailAddress 和 instruction 的表单，在【属性】检查器中设置其【类】为"widField"，将其宽度加大。然后，分别选中 bornYear、bornMonth 以及 checkCode 这 3 个表单，在【属性】检查器中设置其【类】为 narrowField，将其宽度定义为 80px。

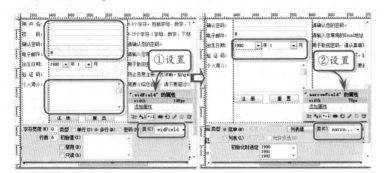

STEP|13 在验证码的表单右侧插入 12 个全角空格，然后插入验证码的图像。单击【注册】按钮，在标签栏中单击按钮所在的段落（p）标签，然后在【属性】检查器中设置其 ID 为 btnsParaph，应用预置的样式。

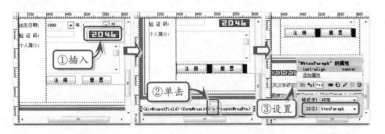

24.8 练习：制作问卷调查表

在设计问卷调查页时，除使用之前介绍过的文本区域、按钮、列表/菜单等表单元素外，还使用单选按钮组和复选框组等，以为用户提供客观的选项，提高用户填写调查问卷的效率。

提示

按钮上写的"注册"、"提交"、"确定"等文本通常【动作】都设置为"提交表单"；"重置"、"取消"等文本通常【动作】都设置为"重设表单"；"检测"、"等待中…"等文本通常【动作】都设置为"无"。

提示

在 CSS 样式中已经给出预设的样式，只需在界面中添加即可。

练习要点

● 插入列表菜单
● 单选按钮组
● 复选框组
● 文本字段
● 按钮

提示

页面布局代码如下。

```
<div id="topFra-
me"></div>
<div id="midFra-
me"></div>
<div id="bottomFr-
ame"></div>
```

提示

在 ID 为 midFrame 的 Div 层中的布局代码如下。

```
<div id="midFra-
me">
<div id="leftNavi-
gator"></div>
<div id="webSubst-
ance">
<div id="webQues-
tionnaireTitle">
</div>
<div id="webQues-
tionnaireLine">
</div>
<div id="webQues-
tionnaire"> </div>
</div>
</div>
```

提示

在 CSS 样式中，已经给出预设的样式，根据提示在 CSS 样式中仔细查找，并在页面中添加样式。

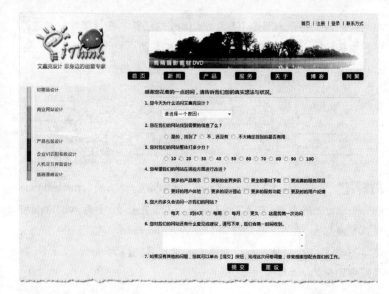

操作步骤 》》》》

STEP|01 打开素材页面"index.html"，将光标放置在已经添加的 ID 为 questionnaire 的表单元素中，在表单的第一行中输入第 1 个问题的文本，然后在【属性】检查器中设置【格式】为"段落"。

STEP|02 在第 1 个问题的文本右侧按 Enter 键，将自动创建段落标签。单击【插入】面板【表单】选项中的【选择（列表/菜单）】按钮，在弹出的【输入标签辅助功能属性】对话框中设置 ID 为 list，插入列表菜单。选择列表菜单所在的行，在【属性】检查器中设置【类】为 labels。

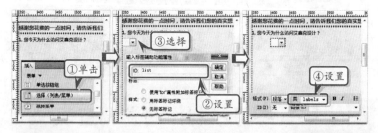

STEP|03 选中列表菜单，在【属性】检查器中单击【列表值】按钮，在弹出的【列表值】对话框中设置列表/菜单类表单中的列表内容，即可完成列表项目的制作。在列表/菜单表单的右侧按 Enter 键插入段落，在【属性】检查器中设置【类】为"无"，即可输入第 2 个问题的文本。

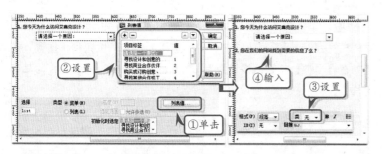

提示

在页面中列表菜单的大小是根据输入文本多少决定的；也可以通过CSS样式设置列表菜单的大小。

STEP|04 在第 2 个问题的文本右侧按 `Enter` 键，将自动创建段落标签。单击【插入】面板【表单】选项中的【单选按钮组】按钮，在弹出的【单选按钮组】对话框中设置单选按钮，将其插入到网页中，删除单选按钮右侧的换行，并为其设置类。

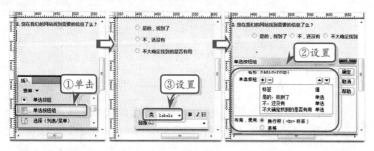

提示

在页面中插入的单选按钮组、复选框组默认情况下是有
换行标签的，需要切换到代码视图中删除换行标签。可以看出删除换行标签后将水平排列。

STEP|05 用同样的方式，输入第 3 题的题目，并插入单选按钮组。在新的段落中输入第 4 题的题目，然后换行。单击【插入】面板【表单】选项中的【复选框组】按钮，在弹出的【复选框组】对话框中添加复选框的值，插入复选框，删除复选框组中多余的换行符。

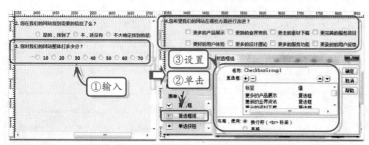

提示

如果在【单选按钮组】、【复选框组】对话框中设置【布局，使用】为"表格"，那么，同样是垂直排列的，只是将一个个的按钮放入了表格中。

STEP|06 按照相同的方法，通过使用单选按钮组制作第 5 题；使用文本字段制作第 6 题。选择文本域，在【属性】检查器中设置文本域【类型】为"多行"。

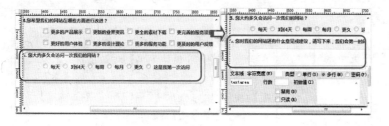

STEP|07 输入第 7 题的题目，设置段落的【类】为 buttonsSet，插入"提交"按钮和"重置"按钮。分别选择"提交"按钮和"重置"按钮，在【属性】检查器中设置其 ID 为 acceptBtn 和 resetBtn，为其应用样式，再将按钮的值设置为一个空格。

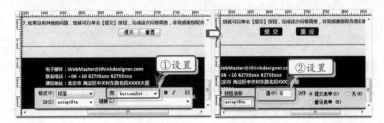

24.9 高手答疑

Q&A

问题 1： 在许多网页中都可以看到这样的情况，某个按钮并不是系统自带的按钮，可以插入图像按钮，那么在 Dreamweaver 中是如何实现这个功能的？

解答： 在表单中插入一个图像域，使用图像域可生成图形化按钮。

插入图像域的方法很简单，在文档中将光标置于指定位置，单击【插入】面板中的【图像域】按钮，在弹出的【选择图像源文件】对话框中选择图像，然后在打开的【输入标签辅助功能属性】对话框中设置 ID。

Q&A

问题 2： 在网页中可以看到在下拉菜单中选择某一项后，会自动跳转到其他页面，那么在 Dreamweaver 中是如何实现这个功能的？

解答： 在表单中插入一个跳转菜单，设置其中的每个选项都能链接到某个文档或文件。

插入跳转菜单方法很简单，在文档中将光标置于指定位置，单击【插入】面板中的【跳转菜单】按钮，在弹出的【插入跳转菜单】对话框中，设置【文本】、【选择时，转到 URL】等。

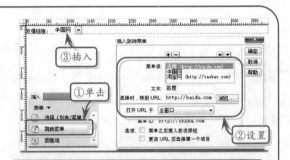

Q&A

问题 3： 在许多网页中都可以看到这样的情况，单击某个按钮将会弹出一个对话框，通过它可以选择本地计算机中的文件，那么在 Dreamweaver 中是如何实现这个功能的？

解答： 在网页文档中插入文件域表单元素，可以实现该功能。

文件域的外观与文本字段类似，只是文件域的右侧包含一个【浏览】按钮。用户通过单击该按钮可以定位并选择本地计算机中的文件。

插入文件域的方法非常简单，在文档中将光标置于指定的位置，单击【插入】面板中的【文件域】按钮，打开【输入标签辅助功能属性】对话框。

与其他类型的表单元素相同，用户选择文件域，即可在【属性】检查器中设置其属性，包括文件域的名称、字符宽度、最多字符数和类等。

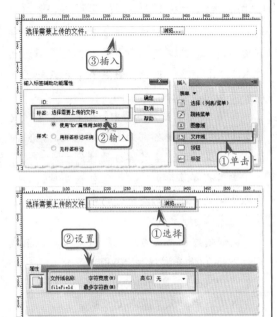

Q&A

问题 4： 文本字段和文本区域之间有什么区别？

解答： 文本区域是一种基本的表单对象，事实上也是文本字段的另一种表现形式。

文本区域的属性与文本字段非常类似。区别在于，文本区域中的【类型】属性默认选择"多行"，并且文本区域不需要设置【最多字符数】，只需要设置【行数】。

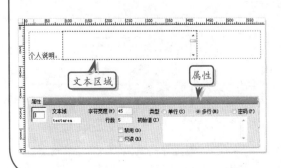

文本区域和文本字段是可以相互转换的。选择文本区域后，在【类型】选项中启用【单行】或【密码】单选按钮，即可将文本区域转换为文本字段。

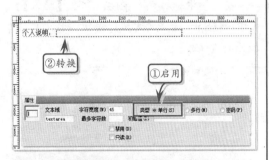

> **提示**
>
> 选择文本字段后，在【类型】选项中启用【多行】单选按钮，也可将文本字段转换为文本区域。

Q&A

问题 5：是否可以自定义表单元素的样式？

解答：虽然表单元素通常属于动态网页程序中使用的内容。但事实上所有的表单元素同时也是 XHTML 标签。因此，设置表单元素的样式同样需要使用 CSS。

在 Web 标准化的体系中，表单元素与普通的 XHTML 块状标签并无太大的区别。用户同样可以定义表单元素的各种属性。

常用的表单元素 CSS 属性包括宽度、高度、边框线的宽度、线的类型、颜色以及背景颜色或背景图像等。

例如创建一个文本域，然后定义其边框线为红色的 1 像素实线（#ff0000），背景色为浅红色（#ffcccc），宽为 200px，高为 120px，首先应在网页中插入表单和文本域。

```
<form id="form1" name="form1"
met hod="post" action="">
<textarea  name="simpleTextArea"
id="simpleTextArea"    cols="45"
rows="5"></textarea>
</form>
```

然后在网页的头部 head 标签中添加 style 标签，编写 CSS 代码。

```
<style type="text/css">
#simpleTextArea{
  border:1px #f00 solid;
  width:200px;
  height:120px;
  background-color:#fcc;
}
</style>
```

Q&A

问题 6：在 Dreamweaver 中，是否可以判断用户在文本字段中输入的内容是否符合要求？

解答：Spry 验证文本域的作用是验证用户在文本字段中输入的内容是否符合要求。

在文档中选择文本字段，单击【插入】面板中的【Spry 验证文本域】按钮，为文本域添加 Spry 验证。

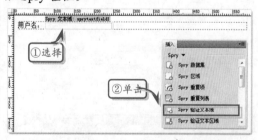

在插入 Spry 验证文本域或为文本域添加 Spry 验证后，单击蓝色的【Spry 文本域】边框，然后，可以在【属性】检查器中设置 Spry 验证

文本域的属性。

> **提示**
>
> 在已插入表单对象后，可单击相应的 Spry 验证表单按钮，为表单添加 Spry 验证。如尚未为网页文档插入表单对象，则可直接将光标放置在需要插入 Spry 验证表单对象的位置，然后单击相应的 Spry 验证表单按钮，Dreamweaver 会先插入表单，然后再为表单添加 Spry 验证。

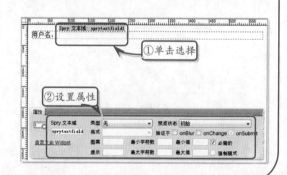

Spry 验证文本域有多种属性可以设置，包括状态、验证的事件等，其名称和作用如下所示。

属 性 名		作 用
Spry 文本域		定义 Spry 验证文本域的 id 和 name 等属性，以供脚本引用
类型		定义 Spry 验证文本域所属的内置文本格式类型
预览状态	初始	定义网页文档被加载或用户重置表单时 Spry 验证的状态
	有效	定义用户输入的表单内容有效时的状态
验证于	onBlur	启用该复选框，则 Spry 验证将发生于表单获取焦点时
	onChange	启用该复选框，则 Spry 验证将发生于表单内容被改变时
	onSubmit	启用该复选框，则 Spry 验证将发生于表单被提交时

续表

属 性 名	作 用
最小字符数	设置表单中最少允许输入多少字符
最大字符数	设置表单中最多允许输入多少字符
最小值	设置表单中允许输入的最小值
最大值	设置表单中允许输入的最大值
必需的	定义表单为必需输入的项目
强制模式	定义禁止用户在表单中输入无效字符
图案	根据用户输入的内容，显示图像
提示	根据用户输入的内容，显示文本

企业文化网站

25.1 设计软件公司网页界面

　　企业网页的特点就是包含多种栏目内容的显示，例如公司动态，公司简介等。同时，企业网页中各栏目的内容应保持一致的风格。在设计企业网页的界面时，可先设计网页的 logo、导航条等版块，然后再设计统一的栏目界面，并通过复制组和内容实现栏目风格的统一。

　　在设计本例的过程中，对文字的处理使用【文字】工具、【字符】面板以及【段落】面板；对按钮、界面等图像的处理使用【样式】面板和图层蒙版等技术。除此之外，本例还使用各种导入的图像。

操作步骤 ▷▷▷▷

1．设计网页背景

STEP|01 打开 Photoshop，执行【文件】|【新建】命令，打开【新建】对话框，并设置文档的【宽度】和【高度】分别为 1003px 和 1153px，然后设置【分辨率】为 72 像素/英寸，【颜色模式】为 RGB 颜色。最后，单击【确定】按钮创建文档。

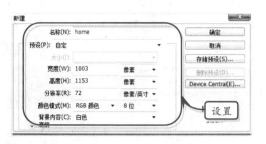

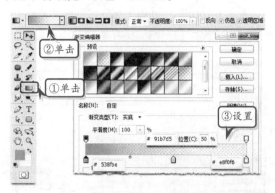

STEP|02 单击【图层】面板中的【创建新图层】按钮 ⬜，然后单击工具栏中的【矩形选框工具】按钮 ⬛，在"图层 1"中绘制一个矩形，并用【油漆桶工具】填充颜色为"蓝色"（#2e597b）。

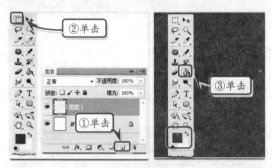

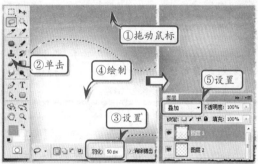

提示

应提前设置前景颜色为"蓝色"（#2e597b），然后再选择"图层 1"，进行下一步操作。

提示

选择套索工具后，在工具栏设置【羽化】为"50px"；填充完成后，然后在【图层】面板设置"叠加"。

STEP|03 单击【创建新图层】按钮，新建"图层 2"，然后单击【矩形工具】按钮，绘制一个矩形。

STEP|06 新建"图层 4"，用矩形工具绘制一个矩形，并填充为"白色"（#ffffff），然后，按 Ctrl+T 组合键，调整"图层 3"的大小。

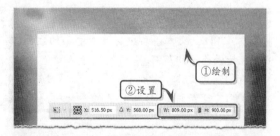

STEP|04 单击【渐变工具】按钮 ▨，然后单击【渐变色块】，在弹出的【渐变编辑器】中，设置 3 个色标。

STEP|05 在"图层 2"中间，按住 Shift 键，从上到下拖动鼠标。然后，新建"图层 3"，单击【套

提示

在调整图像大小时，应先填充颜色，再按 Ctrl+T 组合键调整，否则将弹出提示"无法变换所选像素，因为所选区域是空的。"

2．设计网站 Logo 和导航条

STEP|01 新建名为 logo 的组，然后单击【横排文字工具】按钮 T，在组中创建两个文本图层，输入文本。打开【字符】面板，设置相应的参数。

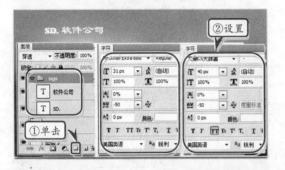

STEP|02 双击"SD."文本图层，弹出【图层样式】对话框，添加【投影】和【渐变叠加】样式，并设置参数。

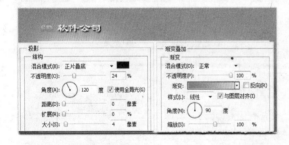

STEP|03 在工具栏中，单击【横排文字工具】按钮 T，输入文本，并在【字符】面板中设置文字的属性。然后将图像"bird.jpg"拖入图层。

STEP|04 新建名为 nav 的组，在组中新建"navBG"图层。并在图层中绘制一个 809px×44px

的矩形选区，右击执行【填充】命令，为导航条填充背景颜色。

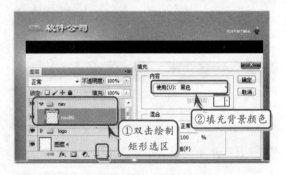

STEP|05 在工具栏中，单击【横排文字工具】按钮 T，输入导航文本，并打开【字符】面板，设置文字属性。

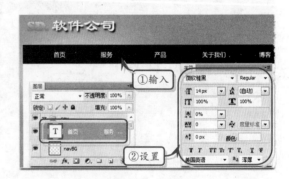

3．设计网站 banner

STEP|01 新建名为 banner 的组，在组中新建

"bannerBG"图层。并在图层中绘制一个
809px×260px 的矩形选区，右击执行【填充】命
令，填充颜色为"蓝色"（#dcecf7）。

提示

在【填充】对话框中，选择颜色，将弹出【选
取一种颜色】对话框，设置#值为"dcecf7"。
按照相同的方法创建一个名为 bannerbuttom
的图层，【宽】为"809px"，高】为"33px"，
填充为"灰色"（f4f4f4）。

STEP|02 单击【横排文字工具】按钮，添加文
本，并打开【字符】面板，设置文本属性。

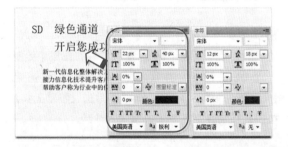

提示

其中，设置文本"SD 绿色通道 开启您成功
之门"，【字体】为"宋体"，【大小】为
"22px"，【行距】为"40px"，【消除锯齿】
方式为"锐利"。

STEP|03 新建名为 btnBG 的图层，并单击【矩
形选框工具】按钮，绘制一个 110px×44px 的矩
形，并添加【渐变叠加】、【描边】图层样式。

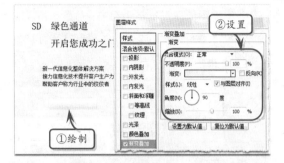

提示

其中，btnBG 图层中的渐变叠加的左侧颜色
为灰色（# d9d9d9），右侧颜色为白色（#
ffffff）。描边设置【大小】为"1px"，【位置】
为"外部"，【颜色】为"灰色"（#dddddd）。

STEP|04 在工具栏中，单击【横排文字工具】
按钮，输入文本"更多信息"，并打开【字符】面
板，设置文本参数。然后将图像"banner.jpg"拖
入 banner 组中。

4．设计栏目版块

STEP|01 新建名为 home1 的组，在组中新建
"home1BG"图层。并在图层中绘制一个
809px×176px 的矩形选区，右击执行【填充】命令，
为 home1 填充颜色为"淡黄色"（#f2f3eb）。

STEP|02 将图像拖入 home1 组中，然后单击【横排文字工具】按钮，输入文本，并打开【字符】面板，设置文本参数。

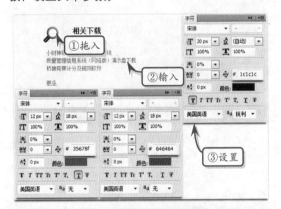

STEP|03 按照相同的方法，在 home1 组中创建"产品与服务"、"联系方式"两个栏目版块并进行设置，然后创建组依次将各个版块的内容放入组中。

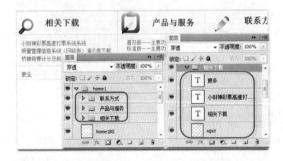

STEP|04 新建名为 home2 的组，在组中新建"line"图层。并在图层中绘制一个 250px×2px 的细线，填充颜色为灰色（#eaeaea）。然后，按住 Alt 键并单击【移动工具】按钮选择细线，复制两条相同的细线。

STEP|05 单击【横排文字工具】按钮，输入文本，并打开【字符】面板，设置文本参数。然后再创建名为"新闻动态"的组，将该版块的内容放入组中。

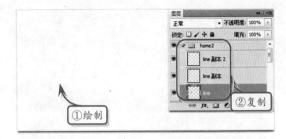

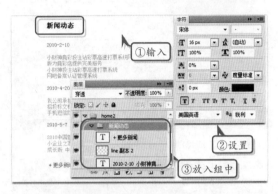

STEP|06 按照相同的方法，新建名为"公司简介"的组。在组中新建"line"图层，并在图层中绘制一个 450px×2px 的细线，填充颜色为灰色（#eaeaea）。然后，按住 Alt 键并单击【移动工具】按钮选择细线，复制 1 条相同的细线。

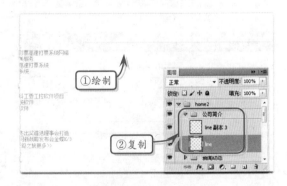

STEP|07 单击【横排文字工具】按钮，输入文本，并打开【字符】面板，设置文本参数。

提示

其中标题"公司简介"文本与"新闻动态"文本设置相同。"公司简介"栏目版块中的文本【字体】为"宋体"，【大小】为"12px"，【间距】为"18px"，【颜色】为"灰色"（#8d8d8d），【消除锯齿】方式为"无"。

STEP|08 将图像"jh.gif"拖入名为"公司简介"的组中，并复制一次，移动到相应的位置，然后在对应的图像后输入文本，并打开【字符】面板设置文本参数。

提示

该文本的设置与"公司简介"内容的设置基本相同，其中，【间距】设置为"27px"。

5. 设计网页版尾

STEP|01 新建 footer 组，然后在组中新建"footerLine"图层。在该图层中绘制一个809px×4px的线段，并填充为黑色。

STEP|02 打开 logo 所在的组，分别选择文本"SD."和"软件公司"，右击复制图层，放入到名

为 footer 的组中，然后将其移动到文档的底部。

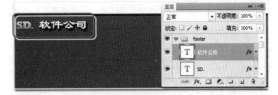

提示

选择文本，在【字符】面板中，修改"SD."的【大小】为"25px"，"软件公司"的【大小】为"30px"。

STEP|03 单击【横排文字工具】按钮，输入文本，在工具栏设置文本【字体】为"微软雅黑"，【大小】为"12px"，【消除锯齿】方式为"锐利"，【对齐】方式为"右对齐"，【颜色】为"蓝色"（#d6e8f5），并打开【字符】面板设置【间距】为"24px"。

提示

至此，企业网页已经在 Photoshop 中制作完成。其实，在 Photoshop 中可以将 PSD 文档导出为网页"。

STEP|04 使用切片工具为文档制作切片，然后即可隐藏所有文本部分，将 PSD 文档导出为式网页。

提示

在绘制网页切片时，可先根据文档中各图层的内容绘制参考线，然后再选择切片工具，单击工具选项栏中的【基于参考线的切片】按钮，根据参考线自动生成切片。最后，根据网页内容，将自动生成的切片合并，即可完成切片制作。

STEP|05 在制作完成切片之后，即可执行【文件】|【存储为 Web 和设备所用格式】命令，在弹出的【存储为 Web 和设备所用格式】对话框中设置切片输出的图像格式等属性，将 PSD 文档输出为网页。

25.2 制作企业网站页面

制作完成 PSD 文档的切片网页后，即可根据切片网页的图像，用 CSS+Div 等技术为网页进行布局，编写网页中各种对象的样式，制作企业网页的页面。在编写企业网页页面时，通常以 div 标签为网页最基础的结构，在 div 标签内部，则使用列表存储各种内容数据。

操作步骤 ▶▶▶▶

STEP|01 在站点根目录下创建 pages、images、styles 等目录，将切片网页中的图像保存至 images 子目录下。用 Dreamweaver 创建网页文档，并将网页文档保存至 pages 子目录下。然后再创建"main.css"文档，将其保存至 styles 子目录下。

STEP|02 修改网页 head 标签中 title 标签里的内容，然后在 title 标签之后添加 link 标签，为网页导入外部的 CSS 文件。

```
<title>SD 软件公司</title>
<link href="../styles/main.css"
```

```
rel="stylesheet" type="text/css"
/>
```

STEP|03 在"main.css"文档中,定义网页的 body 标签以及各种容器类标签的样式属性。

```
body,td,th {
  font-size: 12px;}
body {
  margin-left: 0px;  margin-top:
  0px;
  margin-right: 0px; margin-bottom:
  0px;
  width:1003px;
  background-image: url(../ima-
  ges/hbg. jpg);
  background-repeat: no-repeat;
  background-color: #2e597b;
}
```

STEP|04 在 body 标签中使用 div 标签创建网页的基本结构,并为每个版块添加 id。

```
<!--网页的 Logo 栏版块-->
<div id="logo"></div>
<!--网页的导航栏版块-->
<div id="nav"></div>
<!--网页的 banner 版块-->
<div id="banner"></div>
<!--网页的内容版块-->
<div id="home1"></div>
<div id="home2"></div>
<!--网页的版尾版块-->
<div id="footer"></div>
```

STEP|05 在 ID 为 logo 的 Div 层中,插入一个 ID 为 contactUs 的 Div 层,并在"main.css"文档中定义这个容器的样式,制作网页的 Logo 版块。

```
#logo {
  height: 100px; width: 809px;
  margin:0 96px;
  background-image:url(images/
  home_02.gif);
}
#logo #contactUS {
```

```
float: right;
height: 30px; width: 150px;
margin-top: 40px;
color:#fff;
}
```

STEP|06 在 ID 为 logo 的 Div 层中,插入两个 P 标签,在第 1 个 P 标签中插入图像"twitter.gif";在第 2 个 P 标签中输入文本。

```
<div id="contactUS">
  <p><img src="../images/twitter.
  gif" width="23" height="29" /></p>
  <p>欢迎与我们联系</p>
</div>
```

STEP|07 在"main.css"文档中为两个 P 标签添加高度、浮动、边距等 CSS 样式代码。

```
#logo #contactUS p {
  height: 30px;
  display:inline;
  line-height:30px;
  margin:0; padding:0;
  float:right;
}
```

STEP|08 在 ID 为 nav 的 Div 层中,嵌套 1 个列表,并在列表中将导航条的内容作为列表项输入。

```
<ul>
  <li><a href="javascript:void
  (null);" title="首页">首 
  页</a></li>
  <li><a href="javascript: void
  (null); " title="服务">服 
  务</a></li>
  <li><a href="javascript: void
  (null);" title="产品">产 品
  </a></li>
  <li><a href="javascript:void
  (null);" title="关于我们">关于我
  们</a></li>
  <li><a href="javascript:void
  (null);" title="博客">博 
  客</a></li>
```

```
<li><a href="javascript:void
(null);" title="联系我们">联系我
们</a></li>
</ul>
```

STEP|09 在 "main.css" 文档中定义项目列表及链接文本和鼠标经过时文本变化的样式属性。

```
#nav {
  width:809px;  height:45px;
  background-color:#000;
  margin:0 96px;
}
#nav ul {
  width: 809px;  height:45px;
  margin:0;  padding:0;
  list-style:none;
}
#nav ul li {
  width:134px;  height:45px;
  float:left;  text-align:center;
  margin:0;  padding:0;
}
#nav ul li a:link, #nav ul li a:
visited {
  line-height:45px;
  color:#fff;  font-size:16px;
  font-weight:bold;

  font-family:"微软雅黑", "新宋体";

  text-decoration:none;
}
#nav ul li a:hover {
  color:#0cf;}
```

STEP|10 在 ID 为 banner 的 Div 层中，分别插入 ID 为 bannerLeft、bannerRight 的 Div 层。并在 "main.css" 文档中定义容器的样式属性。

```
#banner {
```

```
  width:809px;  height:291px;
  margin:0 96px;
  background-image:url (../images/
  hbg_banner_05.gif);
}
#banner #bannerLeft {
  width:220px;  height:250px;
  float:left;
  margin-top:20px;  padding-
  left:60px;
  line-height:20px;
}
#banner #bannerRight {
  width:451px;  height:246px;
  background-image:url(../imag-
  es/simple_text_img_3.png);
  float:left;
  margin-left:40px;  margin-top:
  30px;
}
```

STEP|11 在 ID 为 bannerLeft 的 Div 层中，插入 3 个 P 标签，并在标签中添加相应的内容。然后为 P 标签添加 sp1 类。

```
<p class="sp1">SD  绿色通道<br />
     开
启您成功之门</p>
<p> <span>新一代信息化整体解决方案
<br />接力信息化技术提升客户生产力<br
/>帮助客户称为行业中的佼佼者</span>
</p><p><a href="#">
<img src="../images/more_informa-
tion.png" width="112" height="26"
border="0" /></a></p>
```

STEP|12 在 "main.css" 文档中定义 P 标签所添加的类名称为 sp1 的样式属性。

```
#banner #bannerLeft .sp1 {
  font-size:20px;  font-weight:
  bold;
  line-height:30px;
}
```

STEP|13 在 ID 为 home1 的 Div 层中，嵌套一个

定义列表。在列表项<dt>中嵌套两个 Div 层，在<dd>标签中嵌套一个列表。然后为<dl>标签添加 rows 类。

```
<dl class="rows">
 <dt><div class="iconTitle">
 <img src="../images/h2_what.png"
 width="56" height="60"
 title="相关下载" /></div>
 <div class="textTitle">相关下载
 </div></dt>
  <dd> <ul>
    <li><a href="javascript:void
    (null);" title="小财神彩票高速打
    票系统">小财神彩票高速打票系统
    </a></li>
    <li><a href="javascript:void
    (null);" title="质量管理信息系统
    (网络版)演示盘下载">质量管理信息
    系统(网络版)演示盘下载 </a></li>
    <li><a href="javascript:void
(null);" title="桥牌竞赛计分及规则软
件">桥牌竞赛计分及规则软件 </a></li>
    </ul>
    <div><a href="javascript:void
(null);" title="更多">更多... </a>
    </div>
    </dd>
</dl>
```

STEP|14 在 "main.css" 文档中分别定义类 rows、iconTitle、textTitle 及列表的样式属性。

```
#home1 {
  width:721px; height:175px;
  display:block;
  background-color:#f2f3eb;
  margin:0 96px; padding:0 44px;
}
#home1 .rows {
  display:block;
  width:240px; height:175px;
  margin-top:0px; margin-bottom:
  0px;
  padding:0px; float:left;
```

```
}
#home1 .rows dt {
  width:240px;}
#home1 .rows dt .iconTitle {
  display:block;
  width:60px; height:60px;
  float:left;
}
#home1 .rows dt .textTitle {
  display:block; float:right;
  width:180px; height:60px;
  font-size:16px; font-weight:
  bold;
  line-height:50px;
}
#home1 .rows dd {
  float: left;
  height: 80px; width: 240px;
  margin-left: 0px; margin-top:
  10px;
}
#home1 .rows dd ul {
  list-style-type: none;
  margin:0; padding:0;
}
#home1 .rows dd ul li a:link, #home1.
rows dd ul li a:visited {
  text-decoration: none;
  line-height:20px; color:#646464;
}
#home1 .rows dd div {
  float: left;
  width: 200px;
  padding-left: 0px; margin-top:
  10px;
}
#home1 .rows dd div a:link, #home1.
rows dd div a:visited {
  color:#35678f;
}
```

STEP|15 按照相同的方法，创建 "产品与服务"、"联系方式" 栏目。

```
<dl class="rows">
  <dt>
```

```
<div class="iconTitle"><img
src ="../images/h2_suport.png"
    width="56" height="60" /></div>
    <div class="textTitle">产品与服
务</div></dt><dd>
    <ul>
    <li><a href="javascript:void
(null);" title="普及版──主要功
能模块">普及版──主要功能模块 </a>
    </li>
    <li><a href="javascript:void
(null);" title=" 标准版──主要功
能模块"> 标准版──主要功能模块</a>
    </li>
    <li><a href="javascript:void
(null);" title="企业版──主要功能
模块">企业版──主要功能模块 </a>
    </li>
</ul>
<div><a href="javascript:void
(null);" title="更多">更多...</a>
</div>
</dd></dl>
<dl class="rows">
    <dt><div class="iconTitle"><img
src="../images/h2_work.png"
width="56" height="60" /></div>
    <div class="textTitle">联系方式
</div></dt><dd>
    <ul>
    <li><a href="javascript:void
(null);" title="联系人：王经理">
联系人：王经理 </a></li>
    <li><a href="javascript:void
(null);" title="地址：深圳国家经济
技术开发区软件园 ">地址：深圳国家经济
技术开发区软件园 </a></li>
    <li><a href="javascript:void
(null);" title="电话：0371-6578
11XX、657827XX">电话：0371-657811
XX、657827XX </a></li></ul>
    <div><a href="javascript:void
(null);" title="更多">更多...
</a></div></dd></dl>
```

STEP|16 在 ID 为 home2 的 Div 层中，嵌套 ID 为 home2Left、home2Right 的 Div 层。并在"main.css"文档中分别定义这些容器的样式属性。

```
#home2{
    background-color:#FFF;
    height:440px;  width:721px;
    margin:0 96px;  padding:0 44px;
}
#home2 #home2Left {
    width:250px;  height:440px;
    float:left;
}
#home2 #home2Right {
    width:430px;  float:right;
}
```

STEP|17 在 ID 为 home2Left 的 Div 层中，嵌套定义列表，在列表中插入水平线标签和项目列表，并输入文本，创建"新闻动态"栏目。

```
<dl>
    <dt class="textTitle">新闻动态
</dt>
    <dd><dl><dt><hr /></dt>
    <dd> 2010-2-10
    <ul>
    <li><a href="javascript:void
(null);" title="小财神竞彩投注站
彩票高速打票系统网络版为竞彩店提供
完美服务">小财神竞彩投注站彩票高速
打票系统网络版为竞彩店提供完美服务
</a></li>
    <li><a href="javascript:void
(null);" title="小财神投注站彩票
高速打票系统">小财神投注站彩票高速
打票系统</a></li>
    <li><a href="javascript:void
(null);" title="网吧备案认证管理
```

```
系统">网吧备案认证管理系统</a></
li></ul>
</dd>
<dt>
  <hr />
</dt>
<dd> 2010-4-20
  <ul>
    <li><a href="javascript:void
(null);" title="我公司承担的国
防科工委工控软件项目">
我公司承担的国防科工委工控软件项目</a>
</li>
    <li><a href="javascript:void
(null);" title="招投标文档管理
系统软件">招投标文档管理系统软件
</a></li>
    <li><a href="javascript:void
(null);" title="手机短信防伪系
统软件">手机短信防伪系统软件</a>
    </li> </ul>
</dd>
<dt>
  <hr />
</dt>
<dd> 2010-5-7
  <ul>
    <li><a href="javascript:
void (null);" title="2010 中
国管理模式杰出奖遴选理事会打造
">2010 中国管理模式杰出奖遴选理
事会打造</a></li>
    <li><a href="javascript:
void(null);" title="小企业之
家--友商网新战略发布会">小企业
之家--友商网新战略发布会</a>
    </li>
    <li><a href="javascript:
void (null);" title="成长版
中小企业升级之旅">成长版 中小企
业升级之旅</a></li>
    </ul>
  </dd>
</dl>
</dd>
```

```
</dl>
<div id="more"><a href="javasc}
ript: void(null);" title="更多新闻
">+ 更多新闻</a></div>
```

STEP|18 在 "main.css" 文档中分别给类名称为
textTitle、<hr />标签、定义列表、项目列表定义
样式属性。

```
#home2 #home2Left dl{
  height:320px;  margin:0px;
}
#home2 .textTitle {
  display:block;
  width:120px;  line-height:30px;
  font-size:16px;  font-weight:
  bold;
}
#home2 #home2Left dl dd {
  width: 240px;   height:290px;
  margin: 0px;
}
#home2 #home2Left dl dd dl dd{
  height:80px;
}
#home2 #home2Left dl dd dl dd ul {
  margin: 0px;  padding: 0px;
  list-style-type: none;
}
#home2 #home2Left dl dd dl dd ul li
a {
  color: #8d8d8d;
  text-decoration: none;
}
#home2 #home2Left dl dd dl dt hr {
  color:#eaeaea;
  width:250px;  height:1px; }
#home2 #home2Left #more {
  margin-top:10px; margin-bottom:
  55px;
  height:30px;  line-height:30px;
}
```

STEP|19 按照相同的方法，通过在 ID 为
home2Right 的 Div 层中，插入定义列表、水平线
标签、项目列表、插入图像及输入文本，创建"公

司简介″栏目。

```html
<dl>
  <dt class="textTitle">公司简介
  </dt>
  <dd>
    <dl>
      <dt>
        <hr />
      </dt>
      <dd>SD 计算机软件开发有限公司
        <p>SD 计算机软件开发有限公司,
        从事计算机软件开发、电子出版物设
        计制作、国际互联网网站设计开发、
        信息发布等计算机软件技术服务。高
        质量和高效率是我们公司的特点。我
        们的工作精神是: 精益求精、合作、
        发展。<br />
        企业精神: 信誉、信任、信心。<br />
        信誉: 公司对客户有信誉; 公司对员工
        有信誉; 员工对公司有信誉; <br />
        信任: 公司对客户信任; 公司对员工信
        任; 员工对公司信任; <br />
        信心: 公司对客户有信心; 公司对员工
        有信心; 员工对公司有信心; </p>
      </dd>
      <dt>
        <hr />
      </dt>
      <dd>
        <ul id="listLeft">
         <li><img src="../images/
         ul_li. png" width="14" hei-
         ght="14" /><a href="javasc-
         ript>;" title=""></a>订购第
         一步:查看产品</li>
         <li><img src="../images/
         ul_li.png" width="14" hei-
         ght="14" /><a href="javasc-
         ript>;" title=""></a>订购第
         二步:进入网上订购栏目</li>
         <li><img src="../images/
         ul_li.png" width="14" hei-
         ght="14" /><a href="javasc-
         ript>;" title=""></a> 订购第
         三步:填写订购信息</li>
```

```html
      </ul>
      <ul id="listRight">
       <li><img src="../images/
       ul_li.png" width="14" hei-
       ght="14" /><a href="javas-
       cript>;" title=""></a>订购第
       四步: 订购提交</li>
       <li><img src="../images/
       ul_li.png" width="14" hei-
       ght="14" /><strong></stro-
       ng><a href="javascript>;"
       title=""></a>订购第五步:我们
       与你联系</li>
       <li><img src="../images/
       ul_li.png" width="14" hei-
       ght="14" /><a href="javas-
       cript>;" title=""></a> 订购
       第六步: 交易成功 </li>
      </ul>
    </dd>
  </dl>
  </dd>
</dl>
```

STEP|20 在″main.css″文档中分别给类名称为
textTitle、ID 为 listLeft 和 listRight 、<hr />标签
和 P 标签、定义列表、项目列表等定义样式属性。

```css
#home2 #home2Right dl{
  float:none;  display:block;
  margin:0;  padding:0;
}
#home2 #home2Right dl dt {
  float:none;
  font-size: 16px;  font-weight:
  bold;
  margin:0; padding:0;
  display: block;
}
#home2 #home2Rright dl dt hr{
  width:430px; height:1px;
  color:#eaeaea;
}
#home2 #home2Rright dl dd {
  margin:0;  padding:0;
  height: 80px;
}
```

```
#home2 #home2Rright dl dd dl {
  margin:0;  padding:0;
  height: 80px;
}
#home2 #home2Right dl dd dl dd {
  padding:0;  margin:0px;
  color:#8d8d8d;
}
#listLeft {
  display:block;
  margin: 10px 0;  padding: 0px;
  list-style-type: none;
  float:left;  width:180px ;
}
#listRight{
  display:block;
  margin:10px 5px;  padding: 0px;
  list-style-type: none;
  float:left;  width:180px ;
}
#home2 #home2Right dl dd dl dd p {
  line-height: 25px;
}
#home2 #home2Right dl dd dl dd ul
li {
  display:block;
  margin:0;  padding:0;
```

```
  line-height:25px;    color: #8d8
  d8d;
  height:25px;  w idth:180px;
}
```

STEP|21 在 ID 为 footer 的 Div 层中输入文本，并在 "main.css" 文档中定义背景图像、宽度、文本颜色、对齐方式等样式属性。

```
#footer{
  padding:10px  0px;     margin:0
auto;
  background-image:url(../images/
  hfooter_05.png);
  background-repeat:no-repeat;
  width: 809px;
  text-align:right;  color:#fff;
  font-family:"微软雅黑","宋体";
}
```

25.3　制作企业网站内部页面

操作步骤 ▶▶▶▶

STEP|01 新建文档"service.html"，然后保存在根目录下的 pages 子目录下，并修改网页 head 标签中 title 标签里的内容，然后在 title 标签之后添加 link 标签，为网页导入外部的 CSS 文件。

```
<title>产品服务</title>
<link  href="../styles/main.css"
rel="stylesheet" type="text/css"
/>
```

STEP|02 在 body 标签中使用 div 标签创建网页的基本结构，并为每个 div 标签添加 id。

```
<!--网页 logo-->
<div id="logo"></div>
<!--网页导航条-->
<div id="nav"></div>
<!--网页 banner-->
<div id="serviceBanner"></div>
<!--网页主要内容-->
<div id="sHome"></div>
<!--网页版尾-->
<div id="footer"></div>
```

提示

网站内部页面与首页稍微有些不同，但是基本框架是一样的，所以可以套用同一个 CSS 样式文件，并且可以在 CSS 样式文件中添加新的内容。其中，网页的 logo、网页导航条、网页版尾是一样的，可参照网站首页制作。

STEP|03 在 ID 为 serviceBanner 的 Div 层中，输入文本"热诚服务"，并在"main.css"文档中定义类名称为"sp2"的样式属性，添加到 ID 为 serviceBanner 的 Div 层中。

```
#serviceBanner{
   width:809px;  height:58px;
   margin:0 96px;
   background-image:url(../images/
   contact_05.png);
   background-repeat:no-repeat;
}
```

```
.sp2 {
   font-size:20px;   font-weight:
   bold;
   padding-top:20px;  line-height:
   30px;
   display:block;
   width:200px;  height:50px;
}
```

STEP|04 在 ID 为 sHome 的 Div 层中，嵌套 ID 为 shomeLeft、shomeRight 和 shomeList 这 3 个 Div 层，并在"main.css"文档中定义样式属性。

```
#sHome {
   display:block;
   margin:0 96px!important;
   margin:0 48px;  padding:0 44px;
   background-color:#fff;
   width:721px;  height:820px;
}
#sHome #shomeLeft {
   width:250px;  height:440px;
   float:left;
}
#sHome #shomeRight {
   float: right;  width: 450px;
   display:block;
}
#sHome #shomeList {
   display:block;  width:470px;
   float:right;
}
```

STEP|05 在 ID 为 shomeLeft 的 Div 层中，插入定义列表，在<dt>标签之间输入文本；在<dd>标签之间插入项目列表，并通过插入图像、水平线、文本创建"栏目介绍"栏目。

```
<dl>
<dt  class="textTitle">栏目介绍
```

```
</dt>
     <dd><ul>
  <li><img src="../images/ser-
  vices_07.png" width="18" he-
  ight="17" /><a href="javas-
  cript:void(null);" title="管
  理资讯">管理资讯</a></li><br
  /><hr />
  <li><img src="../images/ser-
  vices_07.png" width="18" he-
  ight="17" /><a href="javas-
  cript: void(null);" title="
  实施服务">实施服务</a></li><hr
  />
  <li><img src="../images/
  services_07.png" width="18"
  height="17" /><a href="java-
  script:void(null);" title="
  运维与支持">运维与支持</a><br
  /><hr /></li>
   <li><img src="../images/
  services_07.png" width="18"
  height="17" /><a href="java-
  script:void(null);" title="
  技术信息">技术信息</a><br /><
  hr /></li>
   <li><img src="../images/
  services_07.png" width="18"
  height="17" /><a href="java-
  script:void(null);" title="
  售后服务">售后服务</a></li></ul>
  </dd></dl>
```

STEP|06 在"main.css"文档中定义<dl>、<dt>、<dd>、<ul>、<li>、<img>等标签的 CSS 样式属性。

```
#sHome #shomeLeft dl{
height:320px;}
#sHome dl .textTitle {
  display:block; width:120px;
  font-size:16px; font-weight:
  bold;
  line-height:30px;
}
```

```
#sHome #shomeLeft dl dd {
  width: 240px; margin: 0px;
  height: 250px;
}
#sHome #shomeLeft dl dd ul{
  list-style-type:none;
}
#sHome #shomeLeft dl dd ul li a {
  color: #8d8d8d; text-decoration:
  none;
}
#sHome #shomeLeft dl dd dd dt hr {
  color:#eaeaea;width:250px;hei-
  ght: 1px;
}
```

STEP|07 在 ID 为 shomeRight 的 Div 层中,通过插入<span>、<hr />、<P>标签并输入文本,创建"获取服务"栏目。

```
<p id="titleService">获取服务</p>
<span class="font1">SD 全生命周期
服务, 提供贯穿客户应用生命周期各项服
务。不同的阶段提供不同的服务, 充分满
足客户的个性化需求。</span><br />
<hr />
<span class="font1">SD 致力于建立
软甲价值服务体系, 针对不同的企业, 提
供不同的服务经营模型, 同时进行相应的
服务组织的建设, 从而实现顾问能力和企
业应用的共同提升, 达到双赢。</span>
<br /><hr />
```

STEP|08 在"main.css"文档中定义 ID 为 titleService 的 P 标签、类名称为 font1 的 span 标签及<hr>标签的 CSS 样式属性。

```
#sHome #shomeRight #titleService {
```

```
display:block; width:200px;
height:40px; font-size:16px;
font-weight:bold; line-height:
 40px;
}
.font1{
color:#8d8d8d;
}
#sHome #shomeRight hr{
width:450px; height:1px; color:
 #eaeaea;
}
```

STEP|09 在 ID 为 shomeList 的 Div 层中，通过插入定义列表，然后在定义列表中嵌套 Div 层、项目列表和水平线标签，并插入图像、输入文本，创建"服务产品"栏目。

```
<dl class="rows">
 <div class="titlelist">服务产品
 </div><hr />
  <dt><div class="iconTitle">
 <img src="../images/ser_1.png"
 width="51" height="51" /></div>
  <div class="declare">为保障持续
 成功，SD 提供全方位服务：咨询服务、
 培训服务、实施服务、运行维护服务。
 </div></dt>
  <ul><li><img src="../images/
 ul_li.png" width="14" height
 ="14" /><a href="javascript:
 void(null);" title="">功能更新
 版本升级</a></li>
  <li><img src="../images/ul_
 li.png" width="14" height="14"
 /><a href="javascript: void
 (null);" title="">应用支持</a>
 </li>
    <li><img src="../images/
    ul_li.png" width="14" hei-
    ght="14" /><a href="javas-
    cript:void(null);" title=
    "">服务工具</a></li></ul>
  <div class="more"><a href=
  "javascript:void(null);"
```

```
 title="更多">+ 更多服务</a></div>
 </dl>
```

STEP|10 按照相同的方法创建"咨询服务"、"培训服务"、"个性化服务"栏目。

STEP|11 在"main.css"文档中定义类名称为 rows、titlelist、iconTitle、declare 、more 等容器及标签的 CSS 样式属性。

```
#shomeList .rows {
  width:215px; margin-top:30px;
  float:left; margin-left:13px;
  display:block; margin-bottom:0;
}
#shomeList .rows dt {
  width:215px;
}
#shomeList .rows dt .iconTitle {
  display:block; width:60px;
  height:60px; float:left;
}
#sHome #shomeList .rows dt .declare
 {
  height: 60px; width: 150px;
  float: left; color::#8d8d8d;
}
#sHome #shomeList .rows dd {
  height: 150px;
  width: 200px;
}
#sHome #shomeList .rows ul {
  line-height:20px; list-style-
  type: none;
}
#sHome #shomeList .rows ul li a {
  color: #8d8d8d; text-decoration:
  none;
```

```
}
#sHome #shomeList .rows dl dd .more
{
  float: left;  width: 200px;
  padding-left: 0px;   margin-top:
  10px;
}
#sHome #shomeList .rows .titlelist
{
  font-size:  16px;    font-weight:
```

```
bold;
  display: block;  height:35px;
  line-height:35px;
}
.more a:link, .more a:visited {
  color:#35678f;  display:block;
  width:100px;  margin-left:30px;
  padding-top:20px;  margin-bottom:
  30px;
}
```

26 设计宾馆 Flash 网站

随着互联网的普及和网络技术的不断提升，越来越多的设计者开始注重网站的个性化和互动性，这样可以给访问者留下更加深刻的印象。而 Flash 技术正好可以满足这两点，对于创建内容丰富、互动性强的网站非常得心应手。

本章将通过 Flash 中的影片剪辑、图形元件、补间动作动画、补间形状动画等设计一个宾馆 Flash 网站，让读者了解开发 Flash 动画网站的流程和方法。

26.1 设计网站开头动画

对于 Flash 动画网站，通常在开始展示网站的主题内容之前，都会设计一个开头动画，用于引导用户和吸引用户的目光。网站开头动画的好坏，直接影响到整个网站给访问者留下的印象，因此，一个效果精彩的开头动画，是 Flash 网站成功的关键。本节将设计宾馆网站的开头动画。

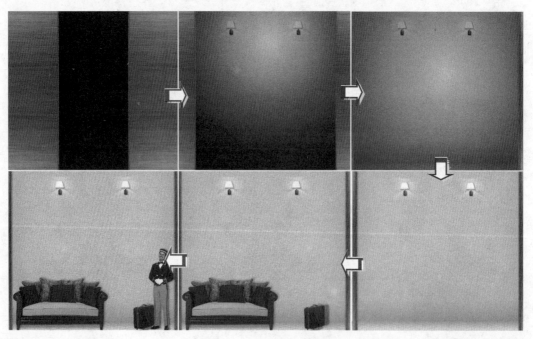

操作步骤 >>>>

STEP|01 新建 766 像素 700 像素的空白文档，执行【文件】|【导入】|【打开外部库】命令，打开"素材.fla"文件。然后，将"素材"文件夹下的"背景"图像拖入到舞台中，并设置其坐标为 0,0。

> **提示**
>
> 选择第 260 帧，执行【插入】|【时间轴】|【帧】命令，插入普通帧，延长该图层至第 260 帧。

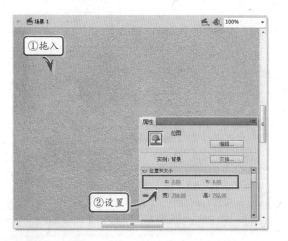

STEP|02 新建"底边"和"阴影"图层，将外部库中"素材"文件夹下的"底边"和阴影"图像拖入到相应的图层中，并移动到舞台的底部。

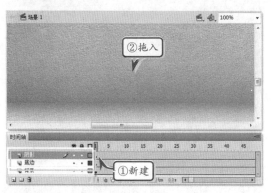

STEP|03 新建图层，将外部库中"素材"文件夹下的"灯光"和"壁灯"图像拖入到舞台中。然后，复制这两个图像并将副本放置在源图像的右侧。

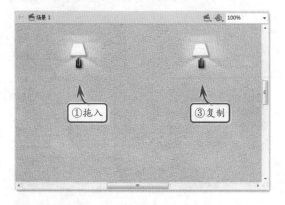

STEP|04 新建"黑幕"图层，绘制一个与舞台大小相同的黑色矩形。在第 10 帧处插入空白关键帧，打开【颜色】面板，选择【颜色类型】为"径向渐

变"，并设置渐变色。然后，在舞台中绘制一个矩形。

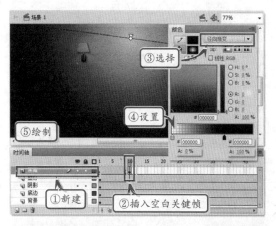

> **技巧**
>
> 将第 10 帧后的所有普通帧删除。绘制完渐变矩形后，可以使用【渐变变形工具】调整渐变的位置和角度等。

STEP|05 在第 20 帧处插入空白关键帧，使用【形状变形工具】选择该矩形，并将其放大。然后右击第 10 帧，在弹出的菜单中执行【创建补间形状】命令，创建补间形状动画。

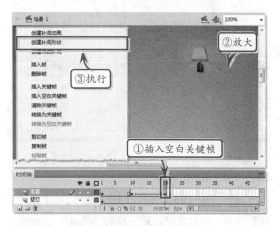

STEP|06 在第 25 帧处插入关键帧，选择该矩形，在【颜色】面板中设置其 Alpha 值为 0%。然后右击第 20 帧，执行【创建补间形状】命令，创建补间形状动画。

STEP|07 新建"左门"图层，将外部库中的"门"图形元件拖入到舞台的左侧，使其覆盖舞台的左半区域。然后创建补间动画，选择第 15 帧，将"门"

图形元件向左移动，使遮挡的左半区域显示出来。

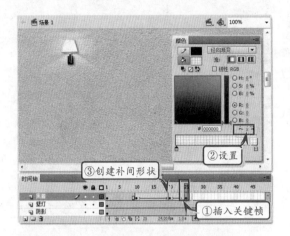

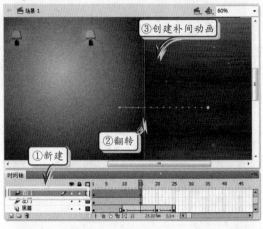

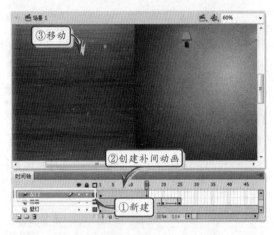

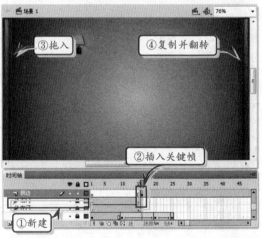

技巧

按住 Shift 键向左移动"门"图形元件，可以沿水平方向移动。另外，将该图层第 15 帧以后的所有帧删除。

STEP|08 新建"右门"图层，将"门"图形元件拖入到舞台中，执行【修改】|【变形】|【水平翻转】命令，将其水平翻转。然后，将其移动到舞台的右半区域，使用相同的方法在第 1 帧至第 15 帧之间创建向右水平移动的补间动画。

STEP|09 新建"侧边"图层，在第 16 帧处插入关键帧，将外部库中"素材"文件夹下的"侧边"图像拖入到舞台的左边缘。然后复制并水平翻转该图像，将其移动到舞台的右边缘。

STEP|10 新建"沙发"图层，在第 30 帧处插入关键帧，将外部库中"素材"文件夹下的"沙发"图像拖入到舞台的左下角，并转换为"沙发"图形元件。然后，打开【变形】面板，设置其【缩放比例】为"200%"。

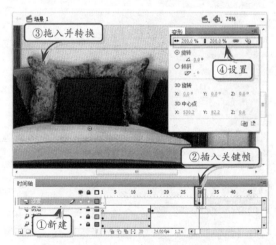

STEP|11 创建补间动画。在第 30 帧处设置"沙发"图形元件的 Alpha 值为"0%"。然后选择第 35 帧，在【变形】面板中设置其【缩放比例】为"100%"，在【属性】检查器中设置 Alpha 值为"100%"。

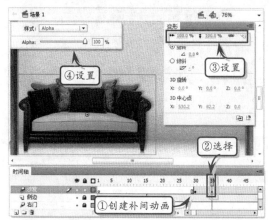

> **提示**
>
> 无法直接对图像设置 Alpha 透明度，因此，在设置之前首先将图像转换为元件。

STEP|12 新建"行李箱"图层，在第 40 帧处插入关键帧，将外部库中"素材"文件夹下"行李箱"、"行李箱阴影"和"行李箱底部阴影"图像拖入到舞台的右外侧，并将其转换为"行李箱"图形元件。

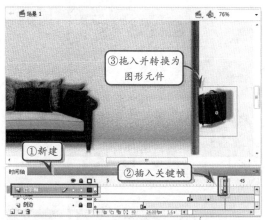

STEP|13 创建补间动画。然后选择第 45 帧，将"行李箱"图形元件移动到"沙发"图形元件的右侧。

STEP|14 新建"服务员"图层，在第 50 帧处插入关键帧，将外部库中"素材"文件夹下"服务员"和"服务员阴影"图像拖入到舞台的右外侧，并转换为"服务员"图形元件。

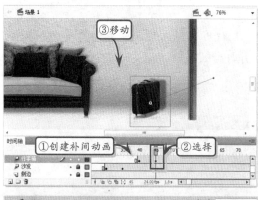

STEP|15 创建补间动画。然后选择第 55 帧，将"服务员"图形元件移动到"行李箱"图形元件的右侧。

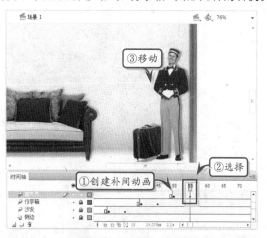

> **提示**
>
> 在创建补间动画后，还可以通过【属性】检查器中的【缓动】选项为补间动画定义特殊效果。

STEP|16 新建"版权信息"图层，在第 60 帧处插入关键帧，在"沙发"图形元件底部的舞台外侧输

入版权信息。然后，在【属性】检查器中设置文字的【系列】为 Century Gothic；【样式】为 Bold Italic；【大小】为 "12 点"等。

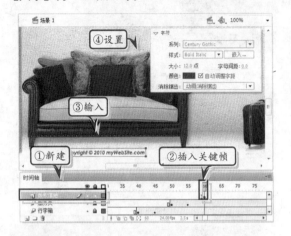

STEP|17 创建补间动画。然后选择第 65 帧，将版权信息文字向上移动到 "沙发"图形元件的下面。

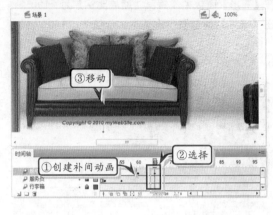

26.2 设计网站首页动画

　　网站的开头动画结束后，就进入了网站首页。网站首页的内容同样也是通过一系列的动画进行展示的，其中包括 LOGO、导航条和正文内容。首先通过缩小渐显的补间动画逐个展示导航图像，其中导航文字则是利用了模糊滤镜的技术。然后，通过调整 LOGO 元件的 Alpha 透明度，使其渐渐显示。最后，使用遮罩动画以卷轴的方式来展示首页的正文内容。

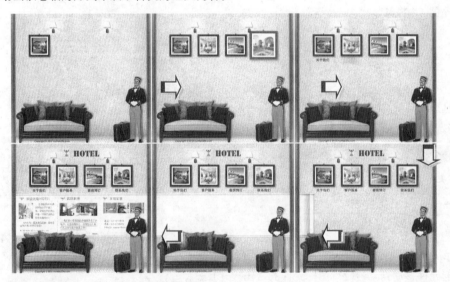

操作步骤 ▶▶▶▶

1. 设计导航条和 LOGO 动画

STEP|01 新建 "关于我们-初始"影片剪辑，将外部库中 "素材"文件夹下的 "相框"拖入到舞台中。

然后新建图层，将 "导航图片 01"图像拖入到舞台中。

STEP|02 新建图层，使用矩形工具在"导航图片01"图像的上面绘制一个矩形。然后右击该图层，在弹出的菜单中执行【遮罩层】命令，将其转换为遮罩层。

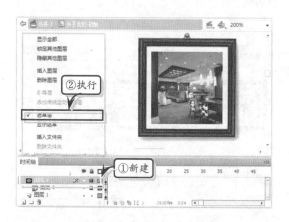

STEP|03 在【库】面板中右击"关于我们-初始"影片剪辑，在弹出的菜单中执行【直接复制】命令，并重命名为"关于我们-经过"。然后打开该元件，延长各个图层的帧数至 25。

注意

第 20 帧舞台中的图像与第 1 帧的大小和位置相同。

提示

执行完命令后，将弹出【直接复制元件】对话框。在该对话框中可以设置元件的名称、类型、文件夹等选项。

STEP|05 新建图层，在第 25 帧处插入关键帧。右击该帧执行【动作】命令，打开【动作—帧】面板，并输入停止播放命令"stop();"。

STEP|04 右击图层 2，在弹出的菜单中执行【创建补间动画】命令。然后，分别选择第 5、10、15、20 帧处，调整图像的大小和位置。

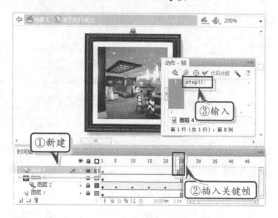

STEP|06 新建"关于我们"按钮元件，将"关于

我们-初始"影片剪辑拖入到舞台中，并在【属性】检查器中设置其坐标为 0,0。然后，在【指针经过】帧处插入关键帧，将"关于我们-经过"影片剪辑拖入到舞台中。

STEP|07 返回场景 1。新建"关于我们"图层，在第 65 帧处插入关键帧，将"关于我们"按钮元件拖入到舞台中。然后打开【变形】面板，设置按钮元件的【缩放比例】为"250%"，并在【属性】检查器中设置其 Alpha 值为"0%"

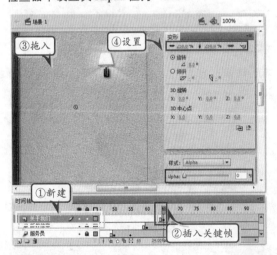

STEP|08 创建补间动画。在第 70 帧处插入关键帧，在【变形】面板中更改"关于我们"按钮元件的【缩放比例】为"100%"，在【属性】检查器中设置其 Alpha 值为"100%"。

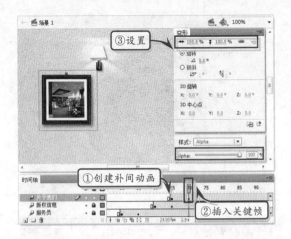

STEP|09 使用相同的方法，制作"客户服务"、"客房预订"和"联系我们"按钮元件。然后新建图层，分别在第 70~75 帧、第 75~80 帧和第 80~85 帧之间创建按钮元件渐显的补间动画。

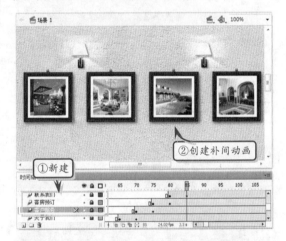

STEP|10 新建"导航文字"影片剪辑，使用【横排文字工具】在舞台中输入"关于我们"文字，在【属性】检查器中设置文字的【系列】为"汉仪大黑简"，【大小】为"18 点"，【颜色】为"棕色"（#4e2f16）等。

STEP|11 创建补间动画，在【属性】检查器中单击【添加滤镜】按钮为文字添加"模糊"滤镜，并

设置【模糊 X】和【模糊 Y】均为"100 像素"。然后选择第 5 帧，更改文字的【模糊 X】和【模糊 Y】均为"0 像素"。

提示

将 20 帧之后的所有帧删除。

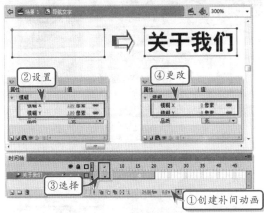

STEP|　新建 3 个图层，使用相同的方法分别在第 5~10 帧、第 10~15 帧和第 15~20 帧之间制作"客户服务"、"客房预订"和"联系我们"导航文字的渐显动画。

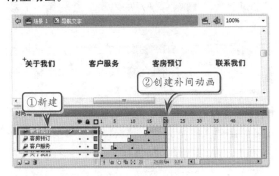

STEP|13　新建图层，在第 20 帧处插入关键帧。打开【动作-帧】面板，在其中输入停止播放动画命令"stop();"。

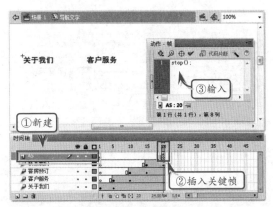

STEP|14　返回场景 1。新建"导航文字"图层，在第 85 帧处插入关键帧。然后，将"导航文字"影片剪辑拖入到舞台中导航图片的下面。

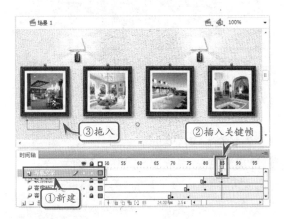

STEP|15　新建"LOGO"图层，在第 105 帧处插入关键帧，将外部库中"素材"文件夹下的 LOGO 图像拖入到舞台的顶部。然后，在其右侧输入"HOTEL"文字，在【属性】检查器中设置其【系列】为 Stencil Std，【大小】为"40 点"，【颜色】为"棕色"（#4e2f16）。

提示

按住 Shift 键同时选择 LOGO 图像和文字，然后将它们转换为 LOGO 影片剪辑。

STEP|16　创建补间动画，在【属性】检查器中设置 LOGO 影片剪辑的 Alpha 透明度为"0%"。然后选择第 110 帧，更改其 Alpha 透明度为"100%"。

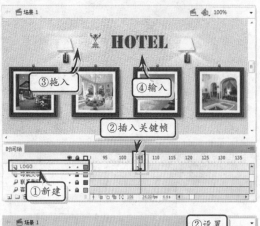

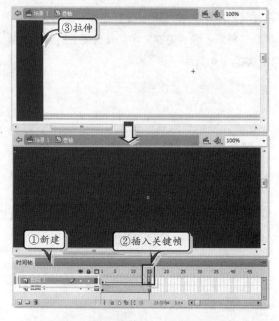

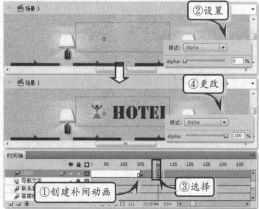

2. 设计首页内容动画

STEP|01 新建"卷轴"影片剪辑，将外部库中"卷轴"文件夹下的"卷轴背景"图形元件拖入到舞台中，并在第 15 帧处插入普通帧。

STEP|02 新建图层，在舞台的左侧绘制一个矩形。在第 15 帧处插入关键帧，使用【任意变形工具】向左拉伸矩形，使其覆盖"卷轴背景"图形元件，然后创建形状补间动画。

STEP|03 右击图层 2，在弹出的菜单中执行【遮罩层】命令，将其转换为遮罩图层。

STEP|04 新建图层，将外部库中"卷轴"文件夹下的"轴"影片剪辑拖入到"卷轴背景"的左侧。然后创建补间动画，选择第 14 帧，将"轴"影片剪辑移动到"卷轴背景"的右侧，并将第 15 帧删除。

STEP|05 新建"AS"图层，在第 15 帧处插入关键帧。然后打开【动作-帧】面板，在其中输入停止播放动画命令"stop();"。

STEP|06 新建"首页-内容"影片剪辑，将"卷轴"影片剪辑拖入到舞台中。然后选择第 30 帧，执行【插入】|【时间轴】|【帧】命令插入普通帧。

STEP|07 新建图层，在第 20 帧处插入关键帧，从外部库的"首页"文件夹下将"首页"影片剪辑拖入到舞台中。

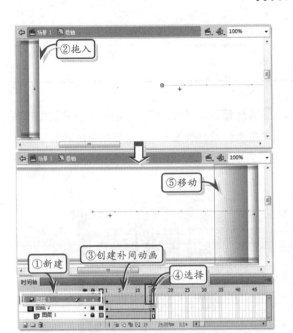

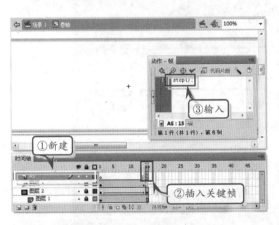

STEP|09 返回场景 1。在"右门"图层的上面新建"首页-内容"图层，在第 110 帧处插入关键帧，将"首页-内容"影片剪辑拖入到舞台中，并将第 140 帧后的所有帧删除。

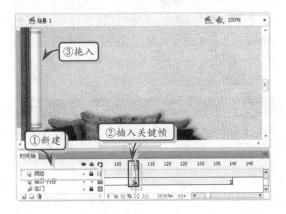

STEP|08 创建补间动画，在第 20 帧处设置"首页"影片剪辑的 Alpha 值为"0%"。然后在第 30 帧处插入关键帧，更改其 Alpha 值为"100%"。

26.3 设计网站子页动画

本网站共需设计 4 个子页，即关于我们、客户服务、客房预订和联系我们。它们与首页的版式基本相同，只是"卷轴"展开后所显示的内容有所改变。当单击不同的导航按钮时，播放头将跳转到相应的帧位置，并开始播放该帧所包含的影片剪辑，即显示栏目内容的动画。当播放完毕后，会执行 stop()命令停止播放动画。

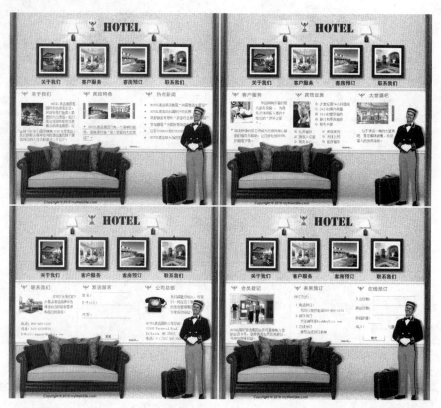

操作步骤 ▶▶▶▶

STEP|01 将外部库中"关于我们"文件夹下的"关于我们"影片剪辑拖入到当前的【库】面板。然后，创建"首页-内容"影片剪辑的副本，并重命名为"关于我们-内容"。

> **提示**
>
> 在【库】面板中右击"首页-内容"影片剪辑，在弹出的菜单中执行【直接复制】命令，并在打开的对话框中输入"关于我们-内容"，即可创建"首页-内容"影片剪辑的副本。

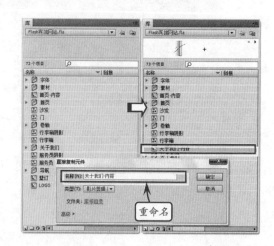

STEP|02　进入"关于我们-内容"影片剪辑的编辑环境，选择图层 2 的第 20 帧，右击舞台中的影片剪辑，在弹出的菜单中执行【交换元件】命令。然后，在打开的对话框中选择"关于我们"影片剪辑，即可用"关于我们"影片剪辑替换原来的"首页"影片剪辑。

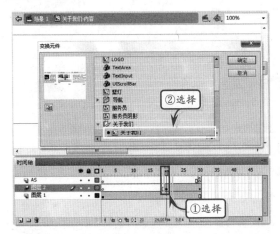

STEP|03　返回场景 1。在"首页-内容"图层的上面新建"关于我们-内容"图层，在第 141 帧处插入关键帧，将"关于我们-内容"影片剪辑拖入到舞台中，其位置与"首页-内容"影片剪辑相同，然后将第 170 帧后的所有帧删除。

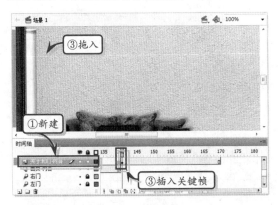

STEP|04　使用相同的方法，制作"客户服务-内容"、"客房预订-内容"和"联系我们-内容"影片剪辑。然后新建 3 个图层，分别在第 171、201 和 231 帧处拖入相应的影片剪辑。

STEP|05　分别选择舞台中"关于我们"、"客户服务"、"客房预订"和"联系我们"4 个按钮元件，在【属性】检查器中设置其【实例名称】为 aboutBtn、

serviceBtn、bookBtn 和 contactBtn。

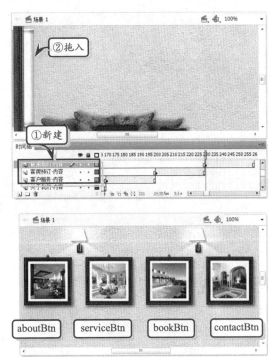

STEP|06　新建"AS"图层，在第 85 帧处插入关键帧，打开【动作-帧】面板，并输入侦听导航按钮的鼠标单击事件，当事件发生时调用相应的函数，跳转并开始播放指定的帧。

```
aboutBtn.addEventListener(MouseE
vent.CLICK,aboutus);
function aboutus(Event:MouseEvent)
: void{
    gotoAndPlay(141);
}
serviceBtn.addEventListener(Mous
eEvent.CLICK,service);
function service(Event:MouseEvent)
:void{
    gotoAndPlay(171);
}
bookBtn.addEventListener(MouseEv
ent.CLICK,book);
function book(Event:MouseEvent)
:void{
    gotoAndPlay(201);
}
```

```
contactBtn.addEventListener(Mous
eEvent.CLICK,contactus);
function contactus(Event:MouseEve-
nt):void{
    gotoAndPlay(231);
}
```

STEP|07 在第 140、170、200、230 帧处分别插入关键帧，打开【动作-帧】面板，并输入停止播放动画命令"stop();"。